严格依据中华人民共和国住房和城乡建设部印发的
造价工程师职业资格考试大纲编写

全新版

全国一级造价工程师职业资格考试 名师讲义

建设工程计价

◎ 造价工程师考试研究院 组编

主　　审：夏立明
本册主编：赵知启　胡倩倩

中国商业出版社

图书在版编目（CIP）数据

建设工程计价/造价工程师考试研究院组编．—北京：中国商业出版社，2023.6

全国一级造价工程师职业资格考试名师讲义

ISBN 978-7-5208-2484-2

Ⅰ.①建… Ⅱ.①造… Ⅲ.①建筑安装—工程造价—资格考试—自学参考资料Ⅳ.①TU723.3

中国国家版本馆CIP数据核字（2023）第085635号

责任编辑：朱丽丽

中国商业出版社出版发行

（www.zgsycb.com　100053　北京广安门内报国寺1号）

总编室：010－63180647　　编辑室：010－63033100

发行部：010－83120835/8286

新华书店经销

三河市中晟雅豪印务有限公司印刷

★

787毫米×1092毫米　16开　14.5印张　317千字

2023年6月第1版　　2023年6月第1次印刷

定价：45.00元

★　★　★　★

（如有印装质量问题可更换）

一、考试概览

全国一级造价工程师职业资格考试的考试时间、考试科目、考试时长等信息见表1。

表1　全国一级造价工程师职业资格考试相关信息

考试时间		考试科目	考试时长/小时	满分/分	试题类型
每年十月的中、下旬（周六）	上午9：00—11：30	建设工程造价管理	2.5	100	客观题
	下午2：00—4：30	建设工程计价	2.5	100	客观题
每年十月的中、下旬（周日）	上午9：00—11：30	建设工程技术与计量（土木建筑工程、交通运输工程、水利工程、安装工程）	2.5	100	客观题
	下午2：00—6：00	建设工程造价案例分析（土木建筑工程、交通运输工程、水利工程、安装工程）	4	120	主观题

“建设工程计价”是全国一级造价工程师职业资格考试的必考科目。考查形式为客观题，包括单项选择题（60题，每题1分，共60分）和多项选择题（20题，每题2分，共40分）。本科目满分为100分，考生答对60分即通过考试。

作为基础课，本科目主要是让各位考生明白三个问题：

第一，一级造价工程师在实际工作中具体要计算的价格究竟是什么价格，是由哪些部分组成的，各个部分的逻辑关系是怎样的？

第二，我们究竟要用什么样的方法，或者说在怎样的逻辑框架下来计算我们需要的造价？

第三，在项目全生命周期的各个阶段，我们该具体运用什么样的方法来计算造价，不同阶段的计算分别基于什么样的体系，有什么具体要求？

二、考试分析

通过对近几年的真题进行分析，难度大、质量高的考题在考试中所占的比例越来越高，考试难度增大。

“建设工程计价”科目的学习，不仅仅在于通过本科目考试，更在于为顺利通过“建设工程造价案例分析”科目打下良好基础。本科目中的“建设工程造价构成”“工程量清单计价及工程量计算规范”“建设项目发承包阶段合同价款的约定”“建设项目施工阶段合同价款的调整和结算”等内容都是“建设工程造价案例分析”科目中的核心考点。基于此，我们一直强调各位考生在备考过程中要将“基础科目”与“案例分析”进行联动学习，“基础科目”来支持“案例分析”，“案例分析”反过来提高“基础科目”，做到事半功倍。

三、题型解读

建设工程计价的考题大致可以分为四类：记忆型题目、计算型题目、排序型题目、理解型题目。

（一）记忆型题目

此类题目考查点直接、内容简单，只需准确记忆讲义内容，即可取得分数。根据历年考查情况分析，记忆型题目有两种考法，一种是对图表及公式的考查，一种是对文字叙述的考查。纯粹的概念题比例减少，题目越来越具有隐蔽性。这就要求考生不仅要记忆概念，还要学会灵活运用。

（二）计算型题目

计算题考查形式有两种：一是直接运用公式进行计算；二是计算加分析。此类题目需要在掌握公式的基础上，正确运用公式并计算准确，难度较大。

（三）排序型题目

排序型题目是对编制步骤的考查。对于此类题目，应熟悉估算、概算、预算的编制步骤。

（四）理解型题目

理解型题目是每年必考题型，此类题目往往综合性较强。应对此类题目，不能仅仅停留在知识表面，而是要在理解的基础上加以记忆。

四、考试预测

（一）大趋势：考试难度增加

根据历年考试分析，试卷的整体难度逐年增加，这就要求考生更加透彻地掌握知识。但是整体考试题型不会改变，只是对知识的考查更加成熟。

（二）所考查的知识点更细、更深

对历年真题进行分析可知，知识点的考查更加细致深入。一个很小的知识点可能成为一道考试题目，这就要求考生进行全方位学习，真正吃透每个知识点。

（三）重点知识不变

考生可根据往年的重难点提前进行复习，在此基础上拓宽学习范围，达到锦上添花的学习效果。

五、复习建议

（一）制定复习计划，攻克重点，及时复习，加强记忆

(1) 在时间允许的情况下，建议大家将复习时间提前，早点为考试做准备，多梳理几遍讲义内容，自然能起到熟能生巧的效果。

(2) 复习切忌盲目，一定要有自己的学习计划，明确每天、每周、每月的学习任务。

（二）先见森林，后见树木

(1) 建立层次概念，大层次和小细节兼顾。“大层次”是本科目的整体架构，掌握大层次，有助于提纲挈领地进行学习；“小细节”是知识点，关注小细节，意味着要掌握知识点中的关键点，例如能够准确记忆关键词，特别注意大纲变动之处等。

(2) 知识积累到一定程度，就需要对知识进行梳理、归并、简化和融合，这样会在考试时，更加灵活地运用相关知识。第一章、第二章是重要内容，学习好这两章对学习后面的章节至关重要。

（三）构建知识框架

在编制本书的过程中，力求将知识内容抽丝剥茧，突出恒重考点。如果将全书内容比作一棵大树，我们首先将这棵大树的树干完整地成体系地展现给大家，使各位同学能够站在一个较高的角度把控全书内容。然后再通过总结、归纳、列表、举例、对比等方法，逐渐将树枝和树干丰富，使各位同学在进入考场前脑海中能呈现出完整知识树，而不是零散的知识点，让大家胸有成竹进考场，顺顺利利通过考试。

（四）大量做题、熟能生巧

知识的掌握离不开大量做题。“建设工程计价”科目的复习需要从真题着手，总结分析历年知识点分布情况，做到心中有数。习题是检验学习效果的最佳途径，但切勿盲目做题。做质量不高的习题不但浪费时间，也容易引发误解。本书所配的例题均为各年真题，具有极高的参考价值，值得各位同学反复演练。因为在恒重考点中，今年的陪选项很有可能是明年的正选项，今年的正选项很有可能是明年的陪选项。

不积跬步，无以至千里；不积小流，无以成江海。复习备考需要付出努力、耐心和坚持，辅以科学合理的学习方法，相信您会顺利通过一级造价工程师职业资格考试！

第一章　工程造价构成

第一节　建设项目总投资与工程造价的构成 …… 3

第二节　建筑安装工程费用的构成和计算 …… 5

第三节　设备及工器具购置费用的构成和计算 …… 15

第四节　工程建设其他费用的构成和计算 …… 21

第五节　预备费、建设期利息的计算 …… 26

第二章　工程计价方法与依据

第一节　工程计价原理 …… 39

第二节　工程量清单计价方法 …… 45

第三节　建筑安装工程人工、材料和施工机具台班消耗量的确定 …… 54

第四节　建筑安装工程人工、材料和施工机具台班单价的确定 …… 61

第五节　工程计价定额的编制 …… 68

第六节　工程计价信息及其应用 …… 76

第三章　投资决策及设计阶段工程造价预测

第一节　决策阶段影响工程造价的主要因素 …… 89

第二节　投资估算的编制 …… 93

第三节　设计阶段影响工程造价的主要因素 …… 103

第四节　设计概算的编制 …… 107

第五节　施工图预算的编制 …… 113

第四章　发承包阶段合同价款的约定

第一节　招标工程量清单的编制 …… 127

第二节　最高投标限价的编制 …… 133

第三节　投标报价的编制 …… 137

第四节　评标及中标价确定 …… 147

第五节　合同价款的约定 …… 153

第六节　总承包合同价款的约定 …… 153

第七节　国际工程合同价款的约定 …… 158

第五章　施工阶段合同价款的调整与结算

第一节　工程合同价款的调整 …… 171

第二节　工程索赔的处理原则和计算 …… 178

第三节　工程价款的支付与结算 …… 183

时间管理达人　专为应试而打造

第四节　工程合同价款纠纷及造价鉴定 ………………………………………… 194
第五节　工程总承包和国际工程合同价款结算 ………………………………… 199
第六章　竣工决算的编制和新增资产价值的确定
第一节　竣工决算的内容和编制 ……………………………………………… 213
第二节　新增资产价值的确定 ………………………………………………… 216
参考文献 ………………………………………………………………………… 223

时间管理达人　专为应试而打造

第一章
工程造价构成

本章主要包含5节15目，包括建设项目总投资与工程造价的构成、建筑安装工程费用的构成和计算、设备及工器具购置费用的构成和计算、工程建设其他费用的构成和计算、预备费和建设期利息的计算五部分内容，历年考核分值在15分左右。从建设工程造价的构成入手，重点掌握其基本构成及相关概念；同时第一章涉及的计算较多，要求大家在理解的基础上进行记忆。

知识脉络

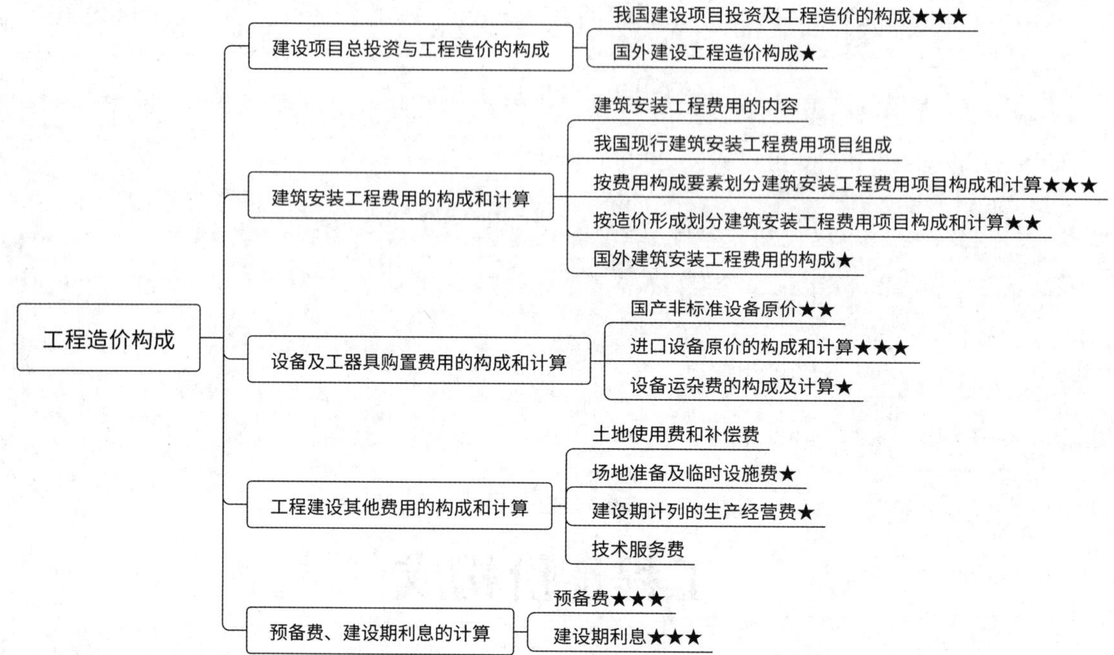

工程造价构成
建设项目总投资与工程造价的构成
我国建设项目投资及工程造价的构成★★★
国外建设工程造价构成★
建筑安装工程费用的构成和计算
建筑安装工程费用的内容
我国现行建筑安装工程费用项目组成
按费用构成要素划分建筑安装工程费用项目构成和计算★★★
按造价形成划分建筑安装工程费用项目构成和计算★★
国外建筑安装工程费用的构成★
设备及工器具购置费用的构成和计算
国产非标准设备原价★★
进口设备原价的构成和计算★★★
设备运杂费的构成及计算★
工程建设其他费用的构成和计算
土地使用费和补偿费
场地准备及临时设施费★
建设期计列的生产经营费★
技术服务费
预备费、建设期利息的计算
预备费★★★
建设期利息★★★

第一节 建设项目总投资与工程造价的构成

知识点 1 我国建设项目投资及工程造价的构成

我国现行建设项目总投资包括固定资产投资和流动资产投资，具体见图 1-1-1。

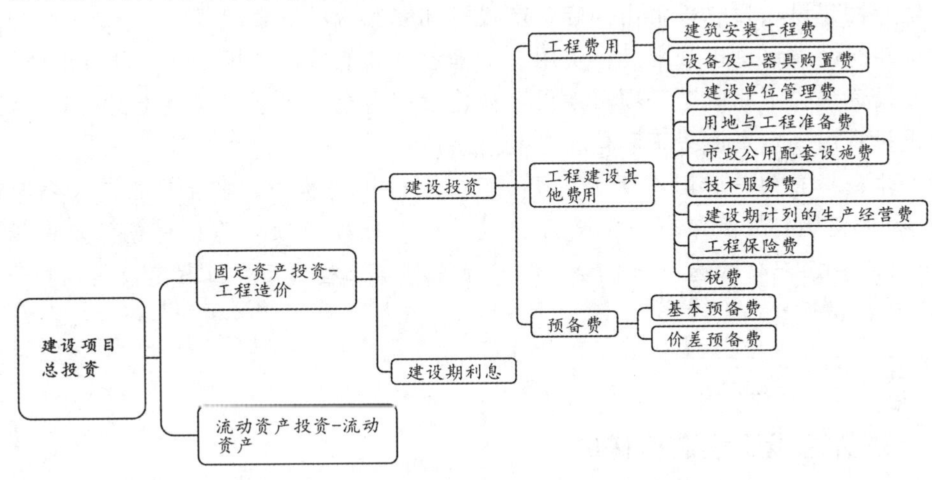

图 1-1-1 我国现行建设项目总投资构成

生产性和非生产性的建设项目总投资计算公式如下：

建设项目总投资（生产性）＝建设投资＋建设期利息＋流动资金

建设项目总投资（非生产性）＝建设投资＋建设期利息

· 典型例题 ·

1. ［**2021 真题 · 单选**］生产性建设项目工程费用为15 000万元，设备费用为5 000万元，工程建设其他费用为3 000万元，预备费为1 000万元，建设期利息为1 000万元，铺底流动资金为 500 万元，则该项目的工程造价为（　　）万元。

A. 19 000　　B. 20 000　　C. 20 500　　D. 25 000

［解析］本题以计算题形式考查对概念的掌握，做题时需要识别工程费用中已包含设备费用，因此设备费用不需要重复计算，因此，工程造价＝固定资产投资＝建设投资＋建设期利息＝工程费用＋工程建设其他费用＋预备费＋建设期利息＝15 000＋3 000＋1 000＋1 000＝20 000（万元）。

2. ［**2019 真题 · 单选**］根据我国现行建设工程总投资及工程造价的构成，下列资金在数额上和工程造价相等的是（　　）。

A. 固定资产投资＋流动资金　　B. 固定资产投资＋铺底流动资金

C. 固定资产投资　　D. 建设投资

［解析］生产性建设项目总投资包括建设投资、建设期利息和流动资金三部分；非生产性建设项目总投资包括建设投资和建设期利息两部分。其中建设投资和建设期利息之和对应于固定资产投资，固定资产投资与建设项目的工程造价在量上相等。

3. ［**2017 真题 · 单选**］根据现行建设项目工程造价构成的相关规定，工程造价是指（　　）。

A. 为完成工程项目建造，生产性设备及配合工程安装设备的费用

B. 建设期内直接用于工程建造、设备购置及其安装的建设投资

C. 为完成工程项目建设，在建设期内投入且形成现金流出的全部费用

D. 在建设期内预计或实际支出的建设费用

［解析］本题考查的是我国建设项目投资及工程造价的构成。工程造价是指在建设期预计或实际支出的建设费用。

4.［2016 真题・单选］关于我国建设项目投资，下列说法中正确的是（　　）。

A. 非生产性建设项目总投资由固定资产投资和铺底流动资金组成

B. 生产性建设项目总投资由工程费用、工程建设其他费用和预备费三部分组成

C. 建设投资是为了完成工程项目建设，在建设期内投入且形成现金流出的全部费用

D. 建设投资由固定资产投资和建设期利息组成

［解析］本题考查的是我国建设项目投资及工程造价的构成。非生产性建设项目总投资包括建设投资和建设期利息两部分，选项 A 错误。生产性建设项目总投资包括建设投资、建设期利息和流动资金三部分，选项 B 错误。建设投资包括工程费用、工程建设其他费用和预备费三部分，选项 D 错误。

答案：1. B　2. C　3. D　4. C

知识点 2　国外建设工程造价构成

（1）项目直接建设成本。

（2）项目间接建设成本。

1）项目管理费。

2）开工试车费。

3）业主的行政性费用。

4）生产前费用。

5）运费和保险费。

6）税金。

（3）应急费。

应急费包括以下内容。

1）未明确项目的准备金：未明确项目准备金是用于在估算时不可能明确的潜在项目，这些项目是必须完成的，或它们的费用是必定要发生的。它是估算不可缺少的一个组成部分。

2）不可预见准备金：不可预见准备金用于在估算达到了一定的完整性并符合技术标准的基础上，社会和经济的变化导致估算增加的情况。不可预见准备金只是一种储备，可能不动用。

（4）建设成本上升费。

建设成本上升费用用于补偿直至工程结束时的未知价格增长。

注意：区分未明确项目准备金、不可预见准备金和建设成本上升费用。

・典型例题・

1.［2022 真题・单选］根据世界银行国际组织对工程项目总建设成本构成的规定，下列费用中，应计入间接建设成本的是（　　）。

A. 土地征购费　　B. 开工试车费

C. 场外设施费　　　　D. 建设成本上升费

［解析］项目间接建设成本包括以下内容：①项目管理费；②开工试车费；③业主的行政性费用，指业主的项目管理人员费用及支出；④生产前费用；⑤运费和保险费；⑥税金。

2.［2015 真题 · 单选］根据世界银行对建设工程造价构成的规定，只能作为一种储备可能不动用的费用是（　　）。

A. 未明确项目准备金　　　　B. 基本预备费

C. 不可预见准备金　　　　D. 建设成本上升费用

［解析］本题考查的是国外建设工程造价构成。不可预见准备金是用于在估算达到了一定的完整性并符合技术标准的基础上，由于物质、社会和经济的变化，导致估算增加的情况。此种情况可能发生，也可能不发生。不可预见准备金只是一种储备，可能不动用。

3.［2014 真题 · 单选］根据世界银行对工程项目总建设的规定，下列费用应计入项目间接成本的是（　　）。

A. 临时公共设施及场地的维持费　　　　B. 建筑保险和债券费

C. 开工试车费　　　　D. 土地征购费

［解析］本题考查的是国外建设工程造价构成。项目间接建设成本包括项目管理费、开工试车费、业主的行政性费用、生产前费用、运费和保险费、税金。选项 A、B、D 属于项目直接建设成本。

4.［2013 真题 · 单选］国外建筑工程造价构成中，反映工程造价估算日期至工程竣工日期之前，工程各个主要组成部分的人工、材料和设备等未知价格增长部分的是（　　）。

A. 直接建设成本　　　　B. 建设成本上升费

C. 不可预见准备金　　　　D. 未明确项目准备金

［解析］本题考查的是国外建设工程造价构成。通常，估算中使用的构成工资率、材料和设备价格基础的截止日期就是“估算日期”。必须对该日期或已知成本基础进行调整，建设成本上升费的目的就是补偿直至工程结束时的未知价格增长。

答案：1. B　2. C　3. C　4. B

第二节　建筑安装工程费用的构成和计算

知识点 1　建筑安装工程费用的内容

建筑安装工程费是指为完成工程项目建造、生产性设备及配套工程安装所需的费用。

一、建筑工程费用内容

各类房屋建筑工程和列入房屋建筑工程预算的供水、供暖、卫生、通风、煤气等设备费用及其装设、油饰工程的费用，列入建筑工程预算的各种管道、电力、电信和电缆导线敷设工程的费用。

二、安装工程费用内容

生产、动力、起重、运输、传动和医疗、实验等各种需要安装的机械设备的装配费用，同时还包括为测定安装工程质量，对单台设备进行单机试运转、对系统设备进行系统联动无负荷试运转工作的调试费。

点拨：所有带“设备”两个字的内容，全部都属于安装工程费用，除了“水、暖、卫、通、气设备”和“设备基础”。

·典型例题·

1. ［**2011 真题 · 单选**］根据我国现行建筑安装工程费用构成的相关规定，下列费用中，属于安装工程费用的是（　　）。

A. 设备基础，工作台的砌筑工程费或金属结构工程费用

B. 房屋建筑工程供水、供暖等设备费用

C. 对系统设备进行系统联动无负荷试运转工作的调试费

D. 对整个生产线负荷联合试运转所发生的费用

［**解析**］本题考查的是建筑安装工程费用内容。安装工程费用中包括为测定安装工程质量，对单台设备进行单机试运转、对系统设备进行系统联动无负荷试运转工作的调试费。

2. ［**2012 真题 · 多选**］下列费用项目中，属于安装工程费用的有（　　）。

A. 被安装设备的防腐、保温等工作的材料费

B. 设备基础的工程费用

C. 对单台设备进行单机试运转的调试费

D. 被安装设备的防腐、保温等工作的安装费

E. 与设备相连的工作台、梯子、栏杆的工程费用

［**解析**］本题考查的是建筑安装工程费用内容。选项 B，属于建筑工程费用的内容；选项 A、C、D、E 均属于安装工程费用的内容。

答案：1. C　2. ACDE

知识点 2　我国现行建筑安装工程费用项目组成

我国现行建筑安装工程费用项目按两种不同的方式划分，即按费用构成要素划分和按造价形成划分，其具体内容见图 1-2-1。

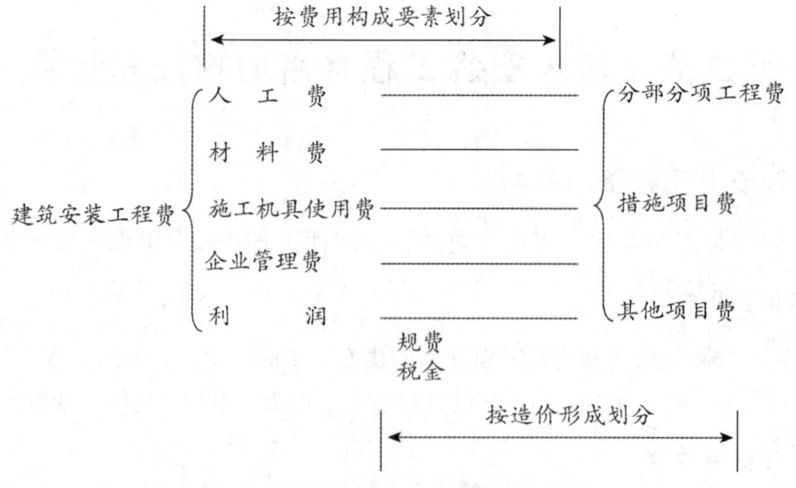

图 1-2-1　建筑安装工程费用项目组成

知识点3　按费用构成要素划分建筑安装工程费用项目构成和计算

一、人工费

计算人工费的基本要素有两个，即人工工日消耗量和人工日工资单价。人工工日消耗量由分项工程所综合的各个工序劳动定额包括的基本用工、其他用工两部分组成。

人工费的基本计算公式如下：

$$人工费=\sum(工日消耗量\times日工资单价)$$

二、材料费

材料费，是指工程施工过程中耗费的各种原材料、半成品、构配件、工程设备等的费用，以及周转材料等的摊销、租赁费用。计算材料费的基本要素是材料消耗量和材料单价。

（1）材料消耗量。包括材料净用量和材料不可避免的损耗量。

（2）材料单价。包括材料原价（或供应价格）、材料运杂费、运输损耗费、采购及保管费等。

材料费的基本计算公式如下：

$$材料费=\sum(材料消耗量\times材料单价)$$

（3）工程设备。是指构成或计划构成永久工程一部分的机电设备、金属结构设备、仪器装置及其他类似的设备和装置。

三、施工机具使用费

施工机具使用费包括施工机械使用费和仪器仪表使用费。

（一）施工机械使用费

构成施工机械使用费的基本要素是施工机械台班消耗量和机械台班单价。施工机械台班单价通常由折旧费、检修费、维护费、安拆费及场外运费、人工费、燃料动力费和其他费用组成。

施工机械使用费的基本计算公式如下：

$$施工机械使用费=\sum(施工机械台班消耗量\times机械台班单价)$$

（二）仪器仪表使用费

仪器仪表使用费的基本计算公式如下：

$$仪器仪表使用费=\sum(仪器仪表台班消耗量\times仪器仪表台班单价)$$

仪器仪表台班单价通常由折旧费、维护费、校验费和动力费组成。

四、企业管理费

（一）企业管理费的内容

企业管理费是指施工单位组织施工生产和经营管理所需要的费用。内容包括：

（1）管理人员工资。

（2）办公费。

（3）差旅交通费。

（4）固定资产使用费。

（5）工具用具使用费，是指企业施工生产和管理使用的不属于固定资产的工具、器具等的购置、维修和摊销费。

（6）劳动保险和职工福利费。

(7) 劳动保护费。

(8) 检验试验费。

(9) 工会经费。

(10) 职工教育经费。

(11) 财产保险费。施工管理用财产、车辆等的保险费用。

(12) 财务费，指企业为施工生产筹集资金或提供预付款担保、履约担保、职工工资支付担保等所发生的各种费用。

(13) 税金。

(14) 其他。

其中，检验试验费是对建筑以及材料、构件和建筑安装物进行一般鉴定、检查所发生的费用，包括自设试验室进行试验所耗用的材料等费用。不包括新结构、新材料的试验费，对构件做破坏性试验及其他特殊要求检验试验的费用和建设单位委托检测机构进行检测的费用，对此类检测发生的费用，由建设单位在工程建设其他费用中列支。但对施工企业提供的具有合格证明的材料进行检测不合格的，该检测费用由施工企业支付。

(二) 企业管理费的计算方法

(1) 以直接费为计算基础，其计算公式如下：

$$\text{企业管理费费率（\%）}=\frac{\text{生产工人年平均管理费}}{\text{年有效施工天数}\times\text{人工单价}}\times\text{人工费占直接费比例（\%）}$$

(2) 以人工费和施工机具使用费合计为计算基础，其计算公式如下：

$$\text{企业管理费费率（\%）}=\frac{\text{生产工人年平均管理费}}{\text{年有效施工天数}\times\text{（人工单价}+\text{每一台班施工机具使用费）}}\times 100\%$$

(3) 以人工费为计算基础，其计算公式如下：

$$\text{企业管理费费率（\%）}=\frac{\text{生产工人年平均管理费}}{\text{年有效施工天数}\times\text{人工单价}}\times 100\%$$

五、利润

利润是指施工企业完成所承包工程获得的盈利，由施工企业根据企业自身需求并结合建筑市场实际自主确定。

六、规费

(一) 规费的内容

规费是指按国家法律、法规规定，由省级政府和省级有关权力部门规定必须缴纳或计取的费用。

(1) 社会保险费。

包括：①养老保险费；②失业保险费；③医疗保险费；④生育保险费；⑤工伤保险费。

(2) 住房公积金。

(二) 规费的计算

社会保险费和住房公积金的公式如下：

$$\text{社会保险费和住房公积金}=\sum\text{（工程定额人工费}\times\text{社会保险费和住房公积金费率）}$$

七、增值税

（一）采用一般计税方法

采用一般计税方法时，增值税计算公式如下：

增值税＝税前造价×9%

税前造价为人工费、材料费、施工机具使用费、企业管理费、利润和规费之和，各费用项目均以不包含增值税可抵扣进项税额的价格计算。

（二）采用简易计税方法

小规模、清包工、甲供工程、老项目等采用简易计税方法。其计算公式如下：

增值税＝税前造价×3%

税前造价为人工费、材料费、施工机具使用费、企业管理费、利润和规费之和，各费用项目均以包含增值税可抵扣进项税额的价格计算。

·典型例题·

1. ［**2022真题·单选**］下列费用中，属于施工企业管理费中财务费的是（　　）。

A. 财务专用工具购置费　　B. 预付款担保

C. 审计费　　D. 财产保险费

［**解析**］财务费是指企业为施工生产筹集资金或提供预付款担保、履约担保、职工工资支付担保等所发生的各种费用。

2. ［**2018真题·单选**］根据现行建筑安装工程费用项目组成规定，下列关于施工企业管理费中工具用具使用费的说法正确的是（　　）。

A. 指企业管理使用，而非施工生产使用的工具用具费用

B. 指企业施工生产使用，而非企业管理使用的工具用具费用

C. 采用一般计税方法时，工具用具使用费中增值税进项税额可以抵扣

D. 包括各类资产标准的工具用具的购置、维修和摊销费用

［**解析**］本题考查的是按费用构成要素划分建筑安装工程费用项目构成和计算。工具用具使用费是指企业施工生产和管理使用的不属于固定资产的工具、器具、家具、交通工具和检验、试验、测绘、消防用具等的购置、维修和摊销费。当一般纳税人采用一般计税方法时，工具用具使用费中增值税进项税额的抵扣原则：以购进货物或接受修理修配劳务适用的税率扣减，均为13%。

3. ［**2017真题·单选**］根据现行建筑安装工程费用项目组成的规定，下列费用项目中，属于施工机具使用费的是（　　）。

A. 仪器仪表使用费　　B. 施工机械财产保险费

C. 大型机械进出场费　　D. 大型机械安拆费

［**解析**］本题考查的是按费用构成要素划分建筑安装工程费用项目构成和计算。施工机具使用费是指施工作业所发生的施工机械、仪器仪表使用费或租赁费。

4. ［**2017真题·单选**］关于建筑安装工程费用中建筑业增值税的计算，下列说法中正确的是（　　）。

A. 当事人可以自主选择一般计税法或简易计税法计税

B. 一般计税法、简易计税法中的建筑业增值税税率均为9%

C. 采用简易计税法时，税前造价不包含增值税的进项税额

D. 采用一般计税法时，税前造价不包含增值税的进项税额

［解析］本题考查的是按费用构成要素划分建筑安装工程费用项目构成和计算。选项 A 错误，简易计税有适用的范围。选项 B 错误，采用一般计税法时，建筑业增值税税率为 9%；简易计税方法，建筑业增值税税率为 3%。选项 C 错误，采用简易计税法时，税前造价包含增值税的进项税额。

5.［2021 真题·多选］根据我国现行建筑安装工程费用项目组成规定，下列施工企业发生的费用中，应计入企业管理费的有（　　）。

A. 工地转移费　　B. 工具用具使用费

C. 仪器仪表使用费　　D. 检验试验费

E. 材料采购与保管费

［解析］企业管理费包括：①管理人员工资；②办公费；③差旅交通费；④固定资产使用费；⑤工具用具使用费；⑥劳动保险和职工福利费；⑦劳动保护费；⑧检验试验费；⑨工会经费；⑩职工教育经费；⑪财产保险费；⑫财务费；⑬税金；⑭其他。工具用具使用费、检验试验费属于企业管理费；工地转移费属于企业管理费中的差旅交通费。仪器仪表使用费属于施工机具使用费；材料采购与保管费属于材料费。

6.［2018 真题·多选］按照费用构成要素划分的建筑安装工程费用项目组成规定，下列费用项目应列入材料费的有（　　）。

A. 周转材料的摊销、租赁费用

B. 材料运输损耗费用

C. 施工企业对材料进行一般鉴定、检查发生的费用

D. 材料运杂费中的增值税进项税额

E. 材料采购及保管费用

［解析］本题考查的是按费用构成要素划分建筑安装工程费用项目构成和计算。建筑安装工程费中的材料费，是指工程施工过程中耗费的各种原材料、半成品、构配件、工程设备等的费用，以及周转材料等的摊销、租赁费用。材料单价由材料原价、运杂费、运输损耗费、采购及保管费组成。

7.［2014 真题·多选］根据我国现行建筑安装工程费用项目组成规定，下列属于企业管理费内容的有（　　）。

A. 企业管理人员办公用的文具、纸张等费用

B. 企业施工生产和管理使用的属于固定资产的交通工具的购置、维修费

C. 对建筑以及材料、构件和建筑安装进行特殊鉴定检查所发生的检验试验费

D. 按全部职工工资总额比例计提的工会经费

E. 为施工生产筹集资金、履约担保所发生的财务费用

［解析］选项 B，企业施工生产和管理使用的不属于固定资产的交通工具的购置、维修费才属于企业管理费。选项 C，对建筑以及材料、构件和建筑安装进行一般鉴定检查所发生的检验试验费才属于企业管理费。选项 A 属于企业管理费中的办公费，选项 D 属于企业管理费中的工会经费，选项 E 属于企业管理费中的财务费。

答案：1. B　2. C　3. A　4. D　5. ABD　6. ABE　7. ADE

知识点4 按造价形成划分建筑安装工程费用项目构成和计算

一、分部分项工程费

分部分项工程费是指各专业工程的分部分项工程应予列支的各项费用。

$$分部分项工程费=\sum(分部分项工程量\times综合单价)$$

综合单价包括人工费、材料费、施工机具使用费、企业管理费和利润，以及一定范围的风险费用。

二、措施项目费

（一）措施项目费的构成

措施项目费是指为完成建设工程施工，发生于该工程施工准备和施工过程中的技术、生活、安全、环境保护等方面的费用。

（1）安全文明施工费。

通常由环境保护费、文明施工费、安全施工费、临时设施费组成。

（2）夜间施工增加费。

（3）非夜间施工照明费。

（4）二次搬运费。

（5）冬雨季施工增加费。冬雨季天气原因导致施工效率降低加大投入而增加的费用，以及为确保冬雨季施工质量和安全而采取的保温、防雨等措施所需的费用。

（6）地上、地下设施、建筑物的临时保护设施费。

（7）已完工程及设备保护费。

（8）脚手架费。

（9）混凝土模板及支架（撑）费。

（10）垂直运输费。

（11）超高施工增加费。当单层建筑物檐口高度超过20m，多层建筑物超过6层时计算。

（12）大型机械设备进出场及安拆费。

（13）施工排水、降水费。由成井和排水、降水两个独立的费用项目组成。

（14）其他。[脚模直高，进场排水]

（二）措施项目费的计算

措施项目分为应予计量的措施项目和不宜计量的措施项目两类。具体的分类见图1-2-2。

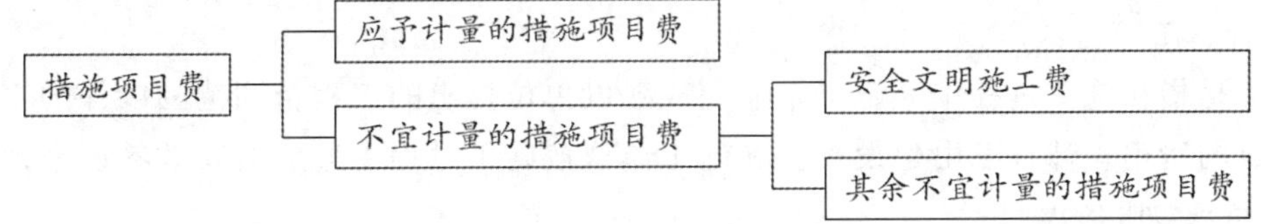

图1-2-2 措施项目费的分类

1. 应予计量的措施项目

应予计量的措施项目公式如下：

$$措施项目费=\sum(措施项目工程量\times综合单价)$$

不同的措施项目其工程量的计算单位不同，见表1-2-1。

表 1-2-1　不同措施项目工程量计算单位

措施项目	计算单位
脚手架费	建筑面积或垂直投影面积以 m^2 为单位计算
混凝土模板及支架（撑）费	模板与现浇混凝土构件的接触面积以 m^2 为单位计算
垂直运输费	建筑面积以 m^2 为单位计算
	施工工期日历天数以天为单位计算
超高施工增加费	建筑物超高部分的建筑面积以 m^2 为单位计算
大型机械设备进出场及安拆费	机械设备的使用数量以台次为单位计算
施工排水、降水费	成井费用按设计图示尺寸以钻孔深度以 m 为单位计算
	排水、降水费用按排水、降水日历天数以昼夜为单位计算

2. 不宜计量的措施项目

（1）安全文明施工费。

安全文明施工费＝计算基数×安全文明施工费费率（%）

计算基数应为定额基价（定额分部分项工程费＋定额中可以计量的措施项目费）、定额人工费或定额人工费与施工机具使用费之和。

（2）其余不宜计量的措施项目。

措施项目费＝计算基数×措施项目费费率（%）

计算基数应为定额人工费或定额人工费与定额施工机具使用费之和。

三、其他项目费

（一）暂列金额

暂列金额用于施工合同签订时尚未确定或者不可预见的所需材料、工程设备、服务的采购，施工中可能发生的工程变更、合同约定调整因素出现时的工程价款调整以及发生的索赔、现场签证确认等的费用。暂列金额在施工过程中由建设单位掌握使用、扣除合同价款调整后如有余额，归建设单位。

（二）暂估价

暂估价是指招标人在工程量清单中提供的用于支付必然发生但暂时不能确定价格的材料、工程设备的单价以及专业工程的金额。

暂估价中的材料、工程设备暂估单价根据工程造价信息或参照市场价格估算，计入综合单价；专业工程暂估价分不同专业，按有关计价规定估算。暂估价在施工中按照合同约定再加以调整。

（三）计日工

计日工是指在施工过程中，施工企业完成建设单位提出的工程合同范围以外的零星项目或工作所形成的费用。计日工由建设单位和施工单位按施工过程中形成的有效签证来计价。

（四）总承包服务费

总承包服务费由施工单位投标时自主报价，施工过程中按签约合同价执行。

四、规费和税金

按造价形成划分建筑安装工程费除分部分项工程费、措施项目费、其他项目费外，还有规费和税金。

·典型例题·

1.［**2020 真题·单选**］下列费用中，属于安全文明施工费中临时设施费的是（　　）。

A. 现场配备的医疗保健器材费　　B. 塔吊及外用电梯安全防护措施费

C. 临时文化福利用房费　　D. 新建项目的场地准备费

［**解析**］选项 A 属于文明施工费；选项 B 属于安全施工费；选项 D 属于工程建设其他费用。

2.［**2018 真题·单选**］根据现行建筑安装工程费用项目组成规定，下列费用项目属于按造价形成划分的是（　　）。

A. 人工费　　B. 企业管理费

C. 利润　　D. 税金

［**解析**］本题考查的是按造价形成划分建筑安装工程费用项目构成和计算。建筑安装工程费按照工程造价形成由分部分项工程费、措施项目费、其他项目费、规费和税金组成。

3.［**2016 真题·多选**］应予计量的措施项目费包括（　　）。

A. 垂直运输费　　B. 排水、降水费

C. 冬雨季施工增加费　　D. 临时设施费

E. 超高施工增加费

［**解析**］本题考查的是按造价形成划分建筑安装工程费用项目构成和计算。应予计量的措施费包括：脚手架费，混凝土模板及支架（撑）费，垂直运输费，超高施工增加费，大型机械设备进出场及安拆费，施工排水、降水费。

4.［**2015 真题·多选**］根据我国现行建筑安装工程费用项目组成的规定，下列费用中属于安全文明施工中临时设施费的有（　　）。

A. 现场采用砖砌围挡的安砌费用

B. 现场围挡的墙面美化费用

C. 施工现场的操作场地的硬化费用

D. 施工现场规定范围内临时简易道路的铺设费用

E. 地下室施工时所采用的照明设备的安拆费用

［**解析**］现场围挡的墙面美化费用、施工现场的操作场地的硬化费用均属于文明施工费。地下室施工时所采用的照明设备的安拆费用属于非夜间施工照明费。

5.［**2013 真题·多选**］关于措施费中超高施工增加费，下列说法正确的有（　　）。

A. 单层建筑檐口高度超过 30m 时计费　　B. 多层建筑超过 6 层时计算

C. 包括建筑超高引起的人工工效降低费　　D. 不包括通信联络设备的使用费

E. 按建筑物超高部分建筑面积以“m^2”为单位计算

［**解析**］本题考查的是按造价形成划分建筑安装工程费用项目构成和计算。单层建筑檐口高度超过 20m 时计费，选项 A 错误；超高施工增加费包括通信联络设备的使用及摊销费，选项 D 错误。

答案：1. C　2. D　3. ABE　4. AD　5. BCE

知识点 5　国外建筑安装工程费用的构成

国外建筑安装工程费用的构成见图 1-2-3。

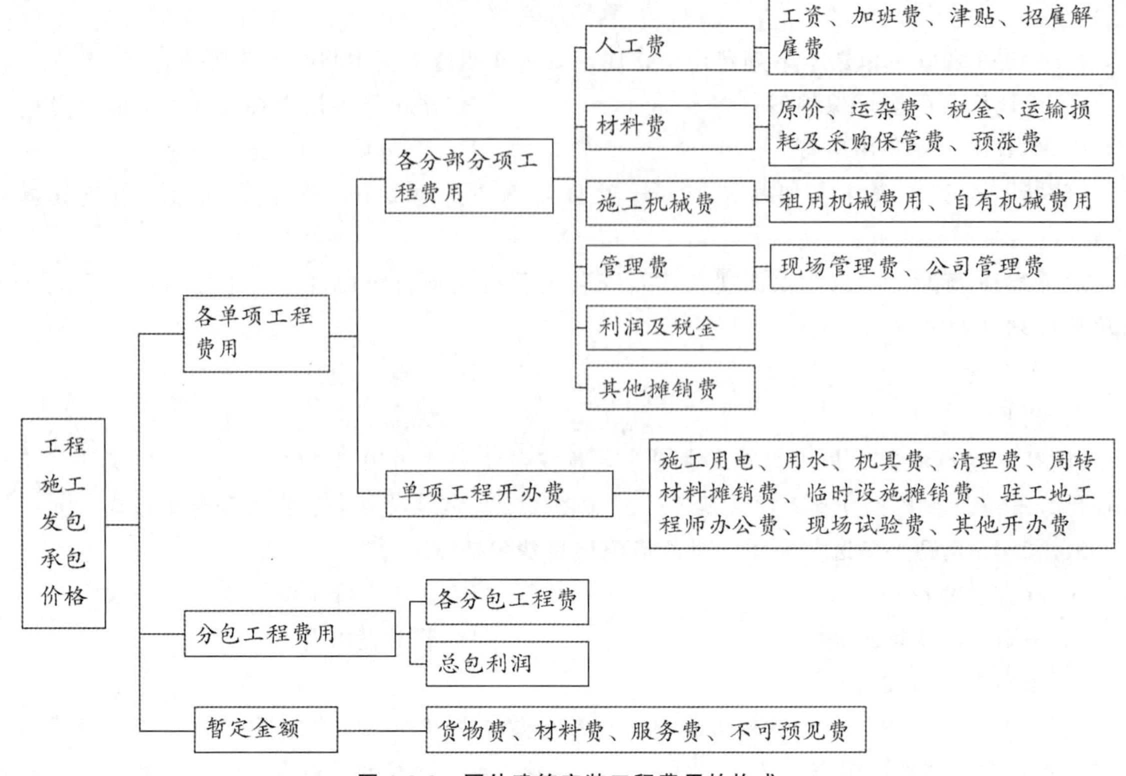

图 1-2-3　国外建筑安装工程费用的构成

注：单项工程建筑安装工程量越大，开办费在工程价格中的比例就越小；反之开办费就越大。

·典型例题·

1. ［**2021 真题·单选**］在国外建筑安装工程费用构成中，现场材料试验及所需设备的费用包含在（　　）中。

A. 直接工程费　　B. 管理费　　C. 开办费　　D. 其他摊销费

［**解析**］开办费包括的内容因国家和工程的不同而异，大致包括以下内容：①施工用水、用电费；②工地清理费及完工后清理费，建筑物烘干费，临时围墙、安全信号、防护用品的费用以及恶劣气候条件下的工程防护费、污染费、噪声费，其他法定的防护费用；③周转材料费，如脚手架、模板的摊销费等；④临时设施费，包括生活用房、生产用房、临时通信、室外工程（包括道路、停车场、围墙、给排水管道、输电线路等）的费用，可按实际需要计算；⑤驻工地工程师的现场办公室及所需设备的费用，现场材料试验及所需设备的费用；⑥其他。

2. ［**2018 真题·单选**］依照国外建筑安装工程费用构成惯例，关于其直接工程费中的人工费，下列说法正确的是（　　）。

A. 工人按技术等级划分为技工、普工和壮工

B. 平均工资应按各类工人工资的算术平均值计算

C. 包括工资、加班费、津贴、招雇解雇费

D. 包括工资、加班费和代理人费用

［**解析**］本题考查的是国外建筑安装工程费用的构成。国外一般工程施工的工人按技术要求划分为高级技工、熟练工、半熟练工和壮工，选项 A 错误。当工程价格采用平均工资计算时，要按各类工人总数的比例进行加权计算，选项 B 错误。人工费应该包括工资、加班费、津

贴、招雇解雇费用等，选项 C 正确，选项 D 错误。

3.［2017 真题·单选］下列费用项目中，包含在国外建筑安装工程材料费中的是（　　）。

A. 单独列项的增值税　　B. 材料价格预涨费

C. 周转材料摊销费　　D. 各种现场用水、用电费

［**解析**］本题考查的是国外建筑安装工程费用的构成。材料费主要包括：材料原价；运杂费；税金；运输损耗及采购保管费；预涨费。

4.［2018 真题·多选］关于国外建筑安装工程费用中的开办费，下列说法正确的有（　　）。

A. 开办费项目可以按单项工程分别单独列出

B. 单项工程建筑安装工程量越大，开办费在工程价格中的比例越大

C. 开办费包括的内容因国家和工程的不同而异

D. 开办费项目可以采用分摊进单价的方式报价

E. 第三者责任险投保费一般应作为开办费的构成内容

［**解析**］本题考查的是国外建筑安装工程费用的构成。单项工程建筑安装工程量越大，开办费在工程价格中的比例越小，选项 B 错误；大型自有机械台时单价，一般由每台时应摊折旧费、应摊维修费、台时消耗的能源和动力费、台时应摊的驾驶工人工资以及工程机械设备险投保费、第三者责任险投保费等组成，选项 E 错误。

5.［2017 真题·多选］国外建筑安装工程费用中的开办费一般包括（　　）等。

A. 工地清理费　　B. 现场管理费

C. 材料预涨费　　D. 周转材料费

E. 暂定金额

［**解析**］本题考查的是国外建筑安装工程费用的构成。开办费包括用电、用水、机具费，清理费，周转材料摊销费，临时设施摊销费，驻工地工程师办公费，现场实验费，其他开办费。选项 B、C 属于国外建筑安装工程费用中的各分部分项工程费用，选项 E 与开办费是并列关系。

答案：1. C　2. C　3. B　4. ACD　5. AD

第三节　设备及工器具购置费用的构成和计算

设备及工器具购置费用是固定资产投资中的积极部分，在生产性工程建设中，它占工程造价比重的增大，意味着生产技术的进步和资本有机构成的提高。

知识点 1　国产非标准设备原价

按成本计算估价法，非标准设备的原价由以下各项组成：

（1）材料费。其计算公式如下：

$$材料费＝材料净重×（1＋加工损耗系数）×每吨材料综合价$$

（2）辅助材料费。其计算公式如下：

辅助材料费＝设备总重量×辅助材料费指标

（3）加工费。其计算公式如下：

加工费＝设备总重量（吨）×设备每吨加工费

（4）专用工具费。其计算公式如下：

专用工具费＝（材料费＋辅助材料费＋加工费）×专用工具费率

（5）废品损失费。其计算公式如下：

废品损失费＝（材料费＋辅助材料费＋加工费）×（1＋专用工具费率）×废品损失费率

（6）外购配套件费。

（7）包装费。其计算公式如下：

包装费＝［（材料费＋辅助材料费＋加工费）×（1＋专用工具费率）×（1＋废品损失费率）＋外购配套件费］×包装费率

（8）利润。其计算公式如下：

利润＝｛［（材料费＋辅助材料费＋加工费）×（1＋专用工具费率）×（1＋废品损失费率）＋外购配套件费］×（1＋包装费率）－外购配套件费｝×利润率

外购配套件费计取包装费，但不计取利润。

（9）税金，主要指增值税。其涉及的计算公式如下：

当期销售税额＝销售额×适用增值税率

销售额＝｛［（材料费＋辅助材料费＋加工费）×（1＋专用工具费率）×（1＋废品损失费率）＋外购配套件费］×（1＋包装费率）－外购配套件费｝×（1＋利润率）＋外购配套件费

（10）非标准设备设计费。

按国家规定的设计费收费标准计算。综上所述，其计算公式如下：

单台非标准设备原价＝｛［（材料费＋辅助材料费＋加工费）×（1＋专用工具费率）×（1＋废品损失费率）＋外购配套件费］×（1＋包装费率）－外购配套件费｝×（1＋利润率）＋外购配套件费＋销项税额＋非标准设备设计费

·典型例题·

1.［2022 真题·单选］ 生产非标准设备所用的材料、辅助材料和加工费合计为 6 万元，专用工具和废品损失费为 0.5 万元，外购配套件费为 1.5 万元。若利润率为 10%，增值税税率为 13%，设备原价按成本计算估价法确定，在不发生其他费用的情况下，该设备的增值税销项税额为（　　）万元。

A. 0.930　　B. 1.040　　C. 1.125　　D. 1.144

［解析］ 该设备的增值税销项税额＝［（6＋0.5）×（1＋10%）＋1.5］×13%＝1.125（万元）。

2.［2018 真题·单选］ 国内生产某台非标准设备需材料费 18 万元，加工费 2 万元，专用工具费率 5%，废品损失费率 10%，包装费 0.4 万元，利润率为 10%，用成本计算估价法计得该设备的利润是（　　）万元。

A. 2.00　　B. 2.10

C. 2.31　　D. 2.35

［解析］本题考查的是国产非标准设备原价。利润＝｛［（材料费＋辅助材料费＋加工费）×（1＋专用工具费率）×（1＋废品损失费率）＋外购配套件费］×（1＋包装费率）－外购配套件费｝×利润率，代入公式得：（20×1.05×1.1＋0.4）×0.1＝2.35（万元）。

3.［2015 真题·单选］采用成本计算估价法计算非标准设备原价时，下列表述中正确的是（　　）。

A. 专用工具费＝（材料费＋加工费）×专用工具费率

B. 加工费＝设备总重量×（1＋加工耗损系数）×设备每吨加工费

C. 包装费的计算基数中不应包含废品损失费

D. 利润的计算基数中不应包含外购配套件费

［解析］本题考查的是国产非标准设备原价。专用工具费的计算基数为材料费、加工费、辅助材料费之和，选项 A 错误。加工费＝设备总重量×设备每吨加工费，选项 B 错误。包装费的计算基数为材料费、加工费、辅助材料费、专用工具费、废品损失费、外购配套件费之和，选项 C 错误。利润的计算基数中不应包含外购配套件费，选项 D 正确。

4.［2014 真题·单选］已知国内制造厂某非标准设备所用材料费、加工费、辅助材料费、专用工具费、废品损失费共 20 万元，外购配套件费 3 万元，非标准设备设计费 1 万元，包装费率 1%，利润率为 8%，若其他费用不考虑，则该设备的原价为（　　）万元。

A. 25.82　　B. 25.85

C. 26.09　　D. 29.09

［解析］本题考查的是国产非标准设备原价。单台非标准设备原价＝｛［（材料费＋辅助材料费＋加工费）×（1＋专用工具费率）×（1＋废品损失费率）＋外购配套件费］×（1＋包装费率）－外购配套件费｝×（1＋利润率）＋外购配套件费＋销项税额＋非标准设备设计费，代入公式得：［（20＋3）×（1＋1%）－3］×（1＋8%）＋3＋1＝25.85（万元）。

5.［2019 真题·多选］非标准设备原价中，能作为利润取费基数的有（　　）。

A. 辅助材料费　　B. 废品损失费

C. 包装费　　D. 外购配套件费

E. 专用工具费

［解析］利润的计算基数包括材料费、加工费、辅助材料费、专用工具费、废品损失费和包装费之和乘以一定利润率计算。外购配套件费计取包装费，但不计取利润。利润＝｛［（材料费＋辅助材料费＋加工费）×（1＋专用工具费率）×（1＋废品损失费率）＋外购配套件费］×（1＋包装费率）－外购配套件费｝×利润率。

答案：1. C　2. D　3. D　4. B　5. ABCE

知识点 2　进口设备原价的构成及计算

一、进口设备的交易价格

（1）FOB（free on board），离岸价格。风险转移，以在指定的装运港货物被装上指定船时为分界点。费用划分与风险转移的分界点相一致。

（2）CFR（cost and freight），运费在内价。

（3）CIF（cost insurance and freight），到岸价格。卖方应办理货物在运输途中最低险别的海运保险。

进口设备购置费见图 1-3-1。

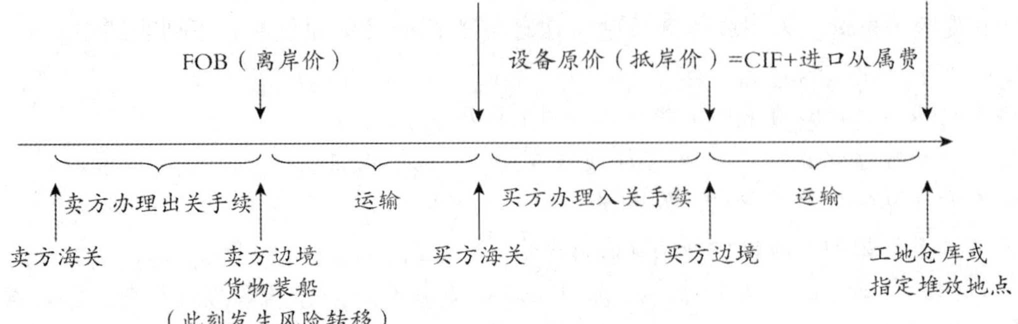

图 1-3-1 进口设备购置费

二、进口设备到岸价的构成及计算

进口设备到岸价格的计算公式如下：

进口设备到岸价格（CIF）＝离岸价格（FOB）＋国际运费＋运输保险费

＝运费在内价（CFR）＋运输保险费

（1）货价。一般指离岸价格（FOB）。

（2）国际运费。其计算公式如下：

国际运费＝原币货价（FOB）×运费率＝单位运价×运量

（3）运输保险费。其计算公式如下：

运输保险费＝［原币货价（FOB）＋国际运费＋运输保险费］×保险费率

$$=\frac{\text{原币货价（FOB）}+\text{国际运费}}{1-\text{保险费率}}\times\text{保险费率}$$

三、进口从属费的构成及计算

进口从属费的计算公式如下：

进口从属费＝银行财务费＋外贸手续费＋关税＋消费税＋进口环节增值税＋车辆购置税

（1）银行财务费。其计算公式如下：

银行财务费＝离岸价格（FOB）×人民币外汇汇率×银行财务费率

（2）外贸手续费。其计算公式如下：

外贸手续费＝到岸价格（CIF）×人民币外汇汇率×外贸手续费率

（3）关税。其计算公式如下：

关税＝到岸价格（CIF）×人民币外汇汇率×进口关税税率

到岸价格（CIF）作为关税的计征基数时，通常又可称为关税完税价格。

（4）消费税。消费税是价内税，计算公式如下：

消费税＝［到岸价格（CIF）＋关税＋消费税］×消费税税率

$$=\frac{\text{到岸价格（CIF）}\times\text{人民币外汇汇率}+\text{关税}}{1-\text{消费税税率}}\times\text{消费税税率}$$

（5）进口环节增值税。其计算公式如下：

进口环节增值税＝组成计税价格×增值税税率

＝（关税完税价格＋关税＋消费税）×增值税税率

（6）车辆购置税。其计算公式如下：

进口车辆购置税＝（关税完税价格＋关税＋消费税）×车辆购置税率

·典型例题·

1.［2022 真题·单选］关于进口设备原价消费税的计算，下列计算方式正确的是（　　）。

A. 到岸价×消费税税率

B.（到岸价＋关税）×消费税税率

C.（到岸价＋关税＋消费税）×消费税税率

D.（到岸价＋关税＋增值税）×消费税税率

［解析］应纳消费税税额＝$\frac{\text{到岸价格（CIF）×人民币外汇汇率＋关税}}{\text{1－消费税税率}}$×消费税税率，消费税属于价内税，其实质是到岸价＋关税＋消费税。

2.［2020 真题·单选］某应纳消费税的进口设备到岸价为1 800万元，关税税率为 20％，消费税税率为 10％，增值税税率为 16％，则该台设备进口环节增值税额为（　　）万元。

A. 316.80　　　　B. 345.60

C. 380.16　　　　D. 384.00

［解析］关税＝1 800×20％＝360（万元），消费税＝［（1 800＋360）/（1－10％）］×10％＝240（万元），增值税＝（1 800＋360＋240）×16％＝384.00（万元）。

3.［2019 真题·单选］某进口设备人民币货价 400 万元，国际运费折合人民币 30 万元，运输保险费率为 3‰，则该设备应计的运输保险费折合人民币（　　）万元。

A. 1.200　　　　B. 1.204

C. 1.290　　　　D. 1.294

［解析］运输保险费＝［原币货价（FOB）＋国际运费＋运输保险费］×保险费率＝$\frac{\text{原币货价（FOB）＋国际运费}}{\text{1－保险费率}}$×保险费率＝$\frac{400+30}{1-3‰}$×3‰＝1.294（万元）。

4.［2018 真题·单选］国际贸易双方的约定费用划分与风险转移均以货物在装运港被装上指定船只时为分界点。该种交易价格被称为（　　）。

A. 离岸价　　　　B. 运费在内价

C. 到岸价　　　　D. 抵岸价

［解析］本题考查的是进口设备原价的构成及计算。装运港船上交货时的价格亦称为离岸价格。FOB 术语是指当货物在装运港被装上指定船时，卖方即完成交货义务。风险转移，以在指定的装运港货物被装上指定船时为分界点。费用划分与风险转移的分界点相一致。

5.［2017 真题·单选］某进口设备到岸价为1 500万元，银行财务费，外贸手续费合计 36 万元，关税 300 万元，消费税和增值税税率分别为 10％、17％，则该进口设备原价为（　　）万元。

A. 2 386.8　　　　B. 2 376.0

C. 2 362.9　　　　D. 2 352.6

［解析］本题考查的是进口设备原价的构成及计算。进口设备的原价＝进口设备到岸价＋进口从属费。消费税＝（1 500＋300）×10％/（1－10％）＝200（万元），增值税＝（1 500＋

300+200）×17%=340（万元）。进口设备原价=1 500+36+300+200+340=2 376.0（万元）。

6. ［**2018 真题·多选**］构成进口设备原价的费用项目中，应以到岸价为计算基数的有（　　）。

A. 国际运费　　B. 进口环节增值税

C. 银行财务费　　D. 外贸手续费

E. 进口关税

［**解析**］本题考查的是进口设备原价的构成及计算。外贸手续费=到岸价格（CIF）×人民币外汇汇率×外贸手续费率；关税=到岸价格（CIF）×人民币外汇汇率×进口关税税率；国际运费=原币货价（FOB）×运费率；进口环节增值税=（关税完税价格+关税+消费税）×增值税税率；银行财务费=离岸价（FOB）×人民币外汇汇率×银行财务费率。

点拨： 题干问的是以“到岸价”为计算基数，并不是说计算基数包含“到岸价”，应注意区分。

答案：1.C　2.D　3.D　4.A　5.B　6.DE

知识点 3　设备运杂费的构成及计算

一、设备运杂费的构成

设备运杂费是指国内采购设备自来源地、国外采购设备自到岸港运至工地仓库或指定堆放地点发生的采购、运输、运输保险、保管、装卸等费用。通常由下列各项构成：

（1）运费和装卸费。

国产设备由设备制造厂交货地点起至工地仓库（或指定堆放地点）止所发生的运费和装卸费；进口设备由我国到岸港口或边境车站起至工地仓库（或指定堆放地点）止所发生的运费和装卸费。

（2）包装费。

包装费在设备原价中没有包含的，为运输而进行的包装支出的各种费用。

（3）设备供销部门的手续费。

（4）采购与仓库保管费。

二、设备运杂费的计算

设备运杂费的计算公式如下：

设备运杂费=设备原价×设备运杂费率

·典型例题·

1. ［**2016 真题·多选**］下列费用中应计入设备运杂费的有（　　）。

A. 设备保管人员的工资

B. 设备采购人员的工资

C. 设备自生产厂家运至工地仓库的运费、装卸费

D. 运输中的设备包装支出

E. 设备仓库所占用的固定资产使用费

［**解析**］本题考查的是设备运杂费的构成和计算。设备运杂费是指国内采购设备自来源地、

国外采购设备自到岸港运至工地仓库或指定堆放地点发生的采购、运输、运输保险、保管、装卸等费用。通常由下列各项构成：①运费和装卸费。②包装费。在设备原价中没有包含的，为运输而进行的包装支出的各种费用。③设备供销部门的手续费。④采购与仓库保管费，包括设备采购人员、保管人员和管理人员的工资、工资附加费、办公费、差旅交通费，设备供应部门办公和仓库所占固定资产使用费、工具用具使用费、劳动保护费、检验试验费等。本题最大的难点在于考查考生对设备运杂费起点和终点的掌握情况，很多考生容易混淆。选项C错误之处在于不全面，设备分国产和进口，如果是进口设备则是从到岸港运至工地仓库或指定堆放地点。

2.［2011真题·多选］关于设备运杂费的构成及计算的说法中，正确的有（　　）。

A. 运费和装卸费是由设备制造厂交货地点至施工安装作业面所发生的费用

B. 进口设备运杂费是由我国到岸港口或边境车站至工地仓库所发生的费用

C. 原价中没有包含的、为运输而进行包装所支出的各种费用应计入包装费

D. 采购与仓库保管费不含采购人员和管理人员的工资

E. 设备运杂费为设备原价与设备运杂费率的乘积

［**解析**］本题考查的是设备运杂费的构成和计算。运费和装卸费由设备制造厂交货地点起至工地仓库（或施工组织设计指定的需要安装设备的堆放地点）止所发生的运费和装卸费，选项A错误。采购与仓库保管费指采购、验收、保管和收发设备所发生的各种费用，包括设备采购人员、保管人员和管理人员的工资、工资附加费、办公费、差旅交通费，选项D错误。设备运杂费是指国内采购设备自来源地、国外采购设备自到岸港运至工地仓库或指定堆放地点发生的采购、运输、运输保险、保管、装卸等费用。在设备原价中没有包含的，为运输而进行的包装支出的各种费用。设备运杂费＝设备原价×设备运杂费率。

答案：1. ABDE　2. BCE

第四节　工程建设其他费用的构成和计算

知识点1　土地使用费和补偿费

国有土地使用权的获取方式有两种，一是出让方式，二是划拨方式。可能还包括租赁和转让等其他方式。对于经营性房地产开发用地，不实行租赁。

通过行政划拨方式取得，需承担征地补偿费用或对原用地单位或个人的拆迁补偿费用；通过市场机制取得，除以上费用外，还需向土地所有者支付有偿使用费，即土地出让金。

一、征地补偿费用

征地补偿费用及其要点见表1-4-1。

表 1-4-1　征地补偿费及其要点

<table>
<tr><th>征地补偿费用</th><th>所有方</th><th colspan="2">要点</th></tr>
<tr><td>土地补偿费</td><td>农村集体经济组织</td><td>大中型水利、水电工程建设征收土地的补偿费标准和移民安置办法，由国务院另行规定</td><td rowspan="2">土地补偿费和安置补助费标准由省、自治区、直辖市通过制定公布区片综合地价确定，并至少每三年调整或者重新公布一次</td></tr>
<tr><td>安置补助费</td><td>被征地单位和安置劳动力的单位</td><td>被征地农民的社会保障费用主要用于符合条件的被征地农民的养老保险等社会保险缴费补贴，依据省、自治区、直辖市规定的标准单独列支</td></tr>
<tr><td rowspan="2">青苗补偿费和地上附着物补偿费</td><td rowspan="2">青苗和地上附着物所有者</td><td colspan="2">青苗补偿费：凡在协商征地方案后抢种的农作物、树木等，一律不予补偿</td></tr>
<tr><td colspan="2">地上附着物补偿费：补偿标准由省、自治区、直辖市制定。对其中的农村村民住宅，应当按照先补偿后搬迁、居住条件有改善的原则</td></tr>
<tr><td>耕地开垦费和森林植被恢复费</td><td>国家</td><td colspan="2">非农业建设经批准占用耕地的，按照“占多少，垦多少”的原则，由占用耕地的单位负责开垦与所占用耕地的数量和质量相当的耕地；没有条件开垦或者开垦的耕地不符合要求的，应当按照省、自治区、直辖市的规定缴纳耕地开垦费，专款用于开垦新的耕地。涉及占用森林草原的还应列支森林植被恢复费用</td></tr>
<tr><td>生态补偿与压覆矿产资源补偿费</td><td>—</td><td colspan="2">—</td></tr>
<tr><td>其他补偿费</td><td>—</td><td colspan="2">其他补偿费是指建设项目涉及的对房屋、市政、铁路、公路、管道、通信、电力、河道、水利、厂区、林区、保护区、矿区等不附属于建设用地但与建设项目相关的建筑物、构筑物或设施的拆除、迁建补偿、搬迁运输补偿等费用</td></tr>
</table>

二、拆迁补偿费用

（一）拆迁补偿

拆迁补偿的类型及其内容见表 1-4-2。

表 1-4-2　拆迁补偿的类型及其内容

类型	内容
货币补偿	根据被拆迁房屋的区位、用途、建筑面积等因素，以房地产市场评估价格确定
房屋产权调换	双方按照计算得到的被拆迁房屋的补偿金额和所调换房屋的价格，结清产权调换的差价

（二）迁移补偿费

迁移补偿费所涉及的主体见表 1-4-3。

表 1-4-3　迁移补偿费涉及的主体

被拆迁人或房屋承租人	拆迁人
在规定搬迁期限届满前搬迁的	可以支付提前搬家奖励费
自行安排住处	应当支付临时安置补助费
使用拆迁人提供的周转房	不支付临时安置补助费

（三）出让金、土地转让金

原则：地价对目前的投资环境不产生大的影响；地价与当地的社会经济承受能力相适应；地价

要考虑已投入土地开发费用、土地市场供求关系、土地用途、所在区类、容积率和使用年限等。有偿出让和转让使用权，要向土地受让者征收契税；转让土地如有增值，要向转让者征收土地增值税；土地使用者每年应按规定的标准缴纳土地使用费。

·典型例题·

1. ［2022 真题 · 单选］关于建设单位以出让或转让方式取得国有土地使用权涉及的相关税费，下列说法正确的是（　　）。

A. 地上附着物补偿费应支付给农村集体经济组织

B. 转让土地使用权应向土地受让者征收契税

C. 转让土地如有增值，要向受让者征收土地增值税

D. 土地使用者应按规定的标准一次性缴纳土地使用费

［解析］选项 A 错误，如附着物产权属于个人，则该项补助费付给个人。选项 B 正确，有偿出让和转让使用权，要向土地受让者征收契税。选项 C 错误，转让土地如有增值，要向转让者征收土地增值税。选项 D 错误，土地使用者每年应按规定的标准缴纳土地使用费。

2. ［2018 真题 · 单选］建设单位通过市场机制取得建设用地，不仅应承担征地补偿费用、拆迁补偿费用，还须向土地所有者支付（　　）。

A. 安置补助费

B. 土地出让金

C. 青苗补偿费

D. 土地管理费

［解析］本题考查的是建设用地费。建设用地若通过市场机制取得，则不但承担征地补偿费用、拆迁补偿费用，还须向土地所有者支付有偿使用费，即土地出让金。

3. ［2016 真题 · 单选］下列与建设用地有关的费用中，归农村集体经济组织所有的是（　　）。

A. 土地补偿费

B. 青苗补偿费

C. 拆迁补偿费

D. 新菜地开发建设基金

［解析］本题考查的是建设用地费。土地补偿费是对农村集体经济组织因土地被征用而造成的经济损失的一种补偿，土地补偿费归农村集体经济组织所有。

答案：1. B　2. B　3. A

知识点 2　场地准备及临时设施费

一、场地准备及临时设施费的内容

（1）建设项目场地准备费是指为使工程项目的建设场地达到开工条件，由建设单位组织进行的场地平整等准备工作而发生的费用。

（2）建设单位临时设施费是指建设单位为满足施工建设需要而提供的未列入工程费用的临时水、电、路、信、气、热等工程和临时仓库等建（构）筑物的建设、维修、拆除、摊销费用或租赁费用，以及货场、码头租赁等费用。

二、场地准备及临时设施费的计算

（1）场地准备及临时设施应尽量与永久性工程统一考虑。建设场地的大型土石方工程应计入工程费用中的总图运输费用中。

(2) 新建项目的场地准备和临时设施费应根据实际工程量估算，或按工程费用的比例计算。改扩建项目一般只计拆除清理费。

场地准备和临时设施费＝工程费用×费率＋拆除清理费

(3) 发生拆除清理费时可按新建同类工程造价或主材费、设备费的比例计算。凡可回收材料的拆除工程采用以料抵工方式冲抵拆除清理费。

(4) 此项费用不包括已列入建筑安装工程费用中的施工单位临时设施费用。

·典型例题·

［**2018真题·单选**］关于建设项目场地准备和建设单位临时设施费的计算，下列说法正确的是（　　）。

A. 改扩建项目一般应计工程费用和拆除清理费

B. 凡可回收材料的拆除工程应采用以料抵工方式冲抵拆除清理费

C. 新建项目应根据实际工程量计算，不按工程费用的比例计算

D. 新建项目应按工程费用比例计算，不根据实际工程量计算

［**解析**］本题考查的是与项目建设有关的其他费用。改扩建项目一般只计拆除清理费，选项A错误；新建项目的场地准备和临时设施费应根据实际工程量估算，或按工程费用的比例计算，选项C、D错误。

答案：B

知识点3 建设期计列的生产经营费

一、专利及专有技术使用费

专利及专有技术使用费的主要内容：

(1) 工艺包费、设计及技术资料费、有效专利、专有技术使用费、技术保密费和技术服务费等。

(2) 商标权、商誉和特许经营权费。

(3) 软件费等。

二、联合试运转费

联合试运转费是对整个生产线或装置进行负荷联合试运转所发生的费用净支出（试运转支出大于收入的差额部分费用）。

试运转支出包括试运转所需原材料、燃料及动力消耗、低值易耗品、其他物料消耗、工具用具使用费、机械使用费、保险金、施工单位参加试运转人员工资以及专家指导费等。试运转收入包括试运转期间的产品销售收入和其他收入。联合试运转不包括应由设备安装工程费用开支的调试及试车费用，以及在试运转中暴露出来的因施工原因或设备缺陷等发生的处理费用。

三、生产准备费

(一) 生产准备费的内容

(1) 人员培训费及提前进厂费。

(2) 为保证初期正常生产（或营业、使用）所必需的生产办公、生活家具用具购置费。

(二) 生产准备费的计算

(1) 新建项目按设计定员为基数计算，改扩建项目按新增设计定员为基数计算：

生产准备费＝设计定员×生产准备费指标（元/人）

（2）可采用综合的生产准备费指标进行计算，也可以按费用内容的分类指标计算。

·典型例题·

1. ［**2019 真题·单选**］根据我国现行建设项目总投资及工程造价的构成，联合试运转费应包括（　　）。

A. 施工单位参加联合试运转人员的工资　　B. 设备安装中的试车费用

C. 试运转中暴露的设备缺陷的处理费　　D. 生产人员的提前进厂费

［**解析**］试运转支出包括试运转所需原材料、燃料及动力消耗、低值易耗品、其他物料消耗、工具用具使用费、机械使用费、联合试运转人员工资、施工单位参加试运转人员工资、专家指导费，以及必要的工业炉烘炉费等；试运转收入包括试运转期间的产品销售收入和其他收入。联合试运转费不包括应由设备安装工程费用开支的调试及试车费用，以及在试运转中暴露出来的因施工原因或设备缺陷等发生的处理费用。

2. ［**2017 真题·单选**］下列费用项目中，属于联合试运转费中试运转支出的是（　　）。

A. 施工单位参加试运转人员的工资

B. 单台设备的单机试运转费

C. 试运转中暴露出来的施工缺陷处理费用

D. 试运转中暴露出来的设备缺陷处理费用

［**解析**］本题考查的是与未来生产经营有关的其他费用。试运转支出包括试运转所需原材料、燃料及动力消耗、低值易耗品、其他物资消耗、工具用具使用费、机械使用费、保险金、施工单位参加试运转人员工资以及专家指导费等；试运转收入包括试运转期间的产品销售收入和其他收入。联合试运转费不包括应由设备安装工程费用开支的调试及试车费用，以及在试运转中暴露出来的因施工原因或设备缺陷等发生的处理费用。

答案：1. A　2. A

知识点 4　技术服务费

技术服务费包括可行性研究费、专项评价费、勘察设计费、监理费、研究试验费、特殊设备安全监督检验费、监造费、招标费、设计评审费、技术经济标准使用费、工程造价咨询费及其他咨询费。技术服务费应实行市场调节价。

（1）专项评价费。包括环境影响评价费、安全预评价费、职业病危害预评价费、地质灾害危险性评价费、水土保持评价费、压覆矿产资源评价费、节能评估费、危险与可操作分析及安全完整性评价费以及其他专项评价费。

（2）研究试验费。指为建设项目提供和验证设计参数、数据、资料等所进行的必要的试验费用以及设计规定在施工中必须进行试验、验证所需费用。包括自行或委托其他部门研究试验所需的人工费、材料费、试验设备及仪器使用费等。在计算时要注意不应包括以下项目：

1）应由科技三项费用（即新产品试制费、中间试验费和重要科学研究补助费）开支的项目。

2）应在建筑安装费用中列支的施工企业对建筑材料、构件和建筑物进行一般鉴定、检查所发生的费用及技术革新的研究试验费。

3）应由勘察设计费或工程费用开支的项目。

(3) 勘察设计费中设计费包含建设项目初步设计文件、施工图设计文件、非标准设备设计文件、竣工图文件编制的费用。

(4) 监造费。指对项目所需设备、材料制造过程、质量进行驻厂监督所发生的费用。

第五节　预备费、建设期利息的计算

知识点 1　预备费

一、基本预备费

(一) 基本预备费的内容

基本预备费是指投资估算或工程概算阶段预留的，由于工程实施中不可预见的工程变更及洽商、一般自然灾害处理、地下障碍物处理、超规超限设备运输等而可能增加的费用，亦称工程建设不可预见费。

(二) 基本预备费的计算

基本预备费＝(工程费用＋工程建设其他费用)×基本预备费费率

二、价差预备费

(一) 价差预备费的内容

价差预备费是指为在建设期内利率、汇率或价格等因素的变化而预留的可能增加的费用，亦称为价格变动不可预见费。

(二) 价差预备费的计算

价差预备费（见图 1-5-1）的计算公式如下：

$$PF=\sum_{t=1}^{n} I_t[(1+f)^m(1+f)^{0.5}(1+f)^{t-1}-1]$$

式中，PF——价差预备费；n——建设期年份数；I_t——建设期中第 t 年的投资计划额，包括工程费用、工程建设其他费用及基本预备费，即第 t 年的静态投资计划额；f——年涨价率；m——建设前期年限（从编制估算到开工建设，单位：年）。

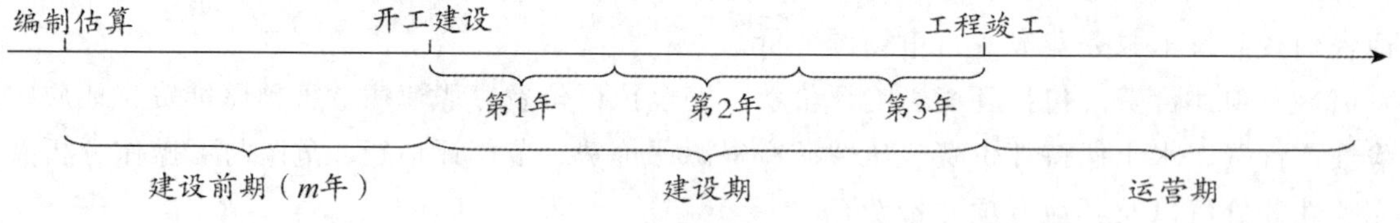

图 1-5-1　价差预备费

预备费对比的内容见表 1-5-1。

表 1-5-1　预备费对比

名称	别称	实质	计算基数
基本预备费	工程建设不可预见费	量的变化	工程费用＋工程建设其他费用
价差预备费	价格变动不可预见费	价的变化	工程费用＋工程建设其他费用＋基本预备费（静态投资计划额）

·典型例题·

1. ［**2022真题·单选**］某建设工程的静态投资为8 000万元，其中基本预备费费率为5%，工程建设前期年限为0.5年，建设期为2年，计划每年完成投资的50%。若平均投资价格上涨率为5%，则该项目建设期价差预备费为（　　）万元。

A. 610.00　B. 640.50　C. 822.63　D. 863.76

［**解析**］第1年价差预备费＝8 000×50%×［$(1+5\%)^{0.5}$ $(1+5\%)^{0.5}-1$］＝200（万元），第2年价差预备费＝8 000×50%×［$(1+5\%)^{0.5}$ $(1+5\%)^{1}$ $(1+5\%)^{0.5}-1$］＝410（万元）。该项目建设期价差预备费＝200＋410＝610（万元）。

2. ［**2021真题·单选**］某新建项目投资估算中的建筑安装工程费、设备及工器具购置费、工程建设其他费分别为30 000万元、20 000万元、10 000万元。若基本预备费费率为5%，则基本预备费为（　　）万元。

A. 1 500　B. 2 000

C. 2 500　D. 3 000

［**解析**］基本预备费＝（工程费用＋工程建设其他费用）×基本预备费费率＝（30 000＋20 000＋10 000）×5%＝3 000（万元）。

3. ［**2020真题·单选**］下列费用中，属于基本预备费支出范围的是（　　）。

A. 超规超限设备运输增加费　B. 人工、材料、施工机具的价差费

C. 建设期内利率调整增加费　D. 未明确项目的准备金

［**解析**］基本预备费一般由以下四部分构成：①工程变更及洽商；②一般自然灾害处理；③不可预见的地下障碍物处理的费用；④超规超限设备运输增加的费用。

4. ［**2018真题·单选**］某建设项目工程费用5 000万元，工程建设其他费用1 000万元，基本预备费率为8%，年均投资价格上涨率5%，建设期两年，计划每年完成投资50%，则该项目建设期第二年价差预备费应为（　　）万元。

A. 160.02　B. 227.79

C. 246.01　D. 326.02

［**解析**］本题考查的是预备费。基本预备费＝（5 000＋1 000）×8%＝480（万元），静态投资＝5 000＋1 000＋480＝6 480（万元），建设期第二年完成投资6 480×50%＝3 240（万元），第二年涨价预备费＝3 240×［$(1+5\%)^{0}$ $(1+5\%)^{0.5}$ $(1+5\%)^{2-1}-1$］＝246.01（万元）。

答案：1.A　2.D　3.A　4.C

知识点2　建设期利息

当总贷款是分年均衡发放时，建设期利息的计算可按当年借款在年中支用考虑，即当年贷款按半年计息，上年贷款按全年计息。公式如下：

$$q_j=\left(P_{j-1}+\frac{1}{2}A_j\right)\cdot i$$

式中，q_j——建设期第j年应计利息；P_{j-1}——建设期第（$j-1$）年末累计贷款本金与利息之和；A_j——建设期第j年贷款金额；i——年利率。

利用国外贷款的利息计算中，年利率应综合考虑贷款协议中向贷款方加收的手续费、管理费、承诺费，以及国内代理机构向贷款单位收取的转贷费、担保费、管理费等。

·典型例题·

1. ［**2022 真题·单选**］某建设项目贷款总额为3 000万元，贷款年利率为 10%。项目建设前期年限为 1 年。建设期为 2 年，其中第 1、2 年的贷款比例分别为 60%和 40%。贷款在年内均衡发放，建设期内只计息不付息，则该项目建设期利息为（　　）万元。

A. 498.00　　B. 339.00　　C. 249.00　　D. 438.00

［**解析**］第 1 年利息＝（3 000×60%/2）×10%＝90（万元），第 2 年利息＝（3 000×60%＋90＋3 000×40%/2）×10%＝249（万元）。建设期利息＝90＋249＝339（万元）。

2. ［**2018 真题·单选**］关于建设期利息计算公式 $q_j=(P_{j-1}+\frac{1}{2}A_j)\cdot i$ 的应用，下列说法正确的是（　　）。

A. 按总贷款在建设期内均衡发放考虑

B. P_{j-1}为第（$j-1$）年年初累计贷款本金和利息之和

C. 按贷款在年中发放和支用考虑

D. 按建设期内支付贷款利息考虑

［**解析**］本题考查的是建设期利息。在总贷款分年均衡发放前提下，可按当年借款在当年中支用考虑，即当年借款按半年计息，上年借款按全年计息，选项 A、D 错误；P_{j-1}为第($j-1$)年末累计贷款本金和利息之和，选项 B 错误。

3. ［**2017 真题·单选**］某项目建设期为 2 年，第一年贷款4 000万元，第二年贷款2 000万元，贷款年利率 10%，贷款在年内均衡发放，建设期内只计息不付息。该项目第二年的建设期利息为（　　）万元。

A. 200　　B. 500　　C. 520　　D. 600

［**解析**］本题考查的是建设期利息。第一年利息＝4 000/2×10%＝200（万元），第二年利息＝（4 000＋200＋2 000/2）×10%＝520（万元）。

4. ［**2016 真题·单选**］某项目建设期为 2 年，第一年贷款3 000万元，第二年贷款2 000万元，贷款年内均衡发放，年利率为 8%，建设期内只计息不付息。该项目建设期利息为（　　）万元。

A. 366.4　　B. 449.6　　C. 572.8　　D. 659.2

［**解析**］本题考查的是建设期利息。该项目第一年建设期利息＝3 000/2×8%＝120（万元），第二年建设期利息＝（3 000＋120＋2 000/2）×8%＝329.6（万元），其建设期利息＝120＋329.6＝449.6（万元）。

5. ［**2013 真题·单选**］根据我国现行建设项目投资构成，下列费用项目中属于建设期利息包含内容的是（　　）。

A. 建设单位建设期后发生的利息　　B. 施工单位建设期长期贷款利息

C. 国内代理机构收取的贷款管理费　　D. 国外贷款机构收取的转贷费

［**解析**］本题考查的是建设期利息。国外贷款利息的计算中，年利率应综合考虑贷款协议中向贷款方加收的手续费、管理费、承诺费，以及国内代理机构经国家主管部门批准的以年利率的方式向贷款单位收取的转贷费、担保费、管理费等。

答案：1. B　2. C　3. C　4. B　5. C

同步强化训练

一、单项选择题（每题的备选项中，只有1个最符合题意）

1. 关于我国现行建设项目投资构成的说法中，错误的是（　　）。

A. 固定资产投资为建设投资和建设期利息之和

B. 工程费用为直接费、间接费、利润和税金之和

C. 工程造价中的主要构成部分是建设投资

D. 建设投资包括工程费用、工程建设其他费用和预备费三部分

2. 建设项目总投资是为完成工程项目建设并达到使用要求或生产条件，在建设期内预计或实际投入的全部费用，下列关于我国现行建设项目总投资的说法中正确的是（　　）。

A. 生产性建设项目的总投资是由建设投资、建设期利息、应急费用以及流动资金构成

B. 非生产性建设项目总投资是由建设投资及建设期利息构成

C. 建设项目总投资由工程费用和流动资金构成

D. 固定资产投资与建设项目工程造价在质上是等价的

3. 下列有关未明确项目准备金描述正确的是（　　）。

A. 用于支付天灾、非正常经济情况及罢工等情况

B. 用于补偿物质、社会和经济变化引起的估算增加的情况

C. 用于支付工作范围以外可能增加的项目

D. 用于在估算时不可能明确的潜在项目

4. 国外建筑工程造价构成中，反映工程造价估算日期至工程竣工日期之前，工程各个主要组成部分的人工材料和设备等未知价格增长部分的是（　　）。

A. 直接建设成本

B. 建设成本上升费用

C. 不可预见准备金

D. 未明确项目准备金

5. 用成本计算估价法计算国产非标准设备原价时，需要考虑的费用项目是（　　）。

A. 特殊设备安全监督检查费

B. 供销部门手续费

C. 成品损失费及运输包装费

D. 外购配套件费

6. 对外贸易货物运输保险费的计算公式是（　　）。

A. 运输保险费$=\dfrac{\text{FOB}+\text{国际运费}}{1-\text{保险费率}}\times$保险费率

B. 运输保险费$=\dfrac{\text{CIF}+\text{国际运费}}{1-\text{保险费率}}\times$保险费率

C. 运输保险费$=\dfrac{\text{FOB}+\text{国际运费}}{1+\text{保险费率}}\times$保险费率

D. 运输保险费$=\dfrac{\text{CFR}+\text{国际运费}}{1-\text{保险费率}}\times$保险费率

7. 进口设备的原价是指进口设备的（　　）。

A. 到岸价

B. 抵岸价

C. 离岸价

D. 运费在内价

8. 已知某进口设备货价为500万美元，银行外汇牌价为1美元=6.0元人民币，该设备运费率为10%，运输保险费率为5%，关税税率为20%，则该进口设备关税完税价格为（　　）万元。

A. 4 158　　B. 4 169

C. 3 465　　D. 3 474

9. 某项目采购一台国产非标准设备，按成本计算估价法计算原价，已知材料费20万元，辅助材料费1万元，加工费3万元，外购配套件费5万元，专用工具费率3%，废品损失费率2%，包装费率1%，利润率8%，增值税率为15%，则该设备原价中的利润为（　　）万元。

A. 2.74　　B. 2.54

C. 2.34　　D. 2.04

10. 进口设备采用装运港船上交货价（FOB）时，买方需承担的责任不包括（　　）。

A. 租船舱，支付运费

B. 装船后的一切风险和运费

C. 办理出口手续，并将货物装上船

D. 办理海外运输保险并支付保险费

11. 下列费用中属于安装工程费用的是（　　）。

A. 设备基础的砌筑费用

B. 管道敷设工程的费用

C. 通风设备油饰工程的费用

D. 运输设备的装配费用

12. 关于建筑安装工程费用中的规费，下列说法中错误的是（　　）。

A. 规费是由省级政府和省级有关权力部门规定必须缴纳或计取的费用

B. 规费包括社会保险费、住房公积金

C. 社会保险费中包括财产保险

D. 投标人在投标报价时填写的规费不得作为竞争性费用

13. 施工过程中用于现场工人的防暑降温费，属于安全文明施工措施费中的（　　）。

A. 环境保护　　B. 文明施工

C. 安全施工　　D. 临时设施

14. 在国外建筑安装工程费用构成中，承包商投标报价时不计入和分摊进单价，而需单独列项的是（　　）。

A. 临时设施费

B. 总部管理费

C. 利润

D. 税金

15. 国外建筑安装工程费用中的暂定金额（　　）。

A. 包括在合同价中，但只有工程师批准后才能动用

B. 不包括在合同价中，只有工程师批准后才能动用

C. 不包括在合同价中，只有业主批准后才能动用

D. 包括在合同价中，由承包商自主使用

16. 为建设项目提供和验证设计参数、数据、资料等所进行的必要的试验费用属于（　　）。

A. 检验试验费　　B. 检验鉴定费

C. 研究试验费　　D. 检查鉴定费

17. 在工程建设其他费用中，下列各项中属于技术服务费的是（　　）。

A. 环境影响评价费

B. 市政公用设施配套费

C. 专利及专有技术使用费

D. 工程保险费

18. 某建设项目建安工程费 500 万元，设备购置费 300 万元，工程建设其他费按工程费用的 30%计算，基本预备费率为 10%。建设前期 1 年，建设期为 2 年，各年投资计划额如下：第一年投资 40%，第二年投资 60%，若年涨价率为 5%，则该项目建设期间价差预备费为（　　）万元。

A. 75　　B. 86.57

C. 100　　D. 123.79

19. 某新建项日，建设期为 2 年，分年均衡进行贷款，第一年贷款 500 万元，第二年贷款 800 万元，年利率为 10%，建设期内利息只计息不支付，则第二年的建设期利息为（　　）万元。

A. 145　　B. 130

C. 90　　D. 92.5

二、多项选择题（每题的备选项中，有 2 个或 2 个以上符合题意，至少有 1 个错项）

1. 进口一台正常缴纳关税的机床，其进口从属费的构成为（　　）。

A. 银行财务费

B. 国际运费

C. 关税

D. 车辆购置税

E. 进口环节增值税

2. 关于国产非标准设备相关价格，下列计算式中正确的有（　　）。

A. 材料费＝材料净重×（1＋加工损耗系数）×每吨材料综合价

B. 加工费＝设备总重量×设备每吨加工费

C. 辅助材料费＝设备总重量×辅助材料费指标

D. 增值税＝进项税额－当期销项税额

E. 当期销项税额＝销售成本×适用增值税率

3. 固定资产投资中的积极部分包括（　　）。

A. 建安工程费用

B. 工艺设备购置费

C. 工具、器具购置费

D. 生产家具购置费

E. 固定资产折旧费

4. 下列各项中属于设备运杂费的有（　　）。

A. 进口设备由我国到岸港口或边境车站起至工地仓库（或施工组织设计指定的需要安装设备的堆放地点）止发生的运费

B. 设备供应部门办公所占固定资产使用费

C. 国产设备由设备制造厂交货地点起至工地仓库止所发生的运费和装卸费

D. 国产非标准设备原价中包括的包装费

E. 设备保管人员和管理人员的工资

5. 在计算进口设备从属费时，消费税的计算基数中通常应包括（　　）。

A. 外贸手续费

B. 离岸价

C. 国际运费

D. 增值税

E. 消费税

6. 根据《建筑安装工程费用项目组成》（建标〔2013〕44 号），下列各项属于企业管理费的有（　　）。

A. 管理人员工资

B. 固定资产使用费

C. 工伤保险

D. 劳动保护费

E. 职工教育经费

7. 根据《房屋建筑与装饰工程工程量计算规范》，对应予计量的措施项目进行计算，以下表述中正确的有（　　）。

A. 混凝土模板及支架费通常是按照模板面积以 m^2 计算

B. 脚手架可以按照垂直投影面积按 m^2 计算

C. 施工排水、降水费用通常按照排水、降水日历天数按天计算

D. 超高施工增加费通常按照建筑物的建筑面积以 m^2 为单位计算

E. 垂直运输费可以按照建筑面积以 m^2 为单位计算

8. 下列费用中，属于征地补偿费的有（　　）。

A. 土地使用权出让金

B. 土地补偿费

C. 安置补助费

D. 土地管理费

E. 土地契税

9. 新建或新增加生产能力的工程项目，在计算联合试运转费时需考虑的费用支出项目有（　　）。
   A. 试运转所需原材料、燃料费
   B. 施工单位参加试运转人员工资
   C. 专家指导费
   D. 设备质量缺陷发生的处理费
   E. 施工缺陷带来的安装工程返工费

参考答案及解析

一、单项选择题

1. ［答案］B

［解析］工程费用是指直接构成固定资产实体的各种费用，可以分为建筑安装工程费和设备及工器具购置费。

2. ［答案］B

［解析］此题主要考查我国现行建设项目总投资的构成。生产性建设项目总投资包括建设投资、建设期利息和流动资金。非生产性建设项目总投资包括建设投资和建设期利息两部分。注意区分世行对工程项目总建设成本的规定，工程项目总建设成本包括直接建设成本、间接建设成本、应急费和建设成本上升费等。

3. ［答案］D

［解析］未明确项目的准备金用于在估算时不可能明确的潜在项目，包括那些在做成本估算时因为缺乏完整、准确和详细的资料而不能完全预见和不能注明的项目，并且这些项目是必须完成的，或它们的费用是必定要发生的。它是估算不可缺少的一个组成部分。

4. ［答案］B

［解析］建设成本上升费用。通常，估算中使用的构成工资率、材料和设备价格基础的截止日期即“估算日期”，必须对该日期或已知成本基础进行调整，以补偿直至工程结束时的未知价格增长。

5. ［答案］D

［解析］采用成本计算估价法时，国产非标准设备原价包括：材料费；加工费；辅助材料费（简称辅材费）；专用工具费；废品损失费；外购配套件费；包装费；利润；税金，主要指增值税；非标准设备设计费。

6. ［答案］A

［解析］运输保险费＝

$$\frac{\text{原币货价（FOB）}+\text{国际运费}}{1-\text{保险费率}}\times\text{保险费率}，$$

货价与FOB价的含义是相同的。

7. ［答案］B

［解析］进口设备的原价是指进口设备的抵岸价，即设备抵达买方边境、港口或车站，交纳完各种手续费、税费后形成的价格。抵岸价通常是由进口设备到岸价（CIF）和进口从属费构成。进口设备的到岸价，即抵达买方边境港口或边境车站的价格。

8. ［答案］D

［解析］关税＝到岸价格×人民币外汇汇率×进口关税税率，到岸价格＝离岸价＋国际运费＋运输保险费，国际运费＝离岸价×运费率，国际运费＝500×10%＝50（万美元），运输保险费＝（离岸价＋国外运费）×保险费率/（1－保险费率）＝（500＋50）×5%/（1－5%）＝29（万美元）。

到岸价格作为关税的计征基数，通常又可称为关税完税价格。因此，关税完税价格＝（500＋50＋29）×6＝3 474万元，故选项D正确。

9. ［答案］D

［解析］｛［（20＋1＋3）×（1＋3%）×（1＋2%）＋5］×（1＋1%）－5｝×8%＝2.04（万元）。

10. [答案] C

[解析] 办理出口手续，并将货物装上船属于卖方的基本义务。

11. [答案] D

[解析] 此题考查是区分建筑工程费和安装工程费的内容。安装工程费用包括生产、动力、起重、运输、传动和医疗、实验等各种需要安装的机械设备的装配费用，与设备相连的工作台、梯子、栏杆等设施的工程费用，附属于被安装设备的管线敷设工程费用，以及被安装设备的绝缘、防腐、保温、油漆等工作的材料费和安装费。设备基础的砌筑费用、管道敷设工程的费用和通风设备油饰工程的费用都属于建筑工程费用。

12. [答案] C

[解析] 本题考查的是按费用构成要素划分建筑安装工程费用项目构成和计算。规费是指按国家法律、法规规定，由省级政府和省级有关权力部门规定必须缴纳或计取的费用。主要包括社会保险费、住房公积金。

13. [答案] B

[解析] 根据《房屋建筑与装饰工程计量规范》的规定，文明施工费用中包括用于现场工人的防暑降温费、电风扇、空调等设备及用电费用。

14. [答案] A

[解析] 开办费中的项目有临时设施、为业主提供的办公和生活设施、脚手架等费用，经常在工程量清单的开办费部分单独分项报价。这种方式适用于不直接消耗在某个分部分项工程上，无法与分部分项工程直接对应，但是对完成工程建设必不可少的费用。

15. [答案] A

[解析] 本题考查的是国外建筑安装工程费用的构成。国外建筑安装工程费用中的“暂列金额”是指包括在合同中，供工程任何部分的施工，或提供货物、材料、设备、服务，不可预料事件所使用的一项金额，这项金额只有工程师批准后才能动用。

16. [答案] C

[解析] 此题考查研究试验费和检验试验费的区别。研究试验费是指为建设项目提供和验证设计参数、数据、资料等所进行的必要的试验费用以及设计规定在施工中必须进行试验、验证所需费用。检验试验费是指对建筑材料、构件和建筑安装物进行一般鉴定、检查所发生的费用。

17. [答案] A

[解析] 环境影响评价费属于技术服务费中的专项评价费。

18. [答案] D

[解析] 基本预备费＝（500＋300＋800×30%）×10%＝104（万元）。静态投资＝500＋300＋240＋104＝1 144（万元）；第一年完成投资＝1 144×40%＝457.6（万元）；第一年涨价预备费：$PF=457.6[(1+0.05)(1+0.05)^{0.5}-1]=34.745$（万元）；第二年完成投资＝1 144×60%＝686.4（万元）；第二年的涨价预备费：$PF=686.4[(1+0.05)(1+0.05)^{0.5}(1+0.05)-1]=89.044$（万元）；所以建设期价差预备费＝89.044＋34.745＝123.789（万元）。

19. [答案] D

[解析] 在建设期，各年利息计算如下：$q_1=0.5A_1\cdot i=0.5\times500\times10\%=25$（万元）；$q_2=(P_1+0.5A_2)\cdot i=(500+25+0.5\times800)\times10\%=92.5$（万元）。

二、多项选择题

1. [答案] ACE

[解析] 进口从属费由银行财务费、外贸手续费、关税、消费税、进口环节增值税以及车辆购置税组成，但机床无须缴纳车辆购置税。

2. [答案] ABC

［解析］增值税＝当期销项税额－进项税额；当期销项税额＝销售额×适用增值税率，故选项 D、E 错误。

3. ［答案］BCD

［解析］本题考查设备及工器具购置费用是固定资产投资中的积极部分这个考点。设备及工器具购置费用是由设备购置费和工具、器具及生产家具购置费组成的。

4. ［答案］ABCE

［解析］设备运杂费是指国内采购设备自来源地、国外采购设备自到岸港运至工地仓库或指定堆放地点发生的采购、运输、运输保险、保管、装卸等费用。通常由下列各项构成：①运费和装卸费。国产设备由设备制造厂交货地点起至工地仓库（或施工组织设计指定的需要安装设备的堆放地点）止所发生的运费和装卸费；进口设备则由我国到岸港口或边境车站起至工地仓库（或施工组织设计指定的需安装设备的堆放地点）止所发生的运费和装卸费。②包装费。在设备原价中没有包含的，为运输而进行的包装支出的各种费用。③设备供销部门的手续费。按有关部门规定的统一费率计算。④采购与仓库保管费。采购与仓库保管费指采购、验收、保管和收发设备所发生的各种费用，包括设备采购人员、保管人员和管理人员的工资、工资附加费、办公费、差旅交通费，设备供应部门办公和仓库所占固定资产使用费、工具用具使用费、劳动保护费、检验试验费等。这些费用可按主管部门规定的采购与保管费费率计算。

5. ［答案］BCE

［解析］应纳消费税税额＝［到岸价格（CIF）×人民币外汇汇率＋关税］/（1－消费税税率）×消费税税率，到岸价（CIF）＝离岸价格（FOB）＋国际运费＋运输保险费，其中，消费税是价内税。因此，消费税的计算基数中通常应该包括离岸价，国际运费，以及消费税。选项 BCE 正确。

6. ［答案］ABDE

［解析］工伤保险属于规费的范畴。教育费附加属于税金。企业管理费包括：①管理人员工资；②办公费；③差旅交通费；④固定资产使用费；⑤工具用具使用费；⑥劳动保险和职工福利费；⑦劳动保护费；⑧检验试验费；⑨工会经费；⑩职工教育经费；⑪财产保险费；⑫财务费；⑬税金；⑭其他。

7. ［答案］BE

［解析］不同的措施项目其工程量的计算单位是不同的，分列如下：1）脚手架费通常按建筑面积或垂直投影面积按 m^2 计算。2）混凝土模板及支架（撑）费通常是按照模板与现浇混凝土构件的接触面积以 m^2 计算。3）垂直运输费可根据需要用两种方法进行计算：①按照建筑面积以 m^2 为单位计算；②按照施工工期日历天数以天为单位计算。4）超高施工增加费通常按照建筑物超高部分的建筑面积以 m^2 为单位计算。5）大型机械设备进出场及安拆费通常按照机械设备的使用数量以台次为单位计算。6）施工排水、降水费分两个不同的独立部分计算：①成井费用通常按照设计图示尺寸以钻孔深度按 m 计算；②排水、降水费用通常按照排水、降水日历天数按昼夜计算。

8. ［答案］BC

［解析］征地补偿费包含以下内容：①土地补偿费；②青苗补偿费和地上附着物补偿费；③安置补助费；④耕地开垦费和森林植被恢复费；⑤生态补偿与压覆矿产资源补偿费；⑥其他补偿费。

9. ［答案］ABC

［解析］联合试运转费是指新建或新增加生产能力的工程项目，在交付生产前按照文件规定的工程质量标准和技术要求，对整个生产线或装置进行负荷联合试运转所发生的费用净支出。（试运转支出大于收入的差额部分费用）。试运转支出包括试运转所需原材料燃料及动力消耗、低值易耗品、其他物料

消耗、工具用具使用费、机械使用费、保险金、施工单位参加试运转人员工资，以及专家指导费等。联合试运转费不包括应由设备安装工程费用开支的调试及试车费用，以及在试运转中暴露出来的因施工原因或设备缺陷等发生的处理费用。

第二章
工程计价方法与依据

本章主要包含6节23目，包括工程计价方法，工程量清单计价及工程量计算规范，建筑安装工程人工、材料及机具台班定额消耗量，建筑安装工程人工、材料及机具台班单价，工程计价定额，工程计价信息六节内容。本章又可分为两部分，一部分讲清单计价，一部分讲定额计价。本章在历年考核分值中占25分左右。

知识脉络

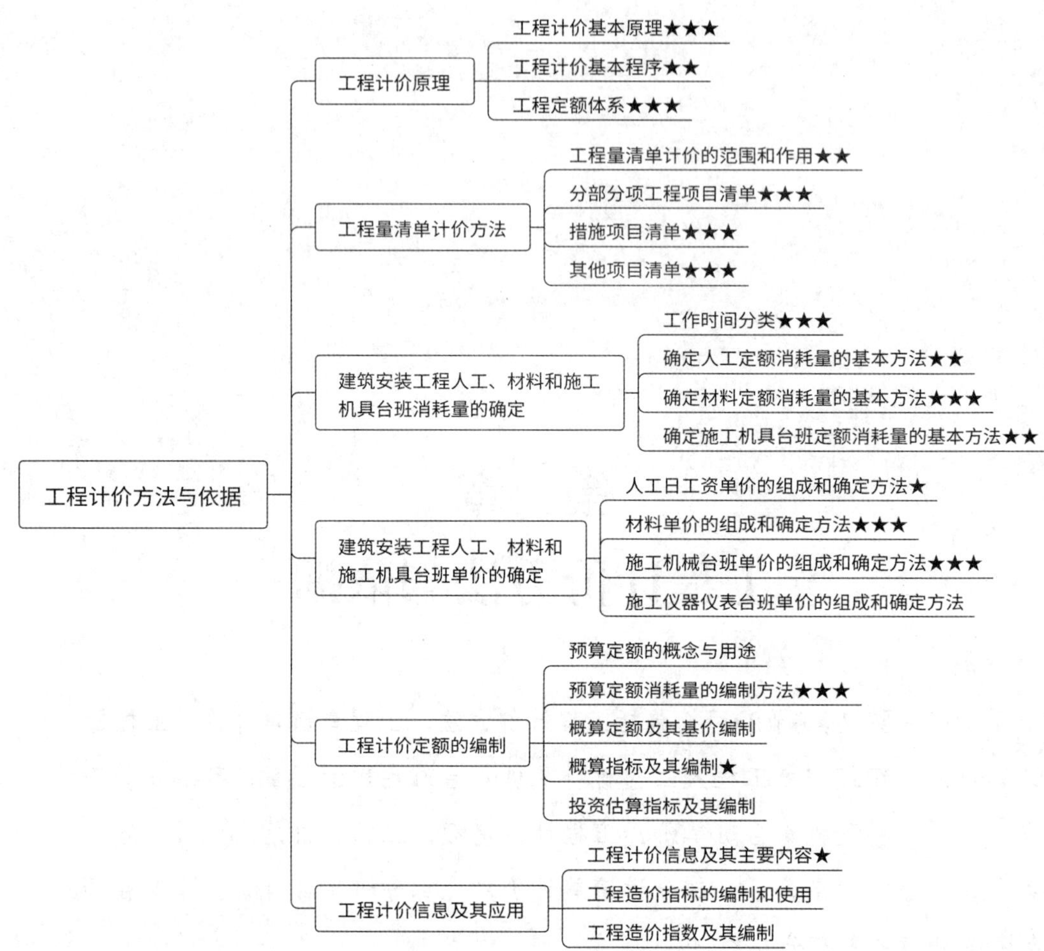

工程计价方法与依据
工程计价原理
工程计价基本原理★★★
工程计价基本程序★★
工程定额体系★★★
工程量清单计价方法
工程量清单计价的范围和作用★★
分部分项工程项目清单★★★
措施项目清单★★★
其他项目清单★★★
建筑安装工程人工、材料和施工机具台班消耗量的确定
工作时间分类★★★
确定人工定额消耗量的基本方法★★
确定材料定额消耗量的基本方法★★★
确定施工机具台班定额消耗量的基本方法★★
建筑安装工程人工、材料和施工机具台班单价的确定
人工日工资单价的组成和确定方法★
材料单价的组成和确定方法★★★
施工机械台班单价的组成和确定方法★★★
施工仪器仪表台班单价的组成和确定方法
工程计价定额的编制
预算定额的概念与用途
预算定额消耗量的编制方法★★★
概算定额及其基价编制
概算指标及其编制★
投资估算指标及其编制
工程计价信息及其应用
工程计价信息及其主要内容★
工程造价指标的编制和使用
工程造价指数及其编制

第一节　工程计价原理

扫码听课

知识点 1　工程计价基本原理

一、利用函数关系对拟建项目的造价进行类比匡算

当一个建设项目还没有具体的图样和工程量清单时，需要利用产出函数对建设项目投资进行匡算。

投资的匡算基于某个表明设计能力或者形体尺寸的变量，比如建筑面积、公路的长度、工厂的生产能力等。

二、分部组合计价原理

建设项目→单项工程→单位工程→分部工程→分项工程→基本构造单元。

工程计价的基本原理就在于项目的分解和价格的组合。

分部分项工程费的计算公式如下：

分部分项工程费（或单价措施项目费）=∑［基本构造单元工程量（定额项目或清单项目）×相应单价］

（1）工程计量。

（2）工程组价。

工程造价的计价内容见图 2-1-1。

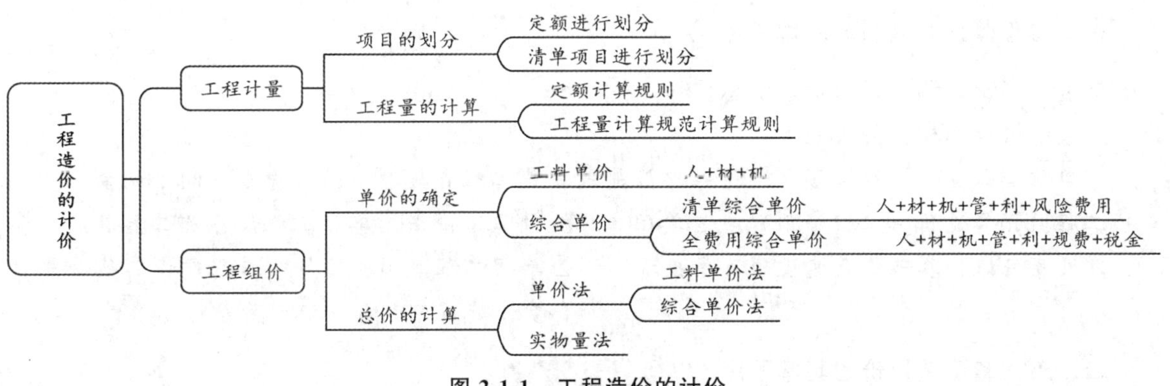

图 2-1-1　工程造价的计价

·典型例题·

1.［2022 真题·单选］根据现行工程量清单计价规范，将工程量乘以综合单价，汇总得出分部分项工程和单价措施项目费，再计算总价措施项目费和其他项目费，合计得出单位工程建筑安装工程费的方法称为（　　）。

A. 实物量法　　B. 定额基价法

C. 全费用综合单价法　　D. 工程单价法

［**解析**］若采用全费用综合单价（完全综合单价），首先依据相应工程量计算规范规定的工程量计算规则计算工程量，并依据相应的计价依据确定综合单价，然后用工程量乘以综合单价，并汇总即可得出分部分项工程及单价措施项目费，之后再按相应的办法计算总价措施项目

费、其他项目费，汇总后形成相应工程造价。

2.［**2018 真题·单选**］关于工程造价的分部组合计价原理，下列说法正确的是（　　）。

A. 分部分项工程费＝基本构造单元工程量×工料单价

B. 工料单价指人工、材料和施工机械台班单价

C. 基本构造单元是由分部工程适当组合形成

D. 工程总价是按规定程序和方法逐级汇总形成的工程造价

［**解析**］本题考查的是工程计价基本原理。选项 A 错误，分部分项工程费＝基本构造单元工程量×相应单价；选项 B 错误，工料单价仅包括人工、材料、机具使用费用，是各种人工消耗量、各种材料消耗量、各类施工机具台班消耗量与其相应单价的乘积；选项 C 错误，基本构造单元是由分项工程分解或适当组合形成。

3.［**2017 真题·多选**］根据分部组合计价原理，单位施工可依据（　　）等的不同分解为分部工程。

A. 结构部位　　B. 路段长度

C. 施工特点　　D. 材料

E. 工序

［**解析**］本题考查的是工程计价基本原理。单位工程可以按照结构部位、路段长度及施工特点或施工任务分解为分部工程。

答案：1. C　2. D　3. ABC

知识点 2　工程计价基本程序

一、工程概预算编制的基本程序

算量，套价，调差，取费，汇总。

定额单价计算相关公式如下：

单位建筑安装工程概预算造价＝单位建筑安装工程直接费＋间接费＋利润＋税金

单项工程概预算造价（工程费用）＝$\sum$单位工程概预算造价＋$\sum$单位工程设备及工器具购置费

建设项目概预算造价（建设项目总投资）＝$\sum$单项工程概预算造价＋工程建设其他费＋预备费＋建设期利息＋流动资金

二、工程量清单计价的基本程序

工程量清单计价的过程可以分为两个阶段，即工程量清单的编制和工程量清单的应用两个阶段，具体见图 2-1-2。

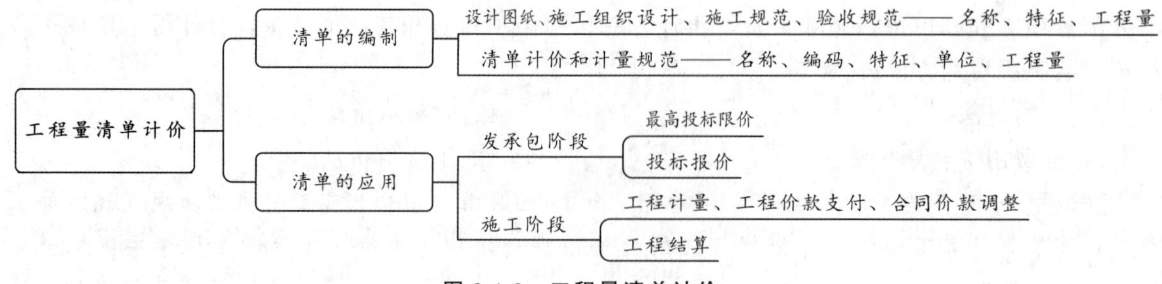

图 2-1-2　工程量清单计价

工程量清单计价计算的相关公式如下：

分部分项工程费＝∑（分部分项工程量×相应分部分项综合单价）

措施项目费＝∑各措施项目费

其他项目费＝暂列金额＋暂估价＋计日工＋总承包服务费

单位工程造价＝分部分项工程费＋措施项目费＋其他项目费＋规费＋税金

单项工程造价＝∑单位工程造价

建设项目总造价＝∑单项工程造价

综合单价是指完成一个规定清单项目所需的人工费、材料和工程设备费、施工机具使用费和企业管理费、利润，以及一定范围内的风险费用。风险费用是隐含于已标价工程量清单综合单价中，用于化解发承包双方在工程合同中约定的风险内容和范围的费用。

工程量清单计价活动涵盖施工招标、合同管理，以及竣工交付全过程。

·典型例题·

1.［2020 真题·单选］关于工程量清单计价，下列计算式正确的是（　　）。

A. 分部分项工程费＝∑分部分项工程量×工料单价

B. 措施项目费＝∑措施项目工程量×措施项目工料单价

C. 其他项目费＝暂列金额＋暂估价＋计日工＋总承包服务费

D. 单项工程费＝分部分项工程费＋措施项目费＋其他项目费＋税金

［解析］分部分项工程费＝∑（分部分项工程量×相应分部分项工程综合单价）；措施项目费＝∑各措施项目费；其他项目费＝暂列金额＋暂估价＋计日工＋总承包服务费；单位工程造价＝分部分项工程费＋措施项目费＋其他项目费＋规费＋税金；单项工程造价＝∑单位工程造价；建设项目总造价＝∑单项工程造价。

2.［2017 真题·单选］根据《建设工程工程量清单计价规范》（GB 50500—2013），下列费用项目中需纳入分部分项工程项目综合单价的是（　　）。

A. 工程设备暂估价

B. 专业工程暂估价

C. 暂列金额

D. 计日工费

［解析］本题考查的是工程计价基本程序。综合单价是指完成一个规定清单项目所需的人工费、材料和工程设备费、施工机具使用费和企业管理费、利润，以及一定范围内的风险费用。工程设备暂估价属于材料和工程设备费。

3.［2019 真题·多选］编制工程量清单时，可以依据施工组织设计、施工规范、验收规范确定的要素有（　　）。

A. 项目名称

B. 项目编码

C. 项目特征

D. 计量单位

E. 工程量

［解析］由图 2-1-3 可知，选项 A、C、E 正确。

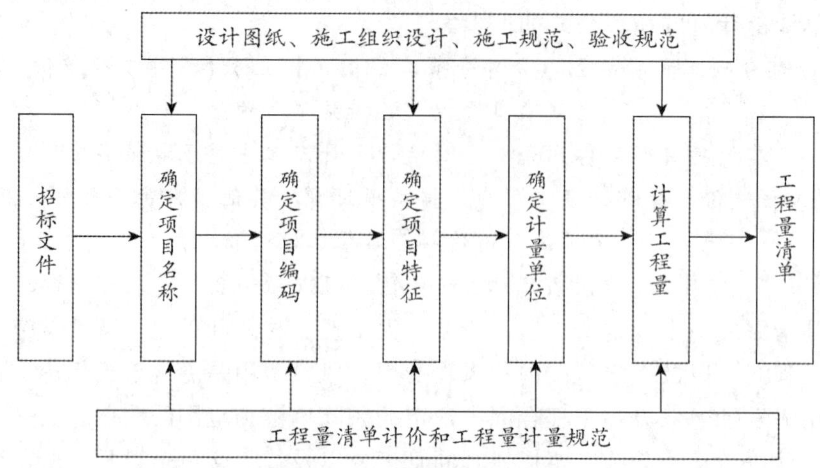

图 2-1-3　工程量清单编制程序

4. ［2018 真题·多选］关于工程量清单计价的基本程序和方法，下列说法正确的有（　　）。

A. 单位工程造价通过直接费、间接费、利润汇总

B. 计价过程包括工程量清单的编制和应用两个阶段

C. 项目特征和计量单位的确定与施工组织设计无关

D. 招标文件中划分的由投标人承担的风险费用列入综合单价中

E. 工程量清单计价活动伴随竣工结算而结束

［**解析**］本题考查的是工程计价基本程序。单位工程造价＝分部分项工程费＋措施项目费＋其他项目费＋规费＋税金，选项 A 错误；工程量清单计价的过程可以分为两个阶段，即工程量清单的编制和工程量清单的应用两个阶段，选项 B 正确；项目特征与施工组织设计有关，计量单位的确定与施工组织设计无关，选项 C 错误；为使最高投标限价与投标报价所包含的内容一致，综合单价中应包括招标文件中要求投标人所承担的风险内容及其范围（幅度）产生的风险费用，选项 D 正确；工程量清单计价活动涵盖施工招标、合同管理，以及竣工交付全过程，选项 E 错误。

答案：1. C　2. A　3. ACE　4. BD

知识点 3　工程定额体系

扫码听课

工程定额是完成规定计量单位的合格建筑安装工程所消耗的人工、材料、施工机具台班、工期天数及相关费率等的数量标准。

一、工程定额的分类

（一）按定额反映的生产要素消耗内容分类

（1）劳动消耗定额，简称劳动定额，又称人工定额，其主要表现形式是时间定额，但同时也表现为产量定额。时间定额与产量定额互为倒数。

（2）材料消耗定额，简称材料定额。

（3）机具消耗定额，由机械消耗定额与仪器仪表消耗定额组成，机械消耗定额是以一台机械一个工作班为计量单位，所以又称为机械台班定额。机械消耗定额的主要表现形式是机械时间定额，同时也以产量定额表现。

（二）按定额的编制程序和用途分类

各种定额间关系比较可见表 2-1-1。

表 2-1-1 各种定额间关系比较

	施工定额	预算定额	概算定额	概算指标	投资估算指标
对象	施工过程或基本工序	分项工程和结构构件	扩大的分项工程或扩大的结构构件	单位工程	建设项目、单项工程、单位工程
用途	编制施工预算	编制施工图预算	编制扩大初步设计概算	编制初步设计概算	编制投资估算
项目划分	最细	细	较粗	粗	很粗
定额水平	平均先进	平均			
定额性质	生产性定额	计价性定额			

（三）按专业分类

（1）建筑工程定额。

（2）安装工程定额。

（四）按主编单位和管理权限分类

（1）全国统一定额。

（2）行业统一定额。

（3）地区统一定额。

地区统一定额主要是考虑地区性特点和全国统一定额水平做适当调整和补充编制的。

（4）企业定额。

企业定额在企业内部使用，是企业综合素质的一个标志。企业定额水平一般应高于国家现行定额，企业定额作为施工企业进行建设工程投标报价的计价依据。

（5）补充定额。

补充定额只能在指定的范围内使用，可以作为以后修订定额的基础。

二、工程定额的改革和发展

（1）《工程造价改革工作方案》的主要内容：

1）完善工程计价依据发布机制。优化概算定额、估算指标编制发布和动态管理，取消最高投标限价按定额计价的规定，逐步停止发布预算定额。

2）加强工程造价数据积累。加快建立国有资金投资的工程造价数据库，按地区、工程类型、建筑结构等分类发布人工、材料、项目等造价指标指数，利用大数据、人工智能等信息化技术为概预算编制提供依据。

（2）大数据技术对工程定额编制的影响：

1）企业定额测算和管理的高效化。

2）工程定额编制和管理的动态化。

3）工程定额编制和管理的市场化。

· 典型例题 ·

1.［**2020 真题 · 单选**］下列定额中，定额水平反映社会平均先进水平的是（ ）。

A. 施工定额　　B. 预算定额　　C. 概算定额　　D. 概算指标

[解析] 预算定额、概算定额和概算指标均反映社会平均水平。

2. [2018 真题 · 单选] 反映完成一定计量单位合格扩大结构构件需消耗的人工、材料和施工机具台班数量的定额是（　　）。

A. 概算指标　　B. 概算定额　　C. 预算定额　　D. 施工定额

[解析] 本题考查的是工程定额体系。概算定额是完成单位合格扩大分项工程或扩大结构构件所需消耗的人工、材料和施工机具台班的数量及其费用标准。

3. [2017 真题 · 单选] 下列定额中，项目划分最细的计价定额是（　　）。

A. 材料消耗定额　　B. 劳动定额　　C. 预算定额　　D. 概算定额

[解析] 本题考查的是工程定额体系。由前文表 2-1-1 可知，题干选项中，项目划分最细的计价定额是预算定额。

4. [2016 真题 · 单选] 关于工程定额，下列说法正确的是（　　）。

A. 劳动定额主要表现形式为时间定额，机械消耗定额主要表现形式为产量定额

B. 企业定额是企业内部使用的预算定额

C. 补充定额只能在指定范围内使用

D. 地区统一定额应依据地区工程技术特点、施工生产和管理水平独立编制

[解析] 本题考查的是工程定额体系。劳动定额的主要表现形式是时间定额，但同时也表现为产量定额；机械消耗定额的主要表现形式是机械时间定额，同时也以产量定额表现。选项 A 错误。企业定额是施工单位根据本企业的施工技术、机械装备和管理水平编制的人工、材料、机械台班等的消耗标准，选项 B 错误。补充定额只能在指定的范围内使用，可以作为以后修订定额的基础，选项 C 正确。地区统一定额主要是考虑地区性特点和全国统一定额水平做适当调整和补充编制的，选项 D 错误。

5. [2022 真题 · 多选] 关于现阶段我国工程造价计价依据改革的相关任务，下列说法正确的有（　　）。

A. 优化预算定额、概算定额、估算指标编制发布和动态管理

B. 强调最高投标限价按定额计价的规定，弱化市场信息价格的使用

C. 加强政府对市场价格信息发布行为的监管

D. 加强建设国有资金投资项目的工程造价数据库

E. 运用造价指标指数和市场价格信息控制项目投资

[解析] 与工程造价计价依据改革相关的任务主要包括两个方面：①完善工程计价依据发布机制。加快转变政府职能，优化概算定额、估算指标编制发布和动态管理，取消最高投标限价按定额计价的规定，逐步停止发布预算定额。搭建市场价格信息发布平台，统一信息发布标准和规则，鼓励企事业单位通过信息平台发布各自的人工、材料、机械台班市场价格信息，供市场主体选择。加强市场价格信息发布行为监管，严格信息发布单位主体责任。②加强工程造价数据积累。加快建立国有资金投资的工程造价数据库，按地区、工程类型、建筑结构等分类发布人工、材料、项目等造价指标指数，利用大数据、人工智能等信息化技术为概预算编制提供依据。加快推进工程总承包和全过程工程咨询，综合运用造价指标指数和市场价格信息，控制设计限额、建造标准、合同价格，确保工程投资效益得到有效发挥。

6. [2015 真题 · 多选] 关于投资估算指标，下列说法中正确的有（　　）。

A. 应以单项工程为编制对象

B. 是反映建设总投资的经济指标

C. 概略程度与可行性研究工作深度相适应

D. 编制基础包括概算定额，不包括预算定额

E. 可根据历史预算资料和价格变动资料等编制

[**解析**] 本题考查的是工程定额体系。投资估算指标是以建设项目、单项工程、单位工程为对象，反映建设总投资及其各项费用构成的经济指标，选项 A 错误。投资估算指标往往根据历史的预、决算资料和价格变动等资料编制，但其编制基础仍然离不开预算定额、概算定额，选项 D 错误。

答案：1. A　2. B　3. C　4. C　5. CDE　6. BCE

第二节　工程量清单计价方法

知识点 1　工程量清单计价的范围和作用

工程量清单是载明建设工程项目名称、项目特征、计量单位和工程数量等的明细清单。清单计价方式应满足“完善工程项目划分，建立多层级工程量清单，形成以清单计价规范和各专（行）业工程量计算规范配套使用的清单规范体系，满足不同设计深度、不同复杂程度、不同承包方式及不同管理需求下工程计价的需要”的原则。具体内容见表 2-2-1。

表 2-2-1　工程量清单

类别	内容
招标工程量清单	（1）由招标人根据国家标准、招标文件、设计文件，以及施工现场实际情况编制的 （2）应由具有编制能力的招标人或受其委托的工程造价咨询人或招标代理人编制 （3）采用工程量清单方式招标，招标工程量清单必须作为招标文件的组成部分，其准确性和完整性由招标人负责 （4）招标工程量清单应以单位（项）工程为单位编制
已标价工程量清单	作为投标文件组成部分的已标明价格并经承包人确认的

一、工程量清单计价的适用范围

工程量清单计价的适用范围见表 2-2-2。

表 2-2-2　工程量清单计价的适用范围

工程	计价方式
使用国有资金投资的建设工程	必须采用工程量清单计价
非国有资金投资的建设工程	宜采用工程量清单计价
不采用工程量清单计价的建设工程	执行计价规范中的其他规定

国有资金投资的项目包括全部使用国有资金（含国家融资资金）投资或国有资金投资为主的工程建设项目。

（1）国有资金投资的工程建设项目包括：

1）使用各级财政预算资金的项目。

2）使用纳入财政管理的各种政府性专项建设资金的项目。

3）使用国有企事业单位自有资金，并且国有资产投资者实际拥有控制权的项目。

(2) 国家融资资金投资的工程建设项目包括：

1) 使用国家发行债券所筹资金的项目。

2) 使用国家对外借款或者担保所筹资金的项目。

3) 使用国家政策性贷款的项目。

4) 国家授权投资主体融资的项目。

5) 国家特许的融资项目。

(3) 国有资金（含国家融资资金）为主的工程建设项目是指国有资金占投资总额50%以上，或虽不足50%但国有投资者实质上拥有控股权的工程建设项目。

二、工程量清单计价的作用

(1) 提供一个平等的竞争条件。

(2) 满足市场经济条件下竞争的需要。

(3) 有利于提高工程计价效率，能真正实现快速报价。

(4) 有利于工程款的拨付和工程造价的最终结算。

(5) 有利于业主对投资的控制。

·典型例题·

1.［2018真题·单选］ 关于工程量清单计价适用范围，下列说法正确的是（　　）。

A. 达到或超过规定建设规模的工程，必须采用工程量清单计价

B. 达到或超过规定建设数额的工程，必须采用工程量清单计价

C. 国有资金占投资总额不足50%的建设工程发承包，不必采用工程量清单计价

D. 不采用工程量清单计价的建设工程，应执行计价规范中除工程量清单等专门性规定以外的规定

［解析］ 本题考查的是工程量清单计价与工程量计算规范概述。使用国有资金投资的建设工程发承包，必须采用工程量清单计价，选项A、B错误；国有资金（含国家融资资金）为主的工程建设项目是指国有资金占投资总额50%以上，或虽不足50%但国有投资者实质上拥有控股权的工程建设项目，必须采用工程量清单计价，选项C错误。

2.［2021真题·多选］ 按照《住房城乡建设部关于进一步推进工程造价改革的指导意见》（建标〔2014〕142号）的要求，工程量清单规范体系应满足（　　）下工程计价需要。

A. 不同管理需求

B. 不同融资方式

C. 不同设计深度

D. 不同复杂程度

E. 不同承包方式

［解析］ 清单计价方式应满足“完善工程项目划分，建立多层级工程量清单，形成以清单计价规范和各专（行）业工程量计算规范配套使用的清单规范体系，满足不同设计深度、不同复杂程度、不同承包方式及不同管理需求下工程计价的需要”的原则。

3.［2020真题·多选］ 根据现行《建设工程工程量清单计价规范》，关于工程量清单的特点和应用，下列说法正确的有（　　）。

A. 分为招标工程量清单和已标价工程量清单

B. 以单位（项）工程为单位编制

C. 是招标文件的组成部分

D. 是载明发包工程内容和数量的清单，不涉及金额

E. 仅用于最高投标限价和投标报价的编制

[**解析**] 按照工程量清单计价的一般原理，工程量清单应是载明建设工程项目名称、项目特征、计量单位和工程数量等的明细清单，工程量清单又可分为招标工程量清单和已标价工程量清单，由招标人根据国家标准、招标文件、设计文件以及施工现场实际情况编制的称为招标工程量清单，作为投标文件组成部分的已标明价格并经承包人确认的称为已标价工程量清单。招标工程量清单应由具有编制能力的招标人或受其委托的工程造价咨询人或招标代理人编制。采用工程量清单方式招标，招标工程量清单必须作为招标文件的组成部分，其准确性和完整性由招标人负责。招标工程量清单应以单位（项）工程为单位编制，由分部分项工程项目清单，措施项目清单，其他项目清单，规费项目、税金项目清单组成。

答案：1. D　2. ACDE　3. ABC

知识点 2　分部分项工程项目清单

分部分项工程项目清单必须载明项目编码、项目名称、项目特征、计量单位和工程量。

一、项目编码

分部分项工程量清单项目编码以五级编码设置，用十二位阿拉伯数字表示，不得有重号。具体规则见表 2-2-3。

表 2-2-3　分部分项工程项目编码级别

编码要求	级别	含义
全国统一	第一级（二位）	专业工程代码
	第二级（二位）	附录分类顺序码
	第三级（二位）	分部工程顺序码
	第四级（三位）	分项工程项目名称顺序码
招标人具体编制，不得重号	第五级（三位）	工程量清单项目名称顺序码

二、项目名称

分部分项工程量清单的项目名称应按各专业工程量计算规范附录的项目名称结合拟建工程的实际确定。

三、项目特征

项目特征是构成分部分项工程项目、措施项目自身价值的本质特征，是确定一个清单项目综合单价不可缺少的重要依据，是区分清单项目的依据，是履行合同义务的基础。

分部分项工程项目清单的项目特征应按各专业工程工程量计算规范附录中规定的项目特征，按照工程结构、使用材质及规格或安装位置等，予以详细而准确的表述和说明。

在各专业工程量计算规范附录中还有关于各清单项目“工程内容”的描述。工程内容是指完成清单项目可能发生的具体工作和操作程序，但在编制分部分项工程量清单时，工作内容通常无须描述。因为在工程量计算规范中，工程量清单项目与工程量计算规则、工程内容有一一

对应关系。

四、计量单位

计量单位应采用基本单位。

各专业有特殊计量单位的，当计量单位有两个或两个以上时，应根据所编工程量清单项目的特征要求，选择最适宜表现该项目特征并方便计量的单位。

计量单位的有效位数见表 2-2-4。

表 2-2-4 分部分项工程计量单位

计量单位	有效位数
t	保留三位小数
m^3、m^2、m、kg	保留两位小数
个、项	应取整数

五、工程数量的计算

除另有说明外，所有清单项目的工程量应以实体工程量为准，并以完成后的净值计算；投标人投标报价时，应在单价中考虑施工中的各种损耗和需要增加的工程量。

在编制工程量清单时，当出现工程量计算规范附录中未包括的清单项目时，编制人应作补充。

(1) 补充项目的编码应按工程量计算规范的规定确定。补充项目的编码由计量规范的代码与“B”和三位阿拉伯数字组成，并应从 001 开始顺序编制，同一招标工程的项目不得重码。

(2) 在工程量清单中应附补充项目的项目名称、项目特征、计量单位、工程量计算规则和工作内容。

(3) 将编制的补充项目报省级或行业工程造价管理机构备案。

·典型例题·

1. [**2022 真题·单选**] 关于分部分项工程项目清单的编制，下列说法正确的是（　　）。

A. 第二级项目编码为单位工程顺序码

B. 应补充描述清单计算规范中未规定的其他独有特征

C. 项目名称应直接采用规范附录给定的名称

D. 工程量中应包含多种必要的施工损耗量

[**解析**] 选项 A 错误，第二级项目编码为附录分类顺序码。选项 C 错误，分部分项工程项目清单的项目名称应按各专业工程工程量计算规范附录的项目名称结合拟建工程的实际确定。选项 D 错误，工程数量主要通过工程量计算规则计算得到。工程量计算规则是指对清单项目工程量计算的规定。除另有说明外，所有清单项目的工程量应以实体工程量为准，并以完成后的净值计算；投标人投标报价时，应在单价中考虑施工中的各种损耗和需要增加的工程量。

2. [**2016 真题·单选**] 根据《建设工程工程量清单计价规范》(GB 50500—2013)，下列关于工程量清单项目编码的说法中，正确的是（　　）。

A. 第三级编码为分部工程顺序码，由三位数字表示

B. 第五级编码应根据拟建工程的工程量清单项目名称设置，不得重码

C. 同一标段含有多个单位工程，不同单位工程中项目特征相同的工程应采用相同编码

D. 补充项目编码以“B”加上计量规范代码后跟三位数字表示

［解析］本题考查的是分部分项工程项目清单。第三级编码表示分部工程顺序码，由两位数表示（分二位），选项A错误；当同一标段（或合同段）的一份工程量清单中含有多个单位工程，在编制工程量清单时应特别注意对项目编码十至十二位的设置不得有重码，选项B正确、选项C错误；补充项目的编码由计量规范的代码与“B”和三位阿拉伯数字组成，选项D缺少计量规范的代码，选项D错误。

3.［**2019真题·多选**］关于分部分项工程项目清单的编制，下列说法正确的有（　　）。

A. 项目编码第7～9位为分项工程项目名称顺序码

B. 项目名称应按工程量计算规范附录中给定的名称确定

C. 项目特征应按工程量计算规范附录中规定的项目特征予以描述

D. 计量单位应按工程量计算规范附录中给定的，选用最适宜表现项目特征并方便计量的单位

E. 工程量应按实际完成的工程量计算

［解析］选项A正确，第四级表示分项工程项目名称顺序码（分三位）。选项B错误，分部分项工程项目清单的项目名称应按各专业工程工程量计算规范附录的项目名称结合拟建工程的实际确定。选项C错误，分部分项工程项目清单的项目特征应按各专业工程工程量计算规范附录中规定的项目特征，结合技术规范、标准图集、施工图纸，按照工程结构、使用材质及规格或安装位置等，予以详细而准确的表述和说明。选项D正确，当计量单位有两个或两个以上时，应根据所编工程量清单项目的特征要求，选择最适宜表现该项目特征并方便计量的单位。选项E错误，所有清单项目的工程量应以实体工程量为准，并以完成后的净值计算。

4.［**2017真题·多选**］根据《建设工程工程量清单计价规范》（GB 50500—2013），关于分部分项工程量清单的编制，下列说法正确的有（　　）。

A. 以重量计算的项目，其计量单位应为吨或千克

B. 以吨为计量单位时，其计算结果应保留三位小数

C. 以立方米为计量单位时，其计算结果应保留三位小数

D. 以千克为计量单位时，其计算结果应保留一位小数

E. 以“个”“项”为单位的，应取整数

［解析］本题考查的是分部分项工程项目清单。选项C，以立方米为计量单位时，其计算结果应保留两位小数。选项D，以千克为计量单位时，其计算结果应保留两位小数。

5.［**2016真题·多选**］关于分部分项工程量清单的编制，下列说法中正确的有（　　）。

A. 以清单计算规范附录中的名称为基础，结合具体工作内容补充细化项目名称

B. 清单项目的工作内容在招标工程量清单的项目特征中加以描述

C. 有两个或以上计量单位时，选择最适宜表现项目特征并方便计量的单位

D. 除另有说明外，清单项目的工程量应以实体工程量为准，各种施工中的损耗和需要增加的工程量应在单价中考虑

E. 在工程量清单中应附补充项目名称、项目特征、计量单位和工程量

［解析］在编制分部分项工程项目清单时，以附录中的分项工程项目名称为基础，考虑该项目的规格、型号、材质等特征要求，结合拟建工程的实际情况，使其工程量清单项目名称具体化、细化，以反映影响工程造价的主要因素，选项A错误；在编制分部分项工程量清单时，

工作内容通常无须描述，选项B错误；在工程量清单中应附补充项目的项目名称、项目特征、计量单位、工程量计算规则和工作内容，选项E错误。

答案：1. B　2. B　3. AD　4. ABE　5. CD

知识点3 措施项目清单

一、措施项目列项

措施项目是指为完成工程项目施工，发生于该工程施工准备和施工过程中的技术、生活、安全、环境保护等方面的项目。

二、措施项目清单的格式

（一）措施项目清单的类别

措施项目清单的类别见表2-2-5。

表2-2-5　措施项目清单类别

可以计算工程量的措施项目	采用分部分项工程量清单的方式编制	脚手架工程，混凝土模板及支架（撑），垂直运输，超高施工增加，大型机械设备进出场及安拆，施工排水、降水	以综合单价计价，列出项目编码、项目名称、项目特征、计量单位和工程量
不能计算工程量的措施项目	以"项"为计量单位进行编制	安全文明施工，夜间施工，非夜间施工照明，二次搬运，冬雨季施工，地上、地下设施，建筑物的临时保护设施，已完工程及设备保护	"计算基础"中安全文明施工费可为"定额基价""定额人工费"或"定额人工费＋定额施工机具使用费"，其他项目可为"定额人工费"或"定额人工费＋定额施工机具使用费"；按施工方案计算的措施，可只填"金额"数值

（二）措施项目清单的编制依据

措施项目清单应根据拟建工程的实际情况列项。若出现工程量计算规范中未列的项目，可根据工程实际情况补充。

措施项目清单的编制依据主要有：

（1）施工现场情况、地勘水文资料、工程特点。

（2）常规施工方案。

（3）与建设工程有关的标准、规范、技术资料。

（4）拟定的招标文件。

（5）建设工程设计文件及相关资料。

·典型例题·

1. ［**2017真题·单选**］根据《建设工程工程量清单计价规范》（GB 50500—2013），一般不作为安全文明施工费计算基础的是（　　）。

A. 定额人工费

B. 定额人工费＋定额材料费

C. 定额人工费＋定额施工机具使用费

D. 定额人工费＋定额材料费＋定额施工机具使用费

［**解析**］本题考查的是措施项目清单。"计算基础"中安全文明施工费可为"定额基价"

"定额人工费"或"定额人工费+定额施工机具使用费"。

2. [**2016 真题·单选**] 对于不能计算工程量的措施项目，当按施工方案计算措施费时，若无"计算基础"和"费率"数值，则（　　）。

A. 以定额基价为计算基础，以国家、行业、地区定额中相应的费率计算金额

B. 以"定额人工费+定额机械费"为计算基础，以国家、行业、地区定额中相应费率计算金额

C. 只填写"金额"数值，在备注中说明施工方案出处或计算方法

D. 备注中说明的计算方法，补充填写"计算基础"和"费率"

[**解析**] 本题考查的是措施项目清单。按施工方案计算的措施费，若无"计算基础"和"费率"的数值，也可只填"金额"数值，但应在备注栏说明施工方案出处或计算方法。

3. [**2018 真题·多选**] 为有利于措施费的确定和调整，根据现行工程量计算规范。适宜采用单价措施项目计价的有（　　）。

A. 夜间施工增加费　　B. 二次搬运费

C. 施工排水、降水费　　D. 超高施工增加费

E. 垂直运输费

[**解析**] 本题考查的是措施项目清单。有些措施项目是可以计算工程量的项目，如脚手架工程，混凝土模板及支架（撑），垂直运输、超高施工增加，大型机械设备进出场及安拆，施工排水、降水等，这类措施项目按照分部分项工程项目清单的方式采用综合单价计价，更有利于措施费的确定和调整。措施项目中可以计算工程量的项目（单价措施项目）宜采用分部分项工程量清单的方式编制。

4. [**2015 真题·多选**] 为了便于措施项目费的确定和调整，通常采用分部分项工程量清单方式编制的措施项目有（　　）。

A. 脚手架工程　　B. 垂直运输工程

C. 二次搬运工程　　D. 已完工程及设备保护

E. 施工排水、降水

[**解析**] 本题考查的是措施项目清单。措施项目中可以计算工程量的项目清单宜采用分部分项工程量清单的方式编制。包括脚手架工程，混凝土模板及支架（撑），垂直运输、超高施工增加，大型机械设备进出场及安拆，施工排水、降水等。

答案：1. B　2. C　3. CDE　4. ABE

知识点 4 其他项目清单

扫码听课

其他项目清单包括暂列金额；暂估价（包括材料暂估单价、工程设备暂估单价、专业工程暂估价）；计日工；总承包服务费。

一、暂列金额

暂列金额是招标人在工程量清单中暂定并包括在合同价款中的一笔款项。

用于工程合同签订时尚未确定或者不可预见的所需材料、工程设备、服务的采购，施工中可能发生的工程变更、合同约定调整因素出现时的合同价款调整，以及发生的索赔、现场签证确认等的费用。

二、暂估价

暂估价是指招标人在工程量清单中提供的用于支付必然发生但暂时不能确定价格的材料、工程设备的单价以及专业工程的金额，包括材料暂估单价、工程设备暂估单价和专业工程暂估价。

纳入分部分项工程项目清单综合单价中的暂估价应只是材料、工程设备暂估单价。

专业工程暂估价一般应是综合暂估价，包括人工费、材料费、施工机具使用费、企业管理费和利润，不包括规费和税金。

三、计日工

在施工过程中，承包人完成发包人提出的工程合同范围以外的零星项目或工作，按合同中约定的单价计价的一种方式。

计日工对完成零星工作所消耗的人工工日、材料数量、施工机具台班进行计量，并按照适用项目的单价进行计价支付。

四、总承包服务费

总承包服务费是指总承包人为配合协调发包人进行的专业工程发包，对发包人自行采购的材料、工程设备等进行保管以及施工现场管理、竣工资料汇总整理等服务所需的费用。

招标人应预计该项费用并按投标人的投标报价向投标人支付该项费用。

其他项目清单内容见表 2-2-6。

表 2-2-6 其他项目清单

清单类型	具体内容
其他项目清单与计价汇总表	材料（工程设备）暂估单价进入清单项目综合单价，在此不汇总
暂列金额明细表	由招标人填写，也可只列暂定金额总额，投标人应将上述暂列金额计入投标总价中
材料（工程设备）暂估单价及调整表	由招标人填写“暂估单价”，并说明用在哪些清单项目上，投标人应将上述暂估价计入工程量清单综合单价报价中
专业工程暂估价及结算价表	“暂估金额”由招标人填写，投标人应将“暂估金额”计入投标总价中。结算时，按合同约定结算金额填写
计日工表	项目名称、暂定数量由招标人填写，编制最高投标限价时，单价由招标人确定；投标时，单价由投标人自主报价，按暂定数量计算合价计入投标总价中。结算时，按发承包双方确认的实际数量计算合价
总承包服务费计价表	项目名称、服务内容由招标人填写，编制最高投标限价时，费率及金额由招标人确定；投标时，费率及金额由投标人自主报价，计入投标总价中

·典型例题·

1.［2021 真题·单选］ 编制工程量清单时，下列费用属于总承包服务费考虑范围的是（　　）。

A. 总包人对专业工程的投标费　　B. 承包人自行采购工程设备的保护费

C. 总包人施工现场的管理费　　D. 竣工决算文件的编制费

［解析］总承包服务费是指总承包人为配合、协调建设单位进行的专业工程发包，对建设单位自行采购的材料、工程设备等进行保管以及施工现场管理、竣工资料汇总整理等服务所需的费用。

2.［2019 真题·单选］ 在工程量清单计价中，下列关于暂估价的说法，正确的是（　　）。

A. 材料设备暂估价是指用于尚未确定或不可预见的材料、设备采购的费用

B. 纳入分部分项工程项目清单综合单价中的材料暂估价包括暂估单价及数量

C. 专业工程暂估价与分部分项工程综合单价在费用构成方面应保持一致

D. 专业工程暂估价由投标人自主报价

［**解析**］选项 A 错误，暂估价是指招标人在工程量清单中提供的用于支付必然发生但暂时不能确定价格的材料、工程设备的单价以及专业工程的金额，包括材料暂估单价、工程设备暂估单价和专业工程暂估价。选项 B 错误，为方便合同管理，需要纳入分部分项工程项目清单综合单价中的暂估价应只是材料、工程设备暂估单价，以方便投标人组价。选项 C 正确，专业工程的暂估价一般应是综合暂估价，包括人工费、材料费、施工机具使用费、企业管理费和利润，不包括规费和税金。选项 D 错误，专业工程暂估价金额由招标人填写。

3. ［**2018 真题·单选**］根据《建设工程工程量清单计价规范》（GB 50500—2013），关于其他项目清单的编制和计价，下列说法正确的是（　　）。

A. 暂列金额由招标人在工程量清单中暂定

B. 暂列金额包括暂不能确定价格的材料暂定价

C. 专业工程暂估价中包括规费和税金

D. 计日工单价中不包括企业管理费和利润

［**解析**］本题考查的是其他项目清单。暂估价包括暂不能确定价格的材料暂定价，选项 B 错误；专业工程暂估价不包括规费和税金，选项 C 错误；计日工单价包含企业管理费和利润，选项 D 错误。

4. ［**2017 真题·单选**］根据《建设工程工程量清单计价规范》（GB 50500—2013），关于计日工，下列说法中正确的是（　　）。

A. 计日工表包括各种人工，不应包括材料、施工机械

B. 计日工按综合单价计价，投标时应计入投标总价

C. 计日工表中的项目名称由招标人填写，工程数量由投标人填写

D. 计日工单价由投标人自主确定，并按计日工表中所列数量结算

［**解析**］本题考查的是其他项目清单。选项 A，计日工表包括各种人工材料、施工机具。选项 C，项目名称、暂定数量由招标人填写。选项 D，结算时按发承包双方确认的实际数量结算。

5. ［**2022 真题·多选**］下列关于招标工程量清单的编制，说法正确的有（　　）。

A. 应在预算定额和工程量清单计算规范中选择工程量计算规范

B. 措施项目清单应根据拟建工程实际列项

C. 专业工程暂估价应计入其他项目费

D. 计日工应列出计量单位、暂定数量、暂定金额

E. 总承包服务费的项目名称和服务内容应由招标人填写

［**解析**］选项 A 错误，招标工程量清单的编制依据的是《建设工程工程清单计价规范》以及各专业工程量计算规范等。预算定额不属于工程量计算规范，属于编制的计价依据。选项 D 错误，招标工程量清单中计日工名称、暂定数量由招标人填写。

6. ［**2020 真题·多选**］关于其他项目清单与计价表的编制，下列说法正确的有（　　）。

A. 材料暂估单价进入清单项目综合单价，不汇总到其他项目清单计价表总额

B. 暂列金额归招标人所有，投标人应将其扣除后再做投标报价

C. 专业工程暂估价的费用构成类别应与分部分项工程综合单价的构成保持一致

D. 计日工的名称和数量应由投标人填写

E. 总承包服务费的内容和金额应由投标人填写

[解析] 暂列金额由建设单位根据工程特点，按有关计价规定估算，施工过程中由建设单位掌握使用，扣除合同价款调整后如有余额，归建设单位，选项B错误。计日工表的项目名称、暂定数量由招标人填写，选项D错误。总承包服务费计价表项目名称、服务内容由招标人填写，编制最高投标限价时，费率及金额由招标人按有关计价规定确定，选项E错误。

7. [**2016真题·多选**] 关于暂估价的计算和填写，下列说法中正确的有（　　）。

A. 暂估价数量和拟用项目应结合工程量清单中的"暂估价表"予以补充说明

B. 材料暂估价应由招标人填写暂估单价，无须指出拟用于哪些清单项目

C. 工程设备暂估价不应纳入分部分项工程综合单价

D. 专业工程暂估价应分不同专业，列出明细表

E. 专业工程暂估价由招标人填写，并计入投标总价

[解析] 本题考查的是其他项目清单。暂估价中的材料（工程设备）暂估价由招标人填写"暂估单价"，并在备注栏说明暂估价的材料、工程设备拟用在哪些清单项目上，选项B错误；工程设备暂估价计入工程量清单综合单价报价中，选项C错误。

答案：1. C　2. C　3. A　4. B　5. BCE　6. AC　7. ADE

第三节　建筑安装工程人工、材料和施工机具台班消耗量的确定

知识点1　工作时间分类

研究施工中的工作时间最主要的目的是确定施工的时间定额和产量定额（互为倒数）。对工作时间消耗的研究，可以分为工人工作时间的消耗和工人所使用的机器工作时间消耗。

一、工人工作时间消耗的分类

工人工作时间消耗的分类见表2-3-1。

表2-3-1　工人工作时间消耗的分类

类别	定额依据	内容	
必须消耗的时间	有效工作时间	基本工作时间（答题）	与工作量大小成正比
		辅助工作时间（涂卡）	与工作量大小有关
		准备与结束工作时间（写名字、准考证号）	与工作量大小无关，与工作内容有关
	休息时间	—	
	不可避免的中断时间（翻页）	—	
损失时间	多余和偶然时间	多余工作由差错引起，不计入定额；偶然工作能获得一定产品，拟定定额时适当考虑	
	停工时间	施工本身造成的停工时间	不计入定额
		非施工本身造成的停工时间	定额中合理考虑
	违背劳动纪律损失时间	—	

二、施工机械工作时间消耗的分类

施工机械工作时间消耗的分类见表2-3-2。

表 2-3-2　施工机械工作时间消耗的分类

类别	定额依据	内容
必须消耗的时间	有效工作时间	正常负荷下
		有根据地降低负荷下
	不可避免的无负荷工作时间	—
	不可避免的中断时间	与工艺过程的特点有关
		与机器有关
		工人休息时间
损失时间	多余工作时间	—
	停工时间	施工本身造成的停工时间
		非施工本身造成的停工时间
	违背劳动纪律损失时间	—
	低负荷下工作时间	—

·典型例题·

1. ［2021 真题·单选］下列施工工人工作时间分类选项中，往往和工作内容有关，与所负担的工作量大小无关的有效工作时间是（　　）。

A. 基本工作时间　　B. 辅助工作时间

C. 准备与结束工作时间　　D. 休息时间

［解析］本题考查的是工作时间分类。准备与结束工作时间是执行任务前或任务完成后所消耗的工作时间。如工作地点、劳动工具和劳动对象的准备工作时间，工作结束后的整理工作时间等。准备和结束工作时间的长短与所担负的工作量大小无关，但往往和工作内容有关。

2. ［2016 真题·单选］下列机械工作时间中，属于有效工作时间的是（　　）。

A. 筑路机在工作区末端的掉头时间

B. 体积达标而未达到载重吨位的货物汽车运输时间

C. 机械在工作地点之间的转移时间

D. 装车数量不足而在低负荷下工作的时间

［解析］本题考查的是工作时间分类。末端的掉头时间，属于不可避免的无负荷工作时间，选项 A 错误；机械转移属于不可避免的中断工作时间，选项 C 错误；装车数量不足属于损失的工作时间，选项 D 错误。

3. ［2022 真题·多选］根据工程定额编制下列工人工作时间消耗、机械工作时间消耗或材料的消耗，应计入人工、材料或施工机具定额的有（　　）。

A. 施工本身造成的停工时间　　B. 不可避免的施工废料

C. 施工措施性材料的用量　　D. 有根据地降低负荷下的工作时间

E. 与机械保养相关的必要中断时间

［解析］不可避免的施工废料是必须消耗的材料，属于施工正常消耗，是确定材料消耗定额的基本数据。其中，直接用于建筑和安装工程的材料编制材料净用量定额，不可避免的施工废料和材料损耗编制材料损耗定额。施工中的材料可分为实体材料和非实体材料两类。非实体材料是指在施工中必须使用但又不能构成工程实体的施工措施性材料。非实体材料主要是指周转性材料，如模板、脚手架、支撑等。施工本身造成的停工时间属于损失时间，损失时间不包含在人工定额中。

4. [**2019 真题·多选**] 下列人工、材料、机械台班的消耗，应计入定额消耗量的有（　　）。

A. 准备与结束工作时间　　B. 施工本身原因造成的工人停工时间

C. 措施性材料的合理消耗量　　D. 不可避免的施工废料

E. 低负荷下的机械工作时间

[**解析**] 选项 A 正确，人工定额时间由工序作业时间与规范时间组成，准备与结束工作时间属于规范时间的组成部分。选项 B 错误，施工本身造成的停工时间，是由于施工组织不善、材料供应不及时、工作面准备工作做得不好、工作地点组织不良等情况引起的停工时间，在拟定定额时不应该计算。选项 C 正确，非实体材料是指在施工中必须使用但又不能构成工程实体的施工措施性材料。选项 D 正确，必须消耗的材料，是指在合理用料的条件下生产合格产品需要消耗的材料，包括直接用于建筑和安装工程的材料、不可避免的施工废料、不可避免的材料损耗。选项 E 错误，低负荷下的工作时间是由于工人或技术人员的过错所造成的施工机械在降低负荷的情况下工作的时间，不能作为计算时间定额的基础。

5. [**2017 真题·多选**] 下列工人工作时间中，属于有效工作时间的有（　　）。

A. 基本工作时间　　B. 不可避免中断时间

C. 辅助工作时间　　D. 偶然工作时间

E. 准备与结束工作时间

[**解析**] 本题考查的是工作时间分类。选项 B 属于必须消耗的时间，选项 D 属于损失时间。有效工作时间包括基本工作时间、辅助工作时间、准备与结束工作时间。

答案：1. C　2. B　3. BCDE　4. ACD　5. ACE

知识点 2　确定人工定额消耗量的基本方法

扫码听课

一、确定工序作业时间

（一）拟定基本工作时间

基本工作时间消耗一般应根据计时观察资料来确定。其做法是，首先确定工作过程每一组成部分的工时消耗，其次综合出工作过程的工时消耗。如果组成部分的产品计量单位和工作过程的产品计量单位不符，就需先求出不同计量单位的换算系数，进行产品计量单位的换算，然后再相加，求得工作过程的工时消耗。

（二）拟定辅助工作时间

辅助工作时间可以直接利用工时规范中规定的辅助工作时间的百分比来计算。

二、确定规范时间

规范时间内容包括工序作业时间以外的准备与结束时间、不可避免中断时间以及休息时间。

三、拟定定额时间

利用工时规范，可以计算劳动定额的时间定额。计算公式如下：

$$\text{工序作业时间}=\text{基本工作时间}+\text{辅助工作时间}=\frac{\text{基本工作时间}}{1-\text{辅助时间}\%}$$

$$\text{规范时间}=\text{准备与结束工作时间}+\text{不可避免的中断时间}+\text{休息时间}$$

$$定额时间=工序作业时间+规范时间=\frac{工序作业时间}{1-规范时间\%}$$

定额时间的分类见图 2-3-1。

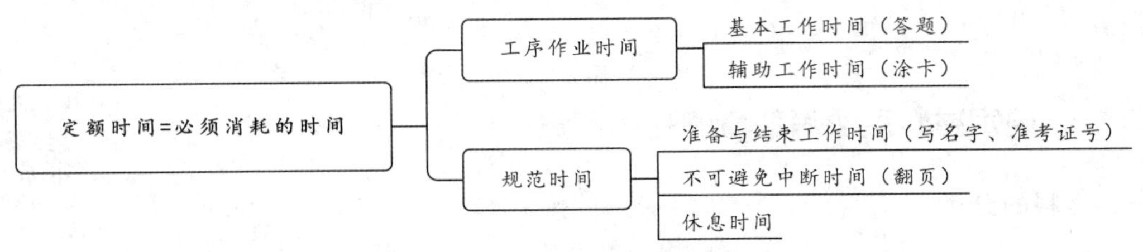

图 2-3-1 定额时间的分类

· 典型例题 ·

1. ［**2022 真题 · 单选**］关于人工定额消耗量的测定，下列计算公式正确的是（　　）。

A. 工序作业时间=基本工作时间/［1+辅助工作时间（%）］

B. 规范时间=辅助工作时间+准备与结束工作时间+休息时间

C. 规范时间=工序作业时间/［1+规范时间（%）］

D. 定额时间=工序作业时间+规范时间

［**解析**］工序作业时间=基本工作时间+辅助工作时间。规范时间=准备与结束工作时间+不可避免的中断时间+休息时间。定额时间=工序作业时间+规范时间。

2. ［**2019 真题 · 单选**］工作日写实法测定的数据显示，完成 $10m^3$ 某现浇混凝土工程需基本工作时间 8 小时，辅助工作时间占工序作业时间的 8%，准备与结束工作时间、不可避免的中断时间、休息时间、损失时间分别占工作日的 5%、2%、18%、6%。则该混凝土工程的时间定额是（　　）工日/$10m^3$。

A. 1.44　　B. 1.45

C. 1.56　　D. 1.64

［**解析**］8 小时=1 个工日，工序作业时间=1/（1−8%）=1.087（工日/$10m^3$），时间定额=1.087/（1−5%−2%−18%）=1.45（工日/$10m^3$）。

3. ［**2018 真题 · 单选**］已知某人工抹灰 $10m^2$ 的基本工作时间为 4 小时，辅助工作时间占工序作业时间的 5%，准备与结束工作时间、不可避免的中断时间、休息时间分别占工作日的 6%、11%、3%。则该人工抹灰的时间定额为（　　）工日/$100m^2$。

A. 6.30　　B. 6.56

C. 6.58　　D. 6.67

［**解析**］本题考查的是确定人工定额消耗量的基本方法。基本工作时间=4 小时=0.5（工日/$10m^2$），工序作业时间=0.5/（1−5%）=0.526（工日/$10m^2$），时间定额=0.526/（1−6%−11%−3%）=0.658（工日/$10m^2$）=6.58（工日/$100m^2$）。

4. ［**2020 真题 · 多选**］关于人工定额消耗量的确定，下列算式正确的有（　　）。

A. 工序作业时间=基本工作时间×［1+辅助工作时间占比（%）］

B. 工序作业时间=基本工作时间+辅助工作时间+不可避免中断时间

C. 规范时间=准备与结束时间+不可避免中断时间+休息时间

D. 定额时间=基本工作时间/［1−辅助工作时间占比（%）］

E. 定额时间=（基本工作时间+辅助工作时间）/［1-规范时间占比（%）］

［解析］工序作业时间=基本工作时间+辅助工作时间=基本工作时间/［1-辅助作业时间（%）］，选项A、B错误。定额时间=工序作业时间/［1-规范时间（%）］=（基本工作时间+辅助工作时间）/［1-规范时间（%）］，选项D错误。

答案：1.D　2.B　3.C　4.CE

知识点3 确定材料定额消耗量的基本方法

扫码听课

一、材料的分类

材料在施工过程中的分类见表2-3-3。

表2-3-3　材料的分类

分类依据	类别	内容
根据材料消耗的性质划分	必须消耗的材料	确定材料消耗定额的基本数据
	损失的材料	
根据材料消耗与工程实体的关系划分	实体材料	
	非实体材料	周转性材料：模板、脚手架

二、确定材料消耗量的基本方法

（1）现场技术测定法——确定各种材料消耗定额，确定材料损耗量。

（2）实验室试验法——用于编制材料净用量。

（3）现场统计法——不能确定净用量和损耗量，只能作为编制定额的辅助性方法。

（4）理论计算法——运用公式计算材料净用量。

1）标准砖用量的计算。

如每立方米砖墙的用砖数和砌筑砂浆的用量可用下列理论计算公式计算各自的净用量。

用砖数的计算公式如下：

$$A=\frac{1}{\text{墙厚}\times(\text{砖长}+\text{灰缝})\times(\text{砖厚}+\text{灰缝})}\times k$$

式中，k——墙厚的砖数×2。

［例题］计算1m³标准砖-砖外墙砌体砖数。

解法一：$\frac{1}{(0.115\times2+0.01)\times(0.24+0.01)\times(0.053+0.01)}\times2=529$（块）；

解法二：$\frac{1}{0.24\times(0.115+0.01)\times(0.053+0.01)}=529$（块）。

砂浆用量计算公式如下：

$$B=1-\text{砖数}\times\text{砖块体积}$$

$$\text{损耗率}=\text{损耗量}/\text{净用量}\times100\%$$

$$\text{消耗量}=\text{净用量}+\text{损耗量}=\text{净用量}\times(1+\text{损耗率})$$

2）块料面层的材料用量计算。

每100m²面层块料数量、灰缝及结合层材料用量公式如下：

$$100m^2块料净用量=\frac{100}{(块料长+灰缝宽)\times(块料宽+灰缝宽)}$$

$$100m^2灰缝材料净用量=[100-(块料长\times块料宽\times100m^2块料用量)]\times灰缝深$$

$$结合层材料用量=100m^2\times结合层厚度$$

·典型例题·

1.［2022 真题·单选］用规格为 290mm×240mm×190mm 的烧结空心砌块砌筑 240mm 厚墙体，灰缝宽度为 10mm，砌块损耗率为 1%，则每 10m^3 该种砌体空心砌块的消耗量为（　　）m^3。

A. 8.90　　B. 9.18

C. 9.28　　D. 10.10

［解析］ 1m^3 烧结空心砌块的净用量＝1/［0.24×（0.29＋0.01）×（0.19＋0.01）］＝69.45（块）。1m^3 烧结空心砌块总的消耗量＝69.45×（1＋1%）＝70.14（块）。10m^3 砌体空心砌块的消耗量＝70.14×（0.29×0.24×0.19）×10＝9.28（m^3）。

2.［2021 真题·单选］某一砖半厚混水墙，采用规格为 240mm×115mm×53mm 的烧结煤矸石普通砖砌筑，灰浆厚度为 10mm，每 10m^3 该种墙体砖的净用量为（　　）千块。

A. 5.148　　B. 5.219

C. 6.374　　D. 6.462

［解析］ 10/［0.365×（0.24＋0.01）×（0.053＋0.01）］×3＝5 218.5（块）＝5.219（千块）。

3.［2019 真题·单选］用干混抹灰砂浆贴 200×300 瓷砖墙面，灰缝宽 5mm，假设瓷砖损耗率为 8%，则 100m^2 瓷砖墙面的瓷砖消耗量为（　　）m^2。

A. 103.6　　B. 104.3

C. 108　　D. 108.7

［解析］ $100m^2瓷砖的净用量=\frac{100}{(0.2+0.005)\times(0.3+0.005)}\times0.2\times0.3=95.96$（$m^2$），100$m^2$ 瓷砖墙面的瓷砖消耗量＝95.96×（1＋8%）＝103.6（m^2）。

4.［2018 真题·单选］关于材料消耗的性质及确定材料消耗量的基本方法，下列说法正确的是（　　）。

A. 理论计算法适用于确定材料净用量

B. 必须消耗的材料量指材料的净用量

C. 土石方爆破工程所需的炸药、雷管、引信属于非实体材料

D. 现场统计法主要适用于确定材料损耗量

［解析］ 本题考查的是材料定额消耗量的基本方法。必须消耗的材料属于施工正常消耗，选项 B 错误；土石方爆破工程所需的炸药、雷管、引信属于实体材料，选项 C 错误；现场统计法不能用于确定材料损耗量的依据，选项 D 错误。

5.［2014 真题·单选］在对材料消耗过程测定与观测的基础上，通过完成产品数量和材料消耗量的计算而确定各种材料消耗定额的方法是（　　）。

A. 实验室试验法　　B. 现场技术测定法

C. 现场统计法　　D. 理论计算法

[解析] 本题考查的是材料定额消耗量的基本方法。现场技术测定法，又称为观测法，是根据对材料消耗过程的测定与观察，通过完成产品数量和材料消耗量的计算而确定各种材料消耗定额的一种方法。

6. [**2016 真题·多选**] 下列定额测定方法中，主要用于测定材料净用量的有（　　）。

A. 现场技术测定法　　B. 实验室试验法

C. 现场统计法　　D. 理论计算法

E. 写实记录法

[解析] 本题考查的是材料定额消耗量的基本方法。实验室试验法、理论计算法，主要用于编制材料净用量定额，选项 B、D 正确。

答案：1. C　2. B　3. A　4. A　5. B　6. BD

知识点 4　确定施工机具台班定额消耗量的基本方法

一、确定机械 1h 纯工作正常生产率

对于循环动作机械，确定机械纯工作 1h 正常生产率的相关计算公式如下：

机械一次循环的正常延续时间＝∑（循环各组成部分正常延续时间）－交叠时间

机械纯工作 1h 循环次数＝3 600s/一次循环的正常延续时间

机械纯工作 1h 正常生产率＝机械纯工作 1h 正常循环次数×一次循环生产的产品数量

二、确定施工机械的时间利用系数

机械时间利用系数的计算公式如下：

$$机械时间利用系数=\frac{机械在一个工作班内纯工作时间}{一个工作班延续时间（8h）}$$

三、计算施工机械台班定额

施工机械的产量定额的相关计算公式如下：

施工机械台班产量定额＝机械 1h 纯工作正常生产率×工作班纯工作时间

或

施工机械台班产量定额＝机械 1h 纯工作正常生产率×工作班延续时间×机械正常利用系数

$$施工机械时间定额=\frac{1}{机械台班产量定额指标}$$

·典型例题·

1. [**2022 真题·单选**] 某型号施工机械循环作业一次，各循环组成部分的正常延续时间分别 3min、5min、4min、2min，交叠时间为 2min，一次循环的产量为 $2m^3$，机械时间利用系数为 0.9，则该机械的产量定额为（　　）m^3/台班。

A. 36　　B. 80

C. 54　　D. 72

[解析] 一次循环正常延续时间＝3＋5＋4＋2－2＝12（min）。纯工作 1h 循环次数＝60/12＝5（次）。纯工作 1h 正常生产量＝5×2＝10（m^3）。产量定额＝10×8×0.9＝72（m^3/台班）。

2. [**2021 真题·单选**] 出料容量为 200L 的干混砂浆罐式搅拌机，每一次工作循环中，运

料、装料、搅拌、卸料、不可避免的中断时间分别为 5min、1min、3min、1min、5min，若机械时间利用系数为 0.8，则该机械台班产量定额为（　　）。

A. 5.12m^3/台班　　B. 1.3m^3/台班

C. 7.68m^3/台班　　D. 1.95m^3/台班

［解析］1h 循环次数＝60/（1＋3＋1＋5）＝6（次）；1h 纯工作正常生产率＝0.2×6＝1.2（m^3）；施工机械台班产量定额＝1.2×8×0.8＝7.68（m^3/台班）。

3.［2017 真题・单选］确定施工机械台班定额消耗量前需计算机械时间利用系数，其计算公式正确的是（　　）。

A. 机械时间利用系数＝机械纯工作 1h 正常生产率×工作班纯工作时间

B. 机械时间利用系数＝$\dfrac{1}{\text{机械台班产量定额}}$

C. 机械时间利用系数＝$\dfrac{\text{机械在一个工作班内纯工作时间}}{\text{一个工作班延续时间（8h）}}$

D. 机械时间利用系数＝$\dfrac{\text{一个工作班延续时间（8h）}}{\text{机械在一个工作班内纯工作时间}}$

［解析］本题考查的是确定机械台班定额消耗量的基本方法。机械时间利用系数＝$\dfrac{\text{机械在一个工作班内纯工作时间}}{\text{一个工作班延续时间（8h）}}$，选项 C 正确。

4.［2016 真题・单选］某出料容量 750L 的砂浆搅拌机，每一次循环工作中，运料、装料、搅拌、卸料、中断需要的时间分别为 150s、40s、250s、50s、40s，运料和其他时间的交叠时间为 50s，机械利用系数为 0.8。该机械的台班产量定额为（　　）m^3/台班。

A. 29.79　　B. 32.60

C. 36.00　　D. 39.27

［解析］本题考查的是确定机械台班定额消耗量的基本方法。机械一次循环正常延续时间＝∑（循环各组成部分正常延续时间）－交叠时间＝150＋40＋250＋50＋40－50＝480（s）；机械纯工作 1h 循环次数＝3 600/480＝7.5（次）；一小时正常生产率＝7.5×0.750＝5.625（m^3）；产量定额＝1 小时的正常生产率×工作班延续时间×机械正常利用系数＝5.625×8×0.8＝36.00（m^3/台班）。

答案：1.D　2.C　3.C　4.C

第四节　建筑安装工程人工、材料和施工机具台班单价的确定

知识点 1　人工日工资单价的组成和确定方法

人工日工资单价是指施工企业平均技术熟练程度的生产工人在每工作日（国家法定工作时间内）按规定从事施工作业应得的日工资总额。

一、人工日工资单价组成内容

（1）计时工资或计件工资。

（2）奖金。

（3）津贴补贴。

流动施工津贴、特殊地区施工津贴、高温（寒）作业临时津贴、高空津贴。

（4）特殊情况下支付的工资。

因病、工伤、产假、计划生育假、婚丧假、事假、探亲假、定期休假、停工学习、执行国家或社会义务。

二、人工日工资单价确定方法

（1）年平均每月法定工作日。其计算公式如下：

$$\text{年平均每月法定工作日}=\frac{\text{全年日历日}-\text{法定假日}}{12}$$

（2）日工资单价的计算。其计算公式如下：

$$\text{日工资单价}=\frac{\text{生产工人平均月工资（计时、计件）}+\text{平均月（奖金}+\text{津贴补贴}+\text{特殊情况下支付的工资）}}{\text{年平均每月法定工作日}}$$

（3）日工资单价的管理。

三、影响人工日工资单价的因素

（1）社会平均工资水平。

（2）消费价格指数。

（3）人工日工资单价的组成内容。

（4）劳动力市场供需变化。

（5）政府推行的社会保障和福利政策也会影响人工日工资单价的变动。

·典型例题·

1.［2014 真题·单选］根据国家相关法律、法规和政策规定，因停工学习、执行国家或社会义务等原因，按计时工资标准支付的工资属于人工日工资单价中的（　　）。

A. 基本工资　　B. 奖金

C. 津贴补贴　　D. 特殊情况下支付的工资

［解析］本题考查的是人工日工资单价的组成和确定方法。特殊情况下支付的工资是指根据国家法律、法规和政策规定，因病、工伤、产假、计划生育假、婚丧假、事假、探亲假、定期休假、停工学习、执行国家或社会义务等原因按计时工资标准或计时工资标准的一定比例支付的工资。

2.［2018 真题·多选］根据现行建筑安装工程费用项目组成规定，下列费用项目中已包括在人工日工资单价内的有（　　）。

A. 节约奖　　B. 流动施工津贴

C. 高温作业临时津贴　　D. 劳动保护费

E. 探亲假期间工资

［解析］本题考查的是人工日工资单价的组成和确定方法。人工日工资单价由计时工资或计件工资、奖金、津贴补贴以及特殊情况下支付的工资组成。选项 A 属于奖金，选项 B、C 属于津贴补贴，选项 E 属于特殊情况下支付的工资。

3. ［**2014 真题·多选**］影响定额动态人工日工资单价的因素包括（　　）。

A. 人工日工资单价的组成内容　　B. 社会工资差额

C. 劳动力市场供需变化　　D. 社会最低工资水平

E. 政府推行的社会保障与福利政策

［**解析**］本题考查的是人工日工资单价的组成和确定方法。影响人工日工资单价的因素很多，归纳起来有以下方面：①社会平均工资水平；②生活消费指数；③人工日工资单价的组成内容；④劳动力市场供需变化；⑤政府推行的社会保障和福利政策也会影响人工日工资单价的变动。

答案：1. D　2. ABCE　3. ACE

知识点 2　材料单价的组成和确定方法

材料单价是指建筑材料从其来源地运到施工工地仓库，直至出库形成的综合单价。

一、材料原价（或供应价格）

材料原价是指国内采购材料的出厂价格，国外采购材料抵达买方边境、港口或车站并交纳完各种手续费、税费（不含增值税）后形成的价格。加权平均原价的计算公式如下：

$$加权平均原价=\frac{K_1C_1+K_2C_2+\cdots+K_nC_n}{K_1+K_2+\cdots+K_n}$$

式中：K_1，K_2，…，K_n——各不同供应地点的供应量或各不同使用地点的需求量；C_1，C_2，…，C_n——各不同供应地点的原价。

若材料供应价格为含税价格，则材料原价应以购进货物适用的税率（13%或 9%）或征收率（3%）扣减增值税进项税额。

二、材料运杂费

材料运杂费是指国内采购材料自来源地、国外采购材料自到岸港运至工地仓库或指定堆放地点发生的费用（不含增值税）。（两票制、一票制）加权平均运杂费的计算公式如下：

$$加权平均运杂费=\frac{K_1T_1+K_2T_2+\cdots+K_nT_n}{K_1+K_2+\cdots+K_n}$$

式中：K_1，K_2，…，K_n——各不同供应地点的供应量或各不同使用地点的需求量；T_1，T_2，…，T_n——各不同运距间的运费。

（1）"两票制"，运杂费以接受交通运输与服务适用税率 9%扣减增值税进项税额。

（2）"一票制"，运杂费采用与材料原价相同的方式扣减增值税进项税额。

三、运输损耗

在材料的运输中应考虑一定的场外运输损耗费用，是指材料在运输装卸过程中不可避免的损耗。运输损耗的计算公式如下：

运输损耗=（材料原价+运杂费）×相应材料损耗率（%）

四、采购及保管费

采购及保管费是指为组织采购、供应和保管材料过程中所需要的各项费用，包含采购费、仓储费、工地保管费和仓储损耗。材料采购及保管费的计算公式如下：

采购及保管费＝材料运到工地仓库价格×采购及保管费率（%）

采购及保管费＝（材料原价＋运杂费＋运输损耗费）×采购及保管费率（%）

综上所述，材料单价的计算公式如下：

材料单价＝｛（供应价格＋运杂费）×［1＋运输损耗率（%）］｝×［1＋采购及保管费率（%）］

·典型例题·

1.［**2022 真题·单选**］某材料从两地采购，采购量分别是 600t 和 400t，采购价（含税）分别为 500 元/t 和 550 元/t，运杂费（含税）分别为 20 元/t 和 25 元/t，运输损耗费率、采购与仓储保管费费率分别为 0.5%、3%，采用“一票制”支付方式，增值税税率为 13%。则该材料的预算单价（不含税）为（　　）元/t。

A. 488.04　　B. 488.11　　C. 496.43　　D. 496.51

［**解析**］根据题干，采用“一票制”支付方式，运杂费采用与材料原价相同的方式扣除增值税进项税额。该材料的预算单价（不含税）＝｛［600×（500＋20）/1.13］＋［400×（550＋25）/1.13］｝/1 000×1.005×1.03＝496.51（元/t）。

2.［**2021 真题·单选**］某种材料含税（适用增值税税率为 13%）出厂价为 500 元/t，含税（通用增值税税率为 9%）运杂费为 30 元/t，运输损耗率为 1%，采购保管费率为 3%，该材料的预算单价（不含税）为（　　）元/t。

A. 480.93　　B. 488.94　　C. 551.36　　D. 632.17

［**解析**］本题考查“两票制”情况下材料不含税单价的计算。材料不含税单价＝［500/（1＋13%）＋30/（1＋9%）］×（1＋1%）×（1＋3%）＝488.94（元/t）。

3.［**2020 真题·单选**］采用“一票制”“两票制”支付方式采购材料的，在进行增值税进项税抵扣时，正确的做法是（　　）。

A. “一票制”下，构成材料价格的所有费用均按货物销售适用的税率进行抵扣

B. “一票制”下，材料原价按货物销售适用税率进行抵扣，运杂费不再进行抵扣

C. “两票制”下，材料原价按货物销售适用税率、运杂费按交通运输适用税率进行抵扣

D. “两票制”下，材料原价按货物销售适用税率，运杂费、运输损耗和采购保管费按交通运输适用税率进行抵扣

［**解析**］所谓“两票制”材料，是指材料供应商就收取的货物销售价款和运杂费向建筑业企业分别提供货物销售和交通运输两张发票的材料。在这种方式下，运杂费以接受交通运输与服务适用税率 9%扣除增值税进项税额。所谓“一票制”材料，是指材料供应商就收取的货物销售价款和运杂费合计金额向建筑业企业仅提供一张货物销售发票的材料。在这种方式下，运杂费采用与材料原价相同的方式扣除增值税进项税额。

4.［**2019 真题·单选**］某工程采用两票制支付方式采购某种材料，已知材料原价和运杂费的含税价格分别为 500 元/t、30 元/t，材料运输损耗率、采购及保管费率分别为 0.5%、3.5%。材料采购和运输的增值税税率分别为 13%、9%。则该材料的不含税单价为（　　）元/t。

A. 480.87　　B. 481.47　　C. 488.88　　D. 489.49

［**解析**］材料单价＝｛［供应价格＋运杂费］×［1＋运输损耗率（%）］｝×［1＋采购及保管费率（%）］＝［500/（1+13%）+30/（1+9%）］×（1+0.5%）×（1+3.5%）=488.88（元/t）。

5.［**2017 真题·单选**］关于材料单价的计算，下列计算公式中正确的是（　　）。

A.（供应价格＋运杂费）×（1＋运输损耗率）×（1＋采购及保管费率）

B. $\dfrac{(供应价格+运杂费)\times(1+采购及保管费率)}{1-采购及保管费率}$

C. $\dfrac{(供应价格+运杂费)}{(1-运输损耗费)\times(1-采购及保管费率)}$

D. $\dfrac{(供应价格+运杂费)\times(1+运输损耗率)}{1-采购及保管费率}$

［解析］本题考查的是材料单价的组成和确定方法。材料单价＝［（供应价格＋运杂费）×（1＋运输损耗率）］×（1＋采购及保管费率）。

6.［**2016真题·多选**］关于材料单价的构成和计算，下列说法中正确的有（　　）。

A. 材料单价指材料由其来源地运达工地仓库的入库价

B. 运输损耗指材料在场外运输装卸及施工现场内搬运发生的不可避免损耗

C. 采购及保管费包括组织采购、供应过程中发生的费用

D. 材料单价中包括材料仓储费和工地保管费

E. 材料生产成本的变动直接影响材料单价的波动

［解析］本题考查的是材料单价的组成和确定方法。材料单价是指建筑材料从其来源地运到施工工地仓库，直至出库形成的综合单价，选项A错误；运输损耗是指材料在场外运输装卸过程中不可避免的损耗，选项B错误。

答案：1. D　2. B　3. C　4. C　5. A　6. CDE

知识点3　施工机械台班单价的组成和确定方法

施工机械台班单价：是指一台施工机械，在正常运转条件下一个工作班所发生的全部费用，每台班按8小时工作制计算。

施工机械台班单价由七项费用组成，包括折旧费、检修费、维护费、安拆费及场外运费、人工费、燃料动力费、其他费用等。

一、折旧费的组成及确定

折旧费是指施工机械在规定的耐用总台班内，陆续收回其原值的费用。计算公式如下：

$$台班折旧费=\frac{机械预算价格\times(1-残值率)}{耐用总台班}$$

机械耐用台班的计算公式如下：

$$\begin{aligned}耐用总台班&=折旧年限\times年工作台班\\&=检修间隔台班\times检修周期\end{aligned}$$

检修周期的计算公式如下：

$$检修周期=检修次数+1$$

二、检修费的组成及确定

检修费是指施工机械在规定的耐用总台班内，按规定的检修间隔进行必要的检修，以恢复其正常功能所需的费用。其计算公式如下：

$$台班检修费=(一次检修费\times检修次数/耐用总台班)\times除税系数$$

$$除税系数=自行检修比例+\frac{委外检修比例}{1+税率}$$

三、维护费的组成及确定

维护费是指施工机械在规定的耐用总台班内，按规定的维护间隔进行各级保养和临时故障排除所需的费用。其计算公式如下：

$$台班维护费=\frac{\sum（各级维护一次费用\times 除税系数\times 各级维护次数）+临时故障排除费}{耐用总台班}$$

$$台班维护费=台班检修费\times K$$

式中，K——维护费系数，指维护占检修费的百分数。

四、安拆费及场外运费的组成和确定

安拆费及场外运费根据施工机械不同分为计入台班单价、单独计算和不计算三种类型。

（1）安拆简单、移动需要起重及运输机械的轻型施工机械，其安拆费及场外运费应计入台班单价。台班安拆费及场外运费的计算公式如下：

$$台班安拆费及场外运费=\frac{一次安拆费及场外运费\times 年平均安拆次数}{年工作台班}$$

运输距离均按平均30km计算。

（2）单独计算——大型机械设备进出场及安拆费。

1）安拆复杂、移动需要起重及运输机械的重型施工机械。

2）利用辅助设施移动的施工机械，其辅助设施等的折旧、搭设和拆除等费用可单独计算。

（3）不需计算的情况包括：

1）不需安拆。

2）自身移动机械。

3）固定在车间的施工机械。

五、人工费的组成和确定

人工费指机上司机（司炉）和其他操作人员的人工费。其计算公式如下：

$$台班人工费=人工消耗量\times\left(1+\frac{年制度工作日-年工作台班}{年工作台班}\right)\times 人工单价$$

六、燃料动力费的组成和确定

台班燃料动力费及动力消耗量的计算公式如下：

$$台班燃料动力费=\sum（台班燃料动力消耗量\times 相应单价）$$

$$台班燃料动力消耗量=（实测数\times 4+定额平均值+调查平均值）/6$$

七、其他费用的组成和确定

台班其他费的计算公式如下：

$$台班其他费=\frac{年车船税+年保险费+年检测费}{年工作台班}$$

·典型例题·

1.［2022真题·单选］下列施工机械安拆和场外运费应用中，应计入施工机械台班单价的是（　　）。

A. 轻型施工机械现场安装发生的试运转费

B. 机械辅助设施的折旧、搭设和拆除费用

C. 固定在车间的施工机械使用费

D. 重型施工机械从停放地点至施工现场的装卸费用

[**解析**] 安拆简单、移动需要起重及运输机械的轻型施工机械，其安拆费及场外运费计入台班单价。

2. [**2018 真题 · 单选**] 关于施工机械台班单价的确定，下列表达式正确的是（　　）。

A. 台班折旧费 $=\dfrac{\text{机械原值}\times(1-\text{残值率})}{\text{耐用总台班}}$

B. 耐用总台班＝检修间隔台班×（检修次数＋1）

C. 台班检修费 $=\dfrac{\text{一次检修费}\times\text{检修次数}}{\text{耐用总台班}}$

D. 台班维护费 $=\dfrac{\sum(\text{各级维护一次费用}\times\text{各级维护次数})}{\text{耐用总台班}}$

[**解析**] 本题考查的是施工机械台班单价的组成和确定方法。台班折旧费 $=\dfrac{\text{机械预算价格}\times(1-\text{残值率})}{\text{耐用总台班}}$，选项 A 错误；台班检修费 $=\dfrac{\text{一次检修费}\times\text{检修次数}}{\text{耐用总台班}}\times$除税系数，选项 C 错误；台班维护费 $=\dfrac{\sum(\text{各级维护一次费用}\times\text{除税系数}\times\text{各级维护次数})+\text{临时故障排除费}}{\text{耐用总台班}}$，选项 D 错误。

3. [**2017 真题 · 单选**] 某挖掘机配司机 1 人，若年制度工作日为 245 天，年工作台班为 220 台班，人工工日单价为 80 元，则该挖掘机的人工费为（　　）元/台班。

A. 71.8　　B. 80.0

C. 89.1　　D. 132.7

[**解析**] 本题考查的是施工机械台班单价的组成和确定方法。台班人工费＝人工消耗量×［1＋（年制度工作日－年工作台班）/年工作台班］×人工单价＝1×［1＋（245－220）/220］×80＝89.1（元/台班）。

4. [**2019 真题 · 多选**] 下列费用中，不计入机械台班单价而需要单独列项计算的有（　　）。

A. 安拆简单、移动需要起重及运输机械的重型施工机械的安拆费及场外运费

B. 安拆复杂、移动需要起重及运输机械的重型施工机械的安拆费及场外运费

C. 利用辅助设施移动的施工机械的辅助设施相关费用

D. 不需相关机械辅助运输的自行移动机械的场外运费

E. 固定在车间的施工机械的安拆费及场外运费

[**解析**] 安拆费及场外运费根据施工机械不同分为计入台班单价、单独计算和不计算三种类型。单独计算的情况包括：①安拆复杂、移动需要起重及运输机械的重型施工机械，其安拆费及场外运费单独计算；②利用辅助设施移动的施工机械，其辅助设施（包括轨道和枕木）等的折旧、搭设和拆除等费用可单独计算。

答案：1. A　2. B　3. C　4. BC

知识点 4　施工仪器仪表台班单价的组成和确定方法

施工仪器仪表台班单价的组成和确定方法见表 2-4-1。

表 2-4-1 施工仪器仪表台班单价的组成和确定方法

序号	组成	确定方法
1	折旧费	$台班折旧费=\frac{施工仪器仪表原值\times(1-残值率)}{耐用总台班}$
2	维护费	$台班维护费=\frac{年维护费}{年工作台班}$
3	校验费	$台班校验费=\frac{年校验费}{年工作台班}$
4	动力费	台班动力费=台班耗电量×电价

·典型例题·

［**2021 真题·多选**］下列属于仪器仪表费用的有（　　）。

A. 检验费　　B. 折旧费　　C. 燃料动力费　　D. 维护费

E. 检测软件的相关费用

［**解析**］施工仪器仪表台班单价由四项费用组成，包括折旧费、维护费、校验费、动力费。施工仪器仪表台班单价中的费用组成不包括检测软件的相关费用。

答案：ABD

第五节　工程计价定额的编制

知识点 1　预算定额的概念与用途

一、预算定额的概念与用途

（一）预算定额的概念

预算定额是在正常的施工条件下，完成一定计量单位合格分项工程和结构构件所需消耗的人工、材料、施工机具台班数量及其相应费用标准。

（二）预算定额的用途和作用

（1）预算定额是编制施工图预算的依据。

（2）预算定额可以作为编制施工组织设计的参考依据。

（3）预算定额可以作为确定合同价款、拨付工程进度款及办理工程结算的基础。

（4）预算定额可以作为施工单位经济活动分析的依据。

（5）预算定额是编制概算定额的基础。

二、预算定额的编制原则和依据

（一）预算定额的编制原则

（1）按社会平均水平确定预算定额的原则。

预算定额的平均水平是在正常的施工条件下，合理的施工组织和工艺条件、平均劳动熟练程度和劳动强度下，完成单位分项工程基本构造单元所需要消耗资源的数量水平和费用水平。

（2）简明适用的原则。

（二）预算定额的编制依据

（1）现行施工定额。

（2）现行设计规范、施工及验收规范，质量评定标准和安全操作规程。

（3）具有代表性的典型工程施工图及有关标准图。

（4）成熟推广的新技术、新结构、新材料和先进的施工方法等。

（5）有关科学实验、技术测定和统计、经验资料。

（6）现行的预算定额、材料单价、机具台班单价及有关文件规定等。

知识点 2　预算定额消耗量的编制方法

确定预算定额人工、材料、机具台班消耗指标时，先按施工定额的分项逐项计算出消耗指标，然后再按预算定额的项目加以综合。并且，要在综合过程中增加两种定额之间的适当的水平差。预算定额消耗量见图 2-5-1。

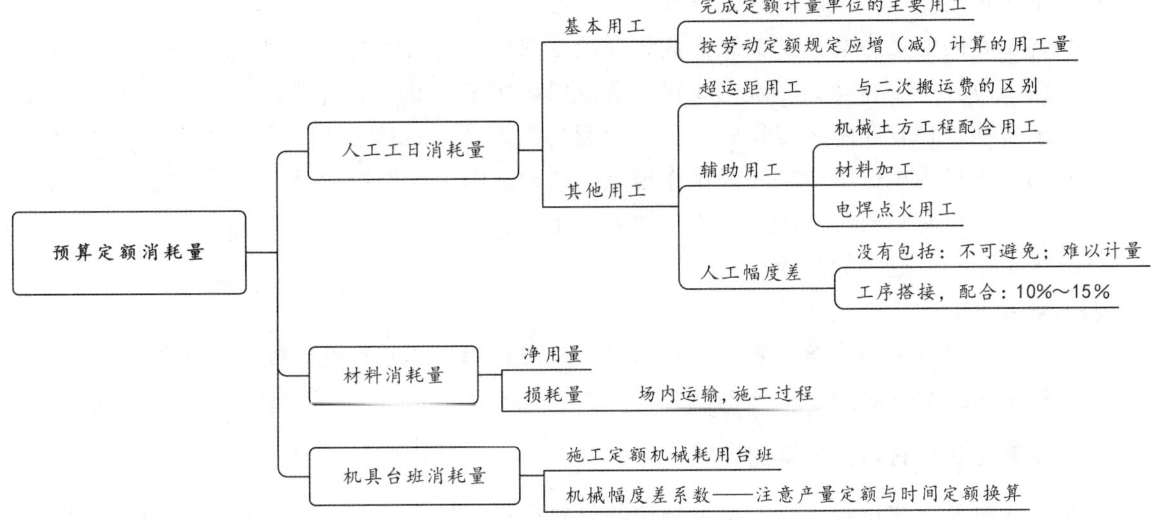

图 2-5-1　预算定额消耗量

一、预算定额中人工工日消耗量的计算

预算定额中人工工日消耗量是由分项工程所综合的各个工序劳动定额包括的基本用工、其他用工两部分组成的。具体内容见表 2-5-1。

表 2-5-1　预算定额中人工工日消耗量

类别	内容
基本用工 所必须消耗的技术工种用工	完成定额计量单位的主要用工
	按劳动定额规定应增（减）计算的用工量
其他用工 辅助基本用工消耗的工日	超运距用工
	辅助用工
	人工幅度差

（一）基本用工

（1）完成定额计量的主要用工。其计算公式如下：

$$基本用工=\sum（综合取定的工程量\times劳动定额）$$

（2）按劳动定额规定应增（减）计算的用工量。

(二) 其他用工

(1) 超运距用工。超运距是指劳动定额中已包括的材料、半成品场内水平搬运距离与预算定额所考虑的现场材料、半成品堆放地点到操作地点的水平运距之差。实际工程现场运距超过预算定额取定运距时，可另行计算现场二次搬运费。超运距用工相关计算公式如下：

超运距＝预算定额取定运距－劳动定额已包括的运距

超运距用工＝$\sum$（超运距材料数量×时间定额）

实际工程现场运距超过预算定额取定运距时，另行计算现场二次搬运费。

(2) 辅助用工。辅助用工是指技术工种劳动定额内不包括而在预算定额内又必须考虑的用工。

辅助用工＝$\sum$（材料加工数量×相应的加工劳动定额）

(3) 人工幅度差。即预算定额与劳动定额的差额，主要是指在劳动定额中未包括而在正常施工情况下不可避免但又很难准确计量的用工和各种工时损失。内容包括：

1) 各工种间的工序搭接及交叉作业相互配合或影响所发生的停歇用工。

2) 施工过程中，移动临时水电线路而造成的影响工人操作的时间。

3) 工程质量检查和隐蔽工程验收工作而影响工人操作的时间。

4) 同一现场内单位工程之间因操作地点转移而影响工人操作的时间。

5) 工序交接时对前一工序不可避免的修整用工。

6) 施工中不可避免的其他零星用工。

人工幅度差的计算公式如下：

人工幅度差＝（基本用工＋辅助用工＋超运距用工）×人工幅度差系数

人工幅度差系数一般为10%～15%。

二、预算定额中材料消耗量的计算

材料损耗量是指在正常条件下不可避免的材料损耗，如现场内材料运输及施工操作过程中的损耗等。其相关的计算公式如下：

$$材料损耗率=\frac{材料损耗量}{材料净用量}\times 100\%$$

材料消耗量＝材料净用量＋损耗量

材料消耗量＝材料净用量×［1＋损耗率（%）］

三、预算定额中机械台班消耗量的计算

(1) 根据施工定额确定机械台班消耗量的计算是指用施工定额中机械台班产量加机械幅度差计算预算定额的机械台班消耗量。

机械台班幅度差是指在施工定额中所规定的范围内没有包括，而实际施工中又不可避免产生的影响机械或使机械停歇的时间。内容包括：

1) 施工机械转移工作面及配套机械相互影响损失的时间；

2) 在正常施工条件下，机械在施工中不可避免的工序间歇；

3) 工程开工或收尾时工作量不饱满所损失的时间；

4) 检查工程质量影响机械操作的时间；

5) 临时停机、停电影响机械操作的时间；

6) 机械维修引起的停歇时间。

预算定额的机械台班消耗量的计算公式如下：

预算定额机械耗用台班＝施工定额机械耗用台班×（1＋机械幅度差系数）

（2）以现场测定资料为基础确定机械台班消耗量。

四、预算定额基价编制

预算定额基价就是预算定额分项工程或结构构件的单价，包括人工费、材料费和施工机具使用费，也称工料单价。其计算公式如下：

分项工程预算定额基价＝人工费＋材料费＋机具使用费

预算定额基价是根据现行定额和当地的价格水平编制的，具有相对的稳定性。为了适应市场价格的变动，在编制预算时，必须根据工程造价管理部门发布的调价文件对固定的工程预算单价进行修正。

·典型例题·

1.［2019 真题·单选］编制预算定额人工工日消耗量时，实际工程现场运距超过预算定额取定运距时的用工应计入（　　）。

A. 超运距用工　　B. 辅助用工

C. 二次搬运用工　　D. 人工幅度差

［解析］实际工程现场运距超过预算定额取定运距时，可另行计算现场二次搬运费。

2.［2018 真题·单选］编制某分项工程预算定额人工工日消耗量时，已知基本用工、辅助用工、超运距用工分别为 20 工日、2 工日、3 工日，人工幅度差系数为 10%，则该分项工程单位人工工日消耗量为（　　）工日。

A. 27.0　　B. 27.2

C. 27.3　　D. 27.5

［解析］本题考查的是预算定额消耗量的编制方法。人工工日消耗量＝（20＋2＋3）×（1＋10%）＝27.5（工日）。

3.［2017 真题·单选］在计算预算定额人工工日消耗量时，包含在人工幅度差内的用工是（　　）。

A. 超运距用工　　B. 材料加工用工

C. 机械土方工程的配合用工　　D. 工种交叉作业相互影响的停歇用工

［解析］本题考查的是预算定额消耗量的编制方法。人工幅度差内容包括：①各工种间的工序搭接及交叉作业相互配合或影响所发生的停歇用工；②施工过程中，移动临时水电线路而造成的影响工人操作的时间；③工程质量检查和隐蔽工程验收工作而影响工人操作的时间；④同一现场内单位工程之间因操作地点转移而影响工人操作的时间；⑤工序交接时对前一工序不可避免的修整用工；⑥施工中不可避免的其他零星用工。

4.［2017 真题·单选］某挖掘机械挖二类土方的台班产量定额为 100m^3/台班，当机械幅度差系数为 20%时，该机械挖二类土方1 000m^3预算定额的台班耗用量应为（　　）台班。

A. 8.0　　B. 10.0　　C. 12.0　　D. 12.5

［解析］本题考查的是预算定额消耗量的编制方法。施工机械台班时间定额＝1/100＝0.01（台班/m^3），预算定额机械耗用台班＝0.01×（1＋20%）＝0.012（台班/m^3），挖土方1 000m^3的预算定额机械耗用台班量＝1 000×0.012＝12（台班）。

5. ［2016 真题·单选］下列材料损耗，应计入预算定额材料损耗量的是（　　）。

A. 场外运输损耗　　B. 工地仓储损耗

C. 一般性检验鉴定损耗　　D. 施工加工损耗

［解析］本题考查的是预算定额消耗量的编制方法。预算定额材料损耗量是指在正常条件下不可避免的材料损耗，如现场内材料运输及施工操作过程中的损耗等。

6. ［2017 真题·多选］确定预算定额人工工日消耗量过程中，应计入其他用工的有（　　）。

A. 材料二次搬运用工　　B. 电焊点火用工

C. 按劳动定额规定应增（减）计算的用工　　D. 临时水电线路移动造成的停工

E. 完成某一分项工程所需消耗的技术工种用工

［解析］本题考查的是预算定额消耗量的编制方法。选项 A，材料二次搬运用工属于二次搬运费；选项 C、E 属于基本用工。

答案：1. C　2. D　3. D　4. C　5. D　6. BD

知识点 3　概算定额及其基价编制

概算定额是在预算定额基础上，确定完成合格的单位扩大分项工程或单位扩大结构构件所需消耗的人工、材料和施工机具台班的数量标准及其费用标准。

概算定额是预算定额的综合与扩大。

概算定额表达的主要内容、表达的主要方式及基本使用方法都与预算定额相近，不同之处在于项目划分和综合扩大程度上的差异。

·典型例题·

1. ［2020 真题·单选］关于概算定额，下列说法正确的是（　　）。

A. 不仅包括人工、材料和施工机具台班的数量标准，还包括费用标准

B. 是施工定额的综合与扩大

C. 反映的主要内容、项目划分和综合扩大程度与预算定额类似

D. 定额水平体现平均先进水平

［解析］概算定额是预算定额的综合与扩大，选项 B 错误。概算定额表达的主要内容、表达的主要方式及基本使用方法都与预算定额相近，选项 C 错误。概算定额反映的是平均水平，选项 D 错误。

2. ［2019 真题·多选］关于各类工程计价定额的说法，正确的有（　　）。

A. 概算定额基价可以是工料单价、综合单价或全费用综合单价

B. 概算指标分为建筑工程概算指标和设备及安装工程概算指标

C. 综合概算指标的准确性高于单项概算指标

D. 概算指标是在概算定额的基础上进行编制的

E. 投资估算指标必须反映项目建设前期和交付使用期内发生的动态投资

［解析］选项 A 正确，概算定额基价和预算定额基价一样，根据不同的表达方法，概算定额基价可能是工料单价、综合单价或全费用综合单价，用于编制设计概算。选项 B 正确，概算指标可分为两大类：一类是建筑工程概算指标，另一类是设备及安装工程概算指标。选项 C 错

误，综合概算指标的概括性较大，其准确性、针对性不如单项指标。选项D错误，概算定额以现行预算定额为基础，通过计算之后才综合确定出各种消耗量指标，而概算指标中各种消耗量指标的确定，则主要来自各种预算或结算资料。选项E正确，由于投资估算指标属于项目建设前期进行估算投资的技术经济指标，它不但要反映实施阶段的静态投资，还必须反映项目建设前期和交付使用期内发生的动态投资，以投资估算指标为依据编制的投资估算，包含项目建设的全部投资额。

答案：1. A　2. ABE

知识点4　概算指标及其编制

一、概算指标的概念及其作用

建筑安装工程概算指标通常是以单位工程为对象，以建筑面积、体积或成套设备装置的台或组为计量单位而规定的人工、材料、机具台班的消耗量标准和造价指标。

（一）确定各种消耗量指标的对象不同

概算定额是以单位扩大分项工程或单位扩大结构构件为对象；概算指标是以单位工程为对象。

（二）确定各种消耗量指标的依据不同

概算定额以现行预算定额为基础，概算指标中各种消耗量指标的确定，主要来自各种预算和结算资料。

二、概算指标的分类和表现形式

（一）概算指标的分类

一类是建筑工程概算指标，另一类是设备及安装工程概算指标。

（二）概算指标的组成内容及表现形式

概算指标的组成内容及表现形式见表2-5-2。

表2-5-2　概算指标的组成内容及表现形式

组成内容	文字说明	—
	列表形式	(1) 房屋建筑、构筑物以建筑面积、建筑体积、“座”“个”为计算单位；设备以“t”或“台”为计算单位，也可以设备购置费或设备原价的百分比（%） (2) 列表形式中包括示意图、工程特征、经济指标、构造内容及工程量指标
	必要的附录	—
表现形式	综合概算指标	概括性较大
	单项概算指标	针对性较强→对工程结构形式要做介绍

三、概算指标的编制方法

每百平方米建筑面积造价指标编制方法如下。

(1) 资料审查。

(2) 在计算工程量的基础上，编制单位工程预算书，据以确定每百平方米建筑面积及构造情况以及人工、材料、机具消耗指标和单位造价的经济指标。

因为构筑物在预算书中就是以“座”为单位表示其价值，同时也以“座”为单位编制其概算指标，所以不必进行换算。

·典型例题·

1. ［2021 真题·单选］关于概算指标的内容和特点，下列说法正确的是（　　）。

A. 编制对象只涉及单项工程和建设项目

B. 编制内容不包括人工、材料、机具台班的消耗量

C. 适用范围包括投资决策阶段和施工阶段

D. 编制费用包括建筑安装费和设备及工器具购置费

［解析］选项 A、B 错误，建筑安装工程概算指标通常是以单位工程为对象，以建筑面积、体积或成套设备装置的台或组为计量单位而规定的人工、材料、机具台班的消耗量标准和造价指标。选项 C 错误，概算指标主要用于初步设计阶段。

2. ［2018 真题·单选］关于工程计价定额中的概算指标，下列说法正确的是（　　）。

A. 概算指标通常以分部工程为对象

B. 概算指标中各种消耗量指标的确定，主要来自预算或结算资料

C. 概算指标的组成内容一般分为列表形式和必要的附录两部分

D. 概算指标的使用及调整方法，一般在附录中说明

［解析］本题考查的是概算指标及其编制。概算指标通常以单位工程为对象，选项 A 错误；概算指标的组成内容一般分为列表形式和文字说明两部分，选项 C 错误；总说明和分册说明包含概算指标的使用及调整方法，选项 D 错误。

3. ［2013 真题·单选］关于概算指标的编制，下列说法中正确的是（　　）。

A. 概算指标分为建筑安装工程概算指标和设备工器具概算指标

B. 综合概算指标的准确性高于单项概算指标

C. 单项形式的概算指标对工程结构形式可不做说明

D. 构筑物的概算指标以预算书确定的价值为准，不必进行建筑面积换算

［解析］本题考查的是概算指标及其编制。概算指标编制时，构筑物是以“座”为单位编制概算指标，因此，在计算完工程量，编出预算书后，不必进行换算，预算书确定的价值就是每座构筑物概算指标的经济指标。

4. ［2021 真题·多选］下列属于概算指标列表构成的有（　　）。

A. 示意图

B. 工程总说明

C. 人工、主要材料消耗指标

D. 工程量指标

E. 总投资指标

［解析］概算指标列表形式分为以下几个部分：①示意图；②工程特征；③经济指标；④构成内容及工程量指标，说明该工程项目的构造内容和相应计算单位的工程量指标及人工、材料消耗指标。

5. ［2015 真题·多选］下列有关概算定额与概算指标关系的表述中，正确的有（　　）。

A. 概算定额以单位工程为对象，概算指标以单项工程为对象

B. 概算定额以预算定额为基础，概算指标主要来自各种预算和结算资料

C. 概算定额适用于初步设计阶段，概算指标不适用于初步设计阶段

D. 概算指标比概算定额更加综合与扩大

E. 概算定额是编制概算指标的依据

[解析] 本题考查的是概算指标及其编制。建筑安装工程概算定额与概算指标的主要区别：①确定各种消耗量指标的对象不同。概算定额是以单位扩大分项工程或单位扩大结构构件为对象，而概算指标则是以单位工程为对象。因此概算指标比概算定额更加综合与扩大。②确定各种消耗量指标的依据不同。概算定额以现行预算定额为基础，通过计算之后才综合确定出各种消耗量指标，而概算指标中各种消耗量指标的确定，则主要来自各种预算或结算资料。此题主要是考查概算定额和概算指标的区别，建议不选 E 选项。

答案：1. D　2. B　3. D　4. ACD　5. BD

知识点 5　投资估算指标及其编制

一、投资估算指标及其作用

估算指标以独立的建设项目、单项工程或单位工程为对象，综合项目全过程投资和建设中的各类成本和费用，反映出其扩大的技术经济指标，既是定额的一种表现形式，又不同于其他的计价定额。

二、投资估算指标编制原则

由于投资估算指标属于项目建设前期进行估算投资的技术经济指标，它不但要反映实施阶段的静态投资，还必须反映项目建设前期和交付使用期内发生的动态投资，以投资估算指标为依据编制的投资估算，包含项目建设的全部投资额。

三、投资估算指标的内容

投资估算指标一般可分为建设项目综合指标、单项工程指标和单位工程指标。具体内容见表 2-5-3。

表 2-5-3　投资估算指标内容

建设项目综合指标	列入项目总投资的从立项筹建到竣工验收交付使用的全部投资额	单项工程投资、工程建设其他费用和预备费	项目的综合生产能力单位投资
单项工程指标	能独立发挥生产能力或使用效益的单项工程内的全部投资额	工程费用和可能包含的其他费用	单项工程生产能力单位投资
	主要生产设施、辅助生产设施、公用工程、环境保护工程、总图运输工程、厂区服务设施、生活福利设施，厂外工程		
单位工程指标	能独立设计、施工的工程项目的费用	建筑安装工程费	—

· 典型例题 ·

1. **[2022 真题 · 单选]** 关于投资估算指标的说法，正确的是（　　）。

A. 投资估算指标反映社会平均先进水平

B. 投资估算指标的费用范围涉及建设期全部投资

C. 投资估算指标应以单项工程为对象

D. 投资估算指标可分为综合估算指标和单项估算指标

[解析] 投资估算指标是一种反映社会平均水平的计价性定额，以独立的建设项目、单项工程或单位工程为对象，综合项目全过程投资和建设中的各类成本和费用，反映出其扩大的技术经济指标。投资估算指标的内容可分为建设项目综合指标、单项工程指标和单位工程指标三个层次。

2. [**2020 真题·多选**] 关于投资估算指标，下列说法正确的有（　　）。

A. 以独立的建设项目、单项工程或单位工程为对象

B. 费用和消耗量指标主要来自概算指标

C. 一般分为建设项目综合指标、单项工程指标和单位工程指标三个层次

D. 单位工程指标一般以单位生产能力投资表示

E. 建设项目综合指标表示的是建设项目的静态投资指标

[解析] 费用和消耗量指标主要来自投资估算指标，选项 B 错误。单项工程指标一般以单项工程生产能力单位投资表示。单位工程指标一般以如下方式表示：房屋区别不同结构形式以“元/m^2”表示；道路区别不同结构层、面层以“元/m^2”表示；水塔区别不同结构层、容积以“元/座”表示；管道区别不同材质、管径以“元/m”表示，选项 D 错误。由于投资估算指标属于项目建设前期进行估算投资的技术经济指标，它不但要反映实施阶段的静态投资，还必须反映项目建设前期和交付使用期内发生的动态投资，选项 E 错误。

3. [**2016 真题·多选**] 关于投资估算指标反映的费用内容和计价单位，下列说法中正确的有（　　）。

A. 单位工程指标反映建筑安装工程费，以每 m^2、m^3、m、座等单位投资表示

B. 单项工程指标反映工程费用，以每 m^2、m^3、m、座等单位投资表示

C. 单项工程指标反映建筑安装工程费，以单项工程生产能力单位投资表示

D. 建设项目综合指标反映项目固定资产投资，以项目综合生产能力单位投资表示

E. 建设项目综合指标反映项目总投资，以项目综合生产能力单位投资表示

[解析] 本题考查的是投资估算指标及其编制。单项工程指标反映工程费用，通常以单项工程生产能力单位投资表示，选项 B 错误；单项工程指标能够独立发挥生产能力或使用效益的单项工程内的全部投资额，包括建筑工程费、安装工程费、设备、工器具购置费及生产家具购置费，选项 C 错误；建设项目综合指标指按规定应列入建设项目总投资的从立项筹建开始至竣工验收交付使用的全部投资额，建设项目综合指标一般以项目的综合生产能力单位投资表示，选项 D 错误。

答案：1. B　2. AC　3. AE

第六节　工程计价信息及其应用

知识点 1　工程计价信息及其主要内容

一、工程计价信息的概念、特点

（一）工程计价信息的概念

工程造价信息是一切有关工程造价的特征、状态及其变动的消息的组合。

（二）工程计价信息的特点

（1）区域性。建筑材料大多重量大、体积大、产地远离消费地点，因而运输量大，费用也较高。

（2）多样性。

（3）专业性。工程造价信息的专业性集中反映在建设工程的专业化上，例如水利、电力、铁道、公路等工程，所需的信息有它的专业特殊性。

（4）系统性。

（5）动态性。

（6）季节性。

二、工程计价信息包括的主要内容

最能体现信息动态性变化特征，并且在工程价格的市场机制中起重要作用的工程计价信息主要包括价格信息、工程造价指数和工程造价指标三类。

·典型例题·

1. ［**2018真题·单选**］下列工程造价信息中，最能体现市场机制下信息动态性变化特征的是（　　）。

A. 工程价格信息

B. 政策性文件

C. 计价标准和规范

D. 工程定额

［**解析**］本题考查的是工程造价信息及其主要内容。最能体现信息动态性变化特征，并且在工程价格的市场机制中起重要作用的工程造价信息主要包括价格信息、工程造价指数和工程造价指标三类。

2. ［**2015真题·单选**］某类建筑材料本身的价格不高，但所需的运输费用却很高，该类建筑材料的价格信息一般具有较明显的（　　）。

A. 专业性　　B. 季节性

C. 区域性　　D. 动态性

［**解析**］本题考查的是工程造价信息及其主要内容。工程造价信息的区域性是指，建筑材料大多重量大、体积大、产地远离消费地点，因而运输量大，费用也较高。尤其不少建筑材料本身的价值或生产价格并不高，但所需要的运输费用却很高，这都在客观上要求尽可能就近使用建筑材料。因此，这类建筑信息的交换和流通往往限制在一定的区域内。

3. ［**2014真题·单选**］最能体现信息动态性变化特征，并且在工程价格的市场机制中起重要作用的工程造价信息主要包括（　　）。

A. 工程造价指数、在建工程信息和已完工程信息

B. 价格信息、工程造价指数和工程造价指标

C. 人工价格信息、材料价格信息和在建工程信息

D. 价格信息、工程造价指数及刚开工的工程信息

［**解析**］本题考查的是工程造价信息及其主要内容。从广义上说，所有对工程造价的计价过程起作用的资料都可以称为工程造价信息。例如各种定额资料、标准规范、政策文件等。但

最能体现信息动态性变化特征，并且在工程价格的市场机制中起重要作用的工程造价信息主要包括价格信息、工程造价指数和工程造价指标三类。

答案：1. A 2. C 3. B

知识点2 工程造价指标的编制和使用

一、工程造价指标及其分类

工程造价指标是指建设工程整体或局部在某一时间、地域一定计量单位的造价水平或工料机消耗量的数值。

(1) 按照工程构成的不同，建设工程造价指标可分为建设投资指标和单项、单位工程造价指标。

(2) 按照用途的不同，建设工程造价指标可以分为工程经济指标、工程量指标、单价指标及消耗量指标。

二、工程造价指标的测算

(1) 数据统计法。适用于建设工程造价数据的样本数量达到数据采集最少样本数量要求。

1) 计算建设工程经济指标、工程量指标、工料消耗量指标时，应将所有样本工程的单位造价、单位工程量、单位消耗量进行排序，从序列两端各去掉5%的边缘项目，用建设规模作为权重加权。

2) 计算建设工程工料价格指标时，用消耗量作为权重加权。

(2) 典型工程法。适用于建设工程造价数据样本数量达不到最少样本数量要求。要求典型工程的特征必须与指标描述保持一致。

(3) 汇总计算法。当需要采用下一层级造价指标汇总计算上一层级造价指标时，应采用汇总计算法。汇总时，权重为指标对应的总建设规模。

注意：工程造价指标测算时应注意的问题：

(1) 数据的真实性；

(2) 符合时间要求（投资估算、设计概算、最高投标限价应采用成果文件编制完成日期，合同价应采用工程开工日期，结算价应采用工程竣工日期）；

(3) 根据工程特征进行测算（地区特征、工程类型、造价类型、时间）。

三、工程造价指标的使用

(1) 作为对已完或在建工程进行造价分析的依据。包括总体水平分析、构成分析、影响因素与风险分析、变动分析。

(2) 作为拟建类似项目工程计价的重要依据。包括编制投资估算、编制初步设计概算、审查施工图预算、确定最高投标限价和投标报价的参考资料。

(3) 作为反映同类工程造价变化规律的基础资料。包括编制各类定额、研究同类工程造价的变化规律、编制造价指数。

·典型例题·

1. ［**2022真题·单选**］现有30个某类建设工程造价数据，随机抽取7个项目的造价及相关数据见表 2-6-1。采用数据统计法测算该类工程造价指标是（　　）元/m²。

表 2-6-1　随机抽取 7 个项目的造价及相关数据

项目编号	1	2	3	4	5	6	7
造价数据/（单方造价元/m²）	2 000	1 800	1 900	1 850	2 050	2 200	1 950
建设规模/（建筑面积 m²）	10 万	50 万	10 万	20 万	30 万	50 万	30 万

A. 1 980　　B. 1 960　　C. 1 870　　D. 2 069

［**解析**］采用数据统计法计算建设工程经济指标、工程量指标、消耗量指标时，应将所有样本工程的单位造价、单位工程量、单位消耗量进行排序，从序列两端各去掉 5%的边缘项目，边缘项目不足 1 时按 1 计算，剩下的样本采用加权平均计算，得出相应的造价指标。因此需要去掉项目编号 2 和 6 的数据，进行加权平均。则该类工程造价指标＝（2 000×10＋1 900×10＋1 850×20＋2 050×30＋1 950×30）/（10＋10＋20＋30＋30）＝1 960（元/m²）。

2.［2021 真题・多选］建设工程造价指标应区分不同的工程特征进行测算，这些特征包括（　　）。

A. 地区特征　　B. 工程类型

C. 造价类型　　D. 合同类型

E. 资金来源

［**解析**］建设工程造价指标应区分地区特征、工程类型、造价类型、时间进行测算。

3.［2020 真题・多选］按照用途的不同，建设工程造价指标可分为（　　）。

A. 工料价格指标　　B. 工程经济指标

C. 工程量指标　　D. 单位工程造价指标

E. 消耗量指标

［**解析**］按照用途的不同，建设工程造价指标可以分为工程经济指标、工程量指标、单价指标及消耗量指标。

答案：1. B　2. ABC　3. ABCE

知识点 3　工程造价指数及其编制

一、工程造价指数的概念及其编制的意义

工程造价指数是一定时期的建设工程造价相对于某一固定时期工程造价的比值，以某一设定值为参照得出的同比例数值。以合理方法编制的工程造价指数，不仅能够较好地反映工程造价的变动趋势和变化幅度，而且可用以剔除价格水平变化对造价的影响，正确反映建筑市场的供求关系和生产力发展水平。

（1）可以利用工程造价指数分析价格变动趋势及其原因。

（2）可以利用工程造价指数预计宏观经济变化对工程造价的影响。

（3）工程造价指数是工程发承包双方进行工程估价和结算的重要依据。

二、工程造价指数的分类及其编制

（1）工料机市场价格指数。这其中包括了反映各类工程的人工费、材料费、施工机具使用费报告期价格对基期价格的变化程度的指标。可利用它研究主要单项价格变化的情况及其发展

变化的趋势。其计算过程可以直接用报告期价格与基期价格之比。

（2）单项工程造价指数。主要是指按照不同专业类型划分的各类单项工程造价指数，其分类与单项工程造价指标的分类类似。通过报告期与基期相应的工程造价指标的比值计算。

（3）建设工程造价综合指数。综合指数通常按照地区进行编制，即将不同专业的单项工程造价指数进行加权汇总后，反映出该地区某一时期内工程造价的综合变动情况。将不同专业类型的单项工程造价指数以投资额为权重加权汇总后编制完成的。

·典型例题·

1. ［**2022 真题·单选**］某地区新建学校的教学楼、宿舍楼、实验楼、办公楼、其他建筑的报告期指数及相关投资数据见表 2-6-2。如学校项目基期造价综合指数为 1，则其报告期的建设工程造价综合指数是（　　）。

表 2-6-2　某地区新建学校的教学楼、宿舍楼、实验楼、办公楼、其他建筑的报告期指数及相关投资数据

总投资及指数	类别				
	教学楼	宿舍楼	实验楼	办公楼	其他建筑
总投资/亿元	28	36	3	1	2
报告期单项工程造价指数	1.1	1.05	1.3	1.15	1.2

A. 1.07　　B. 1.10

C. 1.09　　D. 1.08

［**解析**］报告期的建设工程造价综合指数＝（1.1×28＋1.05×36＋1.3×3＋1.15×1＋1.2×2）/（28＋36＋3＋1＋2）＝1.09。

2. ［**2021 真题·单选**］建设工程造价综合指数的计算方法（　　）。

A. 按报告期与基期建设工程造价的比值计算

B. 报告期与基期各类单项工程造价指数之和的比值计算

C. 用同期各类单项工程造价指数加总计算

D. 用同期各类单项工程造价指数加权汇总计算

［**解析**］建设工程造价综合指数的编制是在单项工程造价指数编制结果的基础上，将不同专业类型的单项工程造价指数以投资额为权重加权汇总后编制完成的。

3. ［**2020 真题·单选**］2 020年某水泥厂建设工程的建筑安装工程造价为 7.31 亿元。其中：矿山工程造价为7 800万元，定额编制期同类项目的矿山工程造价为6 000万元。该水泥厂建设工程造价综合指数为 1.20，则该矿山工程的造价指数是（　　）。

A. 1.30　　B. 0.77

C. 0.92　　D. 1.56

［**解析**］工程造价指数是一定时期的建设工程造价相对于某一固定时期工程造价的比值，以某一设定值为参照得出的同比例数值。7 800/6 000＝1.30。

4. ［**2019 真题·单选**］关于工程造价指数的计算，下列表达正确的是（　　）。

A. 材料费价格指数＝Σ（同期各种材料单价×各种材料费用/所有材料费用之和）

B. 单位工程价格指数＝Σ（同期各分部工程价格指数×各分部工程费用/单位工程费用）

C. 单项工程造价指数＝报告期单项工程造价指标/基期单项工程造价指标

D. 建设工程造价综合指数＝报告期建设工程造价综合指标/基期建设工程造价综合指标

［解析］单项工程造价指数$=P_1/P_0$。式中 P_0——基期单项工程造价指标，P_1——报告期单项工程造价指标。

答案：1.C　2.D　3.A　4.C

同步强化训练

一、单项选择题（每题的备选项中，只有1个最符合题意）

1. 工程造价的计价分为工程计量和工程计价两个环节，其中工程计价包括（　　）。
   A. 工程单价的确定和总价的计算
   B. 工程项目的划分和工程量计算
   C. 工程量计算和工程单价的确定
   D. 工程项目的划分和工程造价的计算

2. 工程量清单计价模式所采用的综合单价不含（　　）。
   A. 企业管理费　　B. 利润
   C. 措施费　　D. 风险费

3. 关于工程量清单计价的说法，正确的是（　　）。
   A. 清单项目综合单价是指直接工程费单价
   B. 清单计价是一种自下而上的分部组合计算法
   C. 单位工程报价包含除规费、税金外的其他建筑安装费构成内容
   D. 工程量清单计价主要用于设计及其以后各个阶段的计价活动

4. 下列工程量清单计价的基础公式，正确的是（　　）。
   A. 分部分项工程费$=\sum$（分部分项工程量×相应分部分项综合单价）
   B. 其他项目费＝暂估价＋计日工＋总承包服务费
   C. 单位工程报价＝分部分项工程费＋措施项目费＋其他项目费＋规费
   D. 建设项目报价$=\sum$单位工程报价

5. 工程定额中分项最细、定额子目最多的定额是（　　）。
   A. 预算定额　　B. 施工定额
   C. 概算定额　　D. 劳动定额

6. 下列工程定额中，以单位工程为对象，反映完成一个规定计量单位建筑安装产品经济指标的是（　　）。
   A. 预算定额　　B. 概算定额
   C. 概算指标　　D. 投资估算指标

7. 下列关于工程量清单计价依据的描述，正确的是（　　）。
   A. 工程量清单是指建设工程的分部分项项目、措施项目、其他项目、规费项目和税金项目的名称的明细清单
   B. 工程量清单应作为编制概预算、最高投标限价、投标报价、支付工程价款等的依据
   C. 工程量清单应由招标人自行编制
   D. 采用工程量清单方式招标，工程量清单必须作为招标文件的组成部分，其准确性和完整性由招标人负责

第二章

8. 在工程量清单中，（ ）是对项目的准确描述，是确定一个清单项目综合单价不可缺少的重要依据。

A. 项目计量单位　　B. 项目编码

C. 项目名称　　D. 项目特征

9. 分部分项工程量清单项目编码以五级十二位设置，其中第二级表示（ ）。

A. 专业工程代码　　B. 分部工程顺序码

C. 分项工程项目名称顺序码　　D. 附录分类顺序码

10. 在编制招标工程量清单时，总承包服务费计价表中需要由招标人填写的是（ ）。

A. 项目价值和计算基础　　B. 项目名称和项目价值

C. 项目名称和服务内容　　D. 计算基础和费率

11. 根据《建设工程工程量清单计价规范》(GB 50500—2013)，关于材料和专业工程暂估价的说法中，正确的是（ ）。

A. 材料暂估价表中只填写原材料、燃料、构配件的暂估价

B. 材料暂估价应纳入分部分项工程量清单项目综合单价

C. 专业工程暂估价一般是综合暂估价，但不包括管理费和利润

D. 专业工程暂估价的暂估金额由专业工程承包人填写

12. 某土方施工机械一次循环的正常时间为 2.2min，每循环工作一次挖土 0.5m^3，工作班的延续时间为 8h，机械正常利用系数为 0.85。则该土方施工机械的产量定额为（ ）m^3/台班。

A. 7.01　　B. 7.48

C. 92.73　　D. 448.80

13. 某施工机械配操作人员 3 名，年制度工作日为 250 天，年工作台班为 220 台班，人工单价为 80 元，则该施工机械的台班人工费为（ ）元。

A. 272.73　　B. 240

C. 207.27　　D. 211.2

14. 通过计时观察资料得知：人工挖三类土 1m^3 的基本工作时间为 7h，辅助工作时间占工序作业时间的 2%。准备与结束工作时间、不可避免的中断时间、休息时间分别占工作日的 3%、2%、18%。则该人工挖三类土的时间定额是（ ）工日/m^3。

A. 1.16　　B. 1.14

C. 0.94　　D. 0.875

15. 某工程现场采用斗容量 0.5m^3 的挖掘机挖土，每一次循环时间为 45s，每两次循环间有 5s 交叠时间，机械正常利用系数为 0.85，则该机械的台班产量定额为（ ）m^3/台班。

A. 306　　B. 272

C. 360　　D. 320

16. 砌筑 10m^3 砖墙需基本用工 22 个工日，辅助用工为 6 个工日，超运距用工需 3 个工日，人工幅度差系数为 12%，则预算定额人工工日消耗量为（ ）工日/10m^3。

A. 12.72　　B. 29.0

C. 33.64　　D. 34.72

17. 关于概算指标的组成内容和表现形式，下列表述中正确的是（ ）。

A. 建筑工程的综合指标形式主要有“元/m^3”“元/m^2”和“元/m”

B. 单项概算指标的针对性较强，故指标中对工程结构形式要做介绍

C. 在安装工程中，工艺管道一般以“m”为计算单位

D. 概算指标的组成内容一般分为总说明和分册说明两部分

二、多项选择题（每题的备选项中，有 2 个或 2 个以上符合题意，至少有 1 个错项）

1. 下列关于工程定额的说法中，正确的有（　　）。

A. 劳动定额的主要表现形式是时间定额

B. 按定额的用途，可以把工程定额分为劳动消耗定额、机具消耗定额、材料消耗定额

C. 概算定额是编制扩大初步设计概算的依据

D. 机械消耗定额是以一台机械一个工作班为计量单位

E. 企业定额水平一般低于国家现行定额水平

2. 下列项目中，必须采用工程量清单计价的有（　　）。

A. 使用各级财政预算资金的项目

B. 使用国家政策性贷款的项目

C. 使用国有企事业单位贷款资金的项目

D. 国有资金不足 50%但国有投资者实质上拥有控股权的工程建设项目

E. 非国有资金投资的项目

3. 分部分项工程量清单的项目特征应按“清单计价规范”附录中规定的项目特征，结合（　　）予以详细而准确的表述和说明。

A. 技术规范

B. 工程内容

C. 标准图集

D. 施工图纸

E. 安装位置

4. 针对总价措施项目清单的编制，下列说法中正确的有（　　）。

A. “计算基础”中安全文明施工费可为“定额基价”“定额人工费”或“定额人工费+定额机械费”

B. “计算基础”中除安全文明施工费之外的其他项目应为“定额人工费”

C. 按施工方案计算的措施费，可只填“金额”数值，不填“计算基础”和“费率”

D. 按施工方案计算的措施费，应在备注栏说明施工方案出处或计算方法

E. 措施项目中可以计算工程量的项目清单宜采用分部分项工程量清单的方式编制

5. 下列有关计日工的说法，正确的有（　　）。

A. 为了解决现场发生的零星工作的计价而立

B. 适用的所谓零星工作一般是指合同约定之内的或者因变更而产生的

C. 国际上常见的标准合同条款中，大多数都不设立计日工计价机制

D. 计日工适用的零星工作是指工程量清单中有相应项目的额外工作

E. 对那些难以事先商定价格的额外工作可以用计日工计价

6. 下列施工机械的停歇时间，在预算定额机械幅度差中考虑的是（　　）。

A. 机械维修引起的停歇

B. 工程质量检查引起的停歇

第二章

C. 机械转移工作面引起的停歇
D. 进行准备与结束工作时引起的停歇
E. 施工机械在单位工程之间转移引起的停歇

7. 概算定额与预算定额相比，相同或相近之处在于（　　）。
A. 表达的主要内容　　B. 项目划分
C. 综合扩大程度　　D. 表达的主要方式
E. 基本使用方法

参考答案及解析

一、单项选择题

1.［答案］A
［解析］工程计价包括工程单价的确定和总价的计算。

2.［答案］C
［解析］本题考核综合单价的组成。工程量清单所列项目的全部费用通常由分部分项工程费、措施项目费、其他项目费和规费、税金组成。其中，分部分项工程费、措施项目费、其他项目费均采用综合单价计价。综合单价是指完成一个规定清单项目所需要的人工费、材料和工程设备费、施工机具使用费和企业管理费和利润，以及一定范围内的风险费用。措施费用也采用综合单价计价，不包含在综合单价中。

3.［答案］B
［解析］综合单价是指完成一个规定清单项目所需的人工费、材料和工程设备费、施工机具使用费和企业管理费、利润，以及一定范围内的风险费用。单位工程报价＝分部分项工程费＋措施项目费＋其他项目费＋规费＋税金。无论是工程定额计价法还是工程量清单计价法，它们的工程计价都是一种从下而上的分部组合计价方法。

4.［答案］A
［解析］本题考查的是工程计价基本程序。选项B，其他项目费＝暂列金额＋暂估价＋计日工＋总承包服务费；选项C，单位工程报价＝分部分项工程费＋措施项目费＋其他项目费＋规费＋税金；选项D，建设项目总报价＝$\sum$单项工程报价。

5.［答案］B
［解析］施工定额的项目划分很细，是工程定额中分项最细、定额子目最多的一种定额，也是工程定额中的基础性定额。

6.［答案］C
［解析］概算指标是以单位工程为对象，反映完成一个规定计量单位建筑安装产品的经济指标。

7.［答案］D
［解析］工程量清单是载明建设工程分部分项工程项目、措施项目和其他项目的名称和相应数量以及规费和税金项目等内容的明细清单，选项A错误。工程量清单不是编制概预算的依据，选项B错误。招标工程量清单应由具有编制能力的招标人或受其委托，具有相应资质的工程造价咨询人或招标代理人编制，选项C错误。工程量清单是工程量清单计价的基础，采用工程量清单方式招标，工程量清单必须作为招标文件的组成部分，其准确性和完整性由招标人负责，选项D正确。

8.［答案］D
［解析］本题考查的是分部分项工程项目清单。项目特征是对项目的准确描述，是确定一个清单项目综合单价不可缺少的重要依据，是区分清单项目的依据，是履行合同义务的基础。

9.［答案］D
［解析］各级编码代表的含义如下：①第一级表示专业工程代码（分二位）。②第二级表示附录分类顺序码（分二位）。③第三级表示分部工程顺序码（分二位）。④第四级

表示分项工程项目名称顺序码（分三位）。⑤第五级表示工程量清单项目名称顺序码（分三位）。

10. ［答案］C

［解析］项目名称、服务内容由招标人填写，编制最高投标限价时，费率及金额由招标人按有关计价规定确定：投标时，费率及金额由投标人自主报价，计入投标总价中。

11. ［答案］B

［解析］材料暂估价包括原材料、燃料、构配件以及按规定应计入建筑安装工程造价的设备。专业工程暂估价一般是综合暂估价，包括人材机、管理费和利润。专业工程暂估价的暂估金额由招标人填写。

12. ［答案］C

［解析］机械纯工作1h循环次数＝60/一次循环的正常延续时间＝60/2.2＝27.273（次）。产量定额＝［0.5×（60/2.2）］×8×0.85＝92.73（m^3/台班）。

13. ［答案］A

［解析］台班人工费＝人工消耗量×［1＋（年制度工作日－年工作台班）/年工作台班］×人工单价＝3×［1＋（250－220）/220］×80＝272.73（元）。

14. ［答案］A

［解析］基本工作时间＝7（小时）＝0.875（工日/m^3）；工序作业时间＝0.875/（1－2%）＝0.893（工日/m^3）；时间定额＝0.893/（1－3%－2%－18%）＝1.16（工日/m^3）

15. ［答案］A

［解析］该搅拌机纯工作一次循环时间＝45－5＝40（s）；该搅拌机纯工作1h循环次数＝3 600/40＝90（次）；该搅拌机纯工作1h正常生产率＝90×0.5＝45（m^3）；该搅拌机台班产量定额＝45×8×0.85＝306（m^3/台班）。

16. ［答案］D

［解析］人工幅度差＝（基本用工＋辅助用工＋超运距用工）×人工幅度差系数＝（22＋6＋3）×12%＝3.72（工日/10m^3）；预算定额人工工日消耗量＝基本用工＋辅助用工＋超运距用工＋人工幅度差＝22＋6＋3＋3.72＝34.72（工日/10m^3）。

17. ［答案］B

［解析］建筑工程的综合指标形式主要有“元/m^3”“元/m^2”，选项A错误；工艺管道一般以“t”为计算单位，选项C错误；概算指标的组成内容一般分为文字说明和列表形式两部分，以及必要的附录，选项D错误。

二、多项选择题

1. ［答案］ACD

［解析］工程定额可以按照不同的原则和方法进行分类，其中按定额反映的生产要素消耗内容分为劳动定额、机械台班消耗定额、材料消耗定额，按主编单位和管理权限分类工程定额可以分为全国统一定额、行业统一定额、地区统一定额、企业定额、补充定额五种。企业定额水平一般应高于国家现行定额，才能满足生产技术发展、企业管理和市场竞争的需要。

2. ［答案］ABD

［解析］使用国有企事业单位自有资金，并且国有资金投资者实际拥有控制权的项目，选项C错误；使用国有资金投资的建设工程发承包，必须采用工程量清单计价，选项E错误。

3. ［答案］ACDE

［解析］分部分项工程量清单的项目特征应按“清单计价规范”附录中规定的项目特征，结合技术规范、标准图集、施工图纸，按照工程结构、使用材质及规格或安装位置等，予以详细而准确的表述和说明。

4. ［答案］ACDE

［解析］其他项目可为“定额人工费”或“定额人工费＋定额机械费”，选项B错误。

5. ［答案］AE

［解析］计日工适用的零星工作是指合同约定之外的或者因变更而产生的、工程量清单

中没有相应项目的额外工作，尤其是那些难以事先商定价格的额外工作，因此选项B、D错误。国际上常见的标准合同条款中，大多数都设立计日工计价机制，选项C错误。

6. [答案] ABC

[解析] 机械台班幅度差是指在施工定额中所规定的范围内没有包括，而在实际施工中又不可避免产生的影响机械或使机械停歇的时间，其内容包括：①施工机械转移工作面及配套机械相互影响损失的时间；②在正常施工条件下，机械在施工中不可避免的工序停歇；③工程开工或收尾时工作量不饱满所损失的时间；④检查工程质量影响机械操作的时间；⑤临时停机、停电影响机械操作的时间；⑥机械维修引起的停歇时间。选项D是在施工定额中包括的。

7. [答案] ADE

[解析] 概算定额表达的主要内容、表达的主要方式及基本使用方法都与预算定额相近。

第三章
投资决策及设计阶段工程造价预测

本章主要包括5节13目。讲解建设项目在决策和设计阶段的预测分为三个部分，投资估算、设计概算、施工图预算。另外，还涉及决策和设计阶段哪些因素影响造价。考查分值在14分左右，考点相对稳定，学习难度较小。

知识脉络

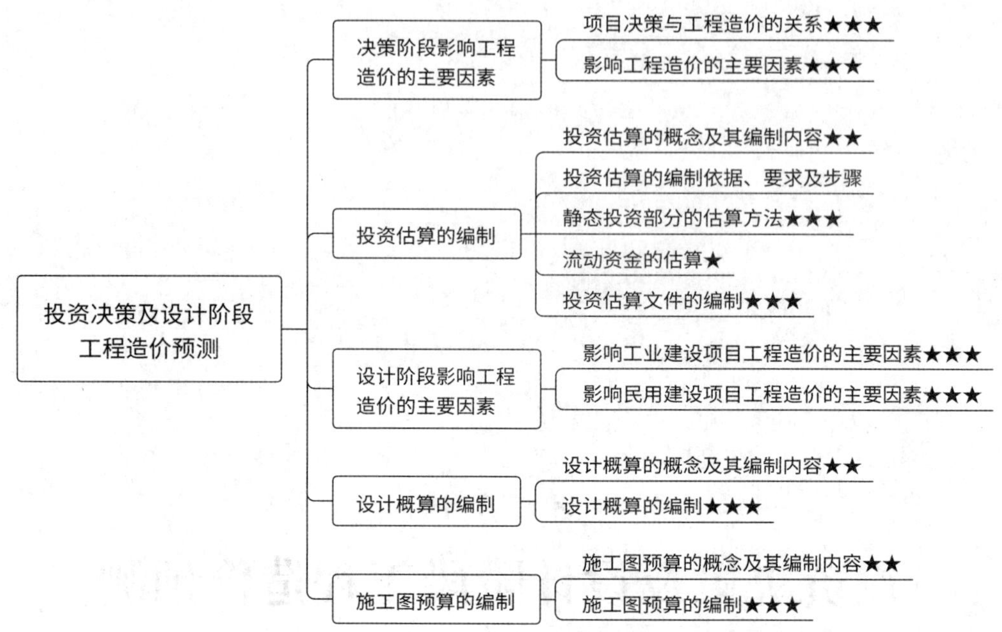

投资决策及设计阶段工程造价预测
决策阶段影响工程造价的主要因素
项目决策与工程造价的关系★★★
影响工程造价的主要因素★★★
投资估算的编制
投资估算的概念及其编制内容★★
投资估算的编制依据、要求及步骤
静态投资部分的估算方法★★★
流动资金的估算★
投资估算文件的编制★★★
设计阶段影响工程造价的主要因素
影响工业建设项目工程造价的主要因素★★★
影响民用建设项目工程造价的主要因素★★★
设计概算的编制
设计概算的概念及其编制内容★★
设计概算的编制★★★
施工图预算的编制
施工图预算的概念及其编制内容★★
施工图预算的编制★★★

第一节　决策阶段影响工程造价的主要因素

知识点 1　项目决策与工程造价的关系

（1）项目决策的正确性是工程造价合理性的前提。

（2）项目决策的内容是决定工程造价的基础。

（3）项目决策的深度影响投资估算的精确度。

（4）工程造价的数额影响项目决策的结果。

知识点 2　影响工程造价的主要因素

一、建设规模

（一）制约项目规模合理化的主要因素

1. 市场因素

市场因素是确定建设规模需考虑的首要因素。具体内容见表 3-1-1。

表 3-1-1　市场因素

具体因素	内容
市场需求状况	确定项目生产规模的前提
市场供给状况	对建设规模的选择起着制约作用
市场价格分析	制定营销策略和影响竞争力的主要因素
市场风险分析	确定建设规模的重要依据

2. 技术因素

先进适用的生产技术及技术装备是项目规模效益赖以存在的基础，而相应的管理技术水平则是实现规模效益的保证。

3. 环境因素

环境因素内容见表 3-1-2。

表 3-1-2　环境因素

环境因素	政策因素	产业政策、投资政策、技术经济政策
		国家、地区及行业经济发展规划
	燃料动力供应	
	协作与土地条件	
	运输及通信条件	

（二）建设规模方案比选

（1）盈亏平衡产量分析法——找出盈亏平衡点。

（2）平均成本法——项目最低平均成本。

（3）生产能力平衡法——技改项目：最大工序生产能力法、最小公倍数法。

（4）政府或行业规定。

第二章

二、建设地区及建设地点（厂址）

（1）建设地区的选择。

1）靠近原料、燃料提供地和产品消费地的原则。

农产品、矿产品初加工项目，靠近原料产地；能耗高的项目（铝厂、电石厂），靠近电厂；技术密集型项目，选址在大中城市。

2）工业项目适当聚集的原则。内容见表 3-1-3。

表 3-1-3　工业项目适当聚集原则

优缺点	内容
优点“集聚效应”	对资源和生产要素充分利用，便于形成综合生产能力
	便于统一建设基础结构设施，节约投资
	为不同类型的劳动者提供就业机会
缺点“外部不经济性”	原料、燃料需要量大增
	农副产品需求量大增
	生产和生活用水大增
	生产和生活排泄物大增

（2）建设地点（厂址）的选择。

1）选择建设地点（厂址）的要求：①节约土地，少占耕地，降低土地补偿费用；②减少拆迁移民数量；③应尽量选在工程地质、水文地质条件较好的地段；④要有利于厂区合理布置和安全运行；⑤应尽量靠近交通运输条件和水电供应等条件好的地方；⑥应尽量减少对环境的污染。

2）建设地点（厂址）选择时的费用分析。

在进行厂址多方案技术经济分析时，除比较上述建设地点（厂址）条件外，还应具有全寿命周期的理念，从以下两方面进行分析：①项目投资费用，包括土地征购费、拆迁补偿费、土石方工程费、运输设施费、排水及污水处理设施费、动力设施费、生活设施费、临时设施费、建材运输费等；②项目投产后生产经营费用，包括原材料、燃料运入及产品运出费用，给水、排水、污水处理费用，动力供应费用等。

三、技术方案

（1）技术方案选择的基本原则：

1）先进适用。

2）安全可靠。

3）经济合理。

（2）技术方案选择的内容：

1）生产方法选择，生产方法直接影响生产工艺流程的选择。

2）工艺流程方案选择——柔性安排。

3）工艺方案的比选。

四、设备方案

在设备选用时应注意处理的问题：

（1）要尽量选用国产设备。

（2）要注意进口设备的配套问题。

五、工程方案

工程方案构成项目的实体。工程方案选择是在已选定项目建设规模、技术方案和设备方案的基础上，研究论证主要建筑物、构筑物的建造方案，包括对于建筑标准的确定。

六、环境保护措施

环境治理方案比选是常考知识点，包括：

（1）技术水平对比。

（2）治理效果对比。

（3）管理及监测方式对比。

（4）环境效益对比。

·典型例题·

1.［**2022 真题·单选**］在项目决策阶段，环境治理方案比选中的技术水平对比，主要是比较（　　）。

A. 选用设备的先进性、可靠性　　B. 治理效果

C. 管理及监测方式　　D. 环境效益

［**解析**］环境治理方案比选：对环境治理的各局部方案和总体方案进行技术经济比较，做出综合评价，并提出推荐方案。环境治理方案比选的主要内容包括：①技术水平对比，分析对比不同环境保护治理方案所采用的技术和设备的先进性、适用性、可靠性和可得性；②治理效果对比，分析对比不同环境保护治理方案在治理前及治理后环境指标的变化情况，以及能否满足环境保护法律法规的要求；③管理及监测方式对比，分析对比各治理方案所采用的管理和监测方式的优缺点；④环境效益对比，将环境治理保护所需投资和环保措施运行费用与所获得的收益相比较，并将分析结果作为方案比选的重要依据，效益费用比值较大的方案为优。

2.［**2021 真题·单选**］关于不同行业、不同类型的建设项目建设规模的确定基础，下列说法正确的是（　　）。

A. 石油天然气项目，应依据资源储备量确定建设规模

B. 水利水电项目，应依据水资源量和可开发利用量确定建设规模

C. 铁路公路项目，应进行运量需求预测和考虑本线路在综合运输系统中的作用等

D. 技术改造项目，应依据产量缺口确定新增生产规模和对应的配套、辅助设施规模

［**解析**］选项 A 错误，对于煤炭、金属与非金属矿山、石油、天然气等矿产资源开发项目，在确定建设规模时，应充分考虑资源合理开发利用要求和资源可采储量、赋存条件等因素。选项 B 错误，对于水利水电项目，在确定建设规模时，应充分考虑水的资源量、可开发利用量、地质条件、建设条件、库区生态影响、占用土地以及移民安置等因素。选项 D 错误，对于技术改造项目，在确定建设规模时，应充分研究建设项目生产规模与企业现有生产规模的关系；新建生产规模属于外延型还是外延内涵复合型，以及利用现有场地、公用工程和辅助设施的可能性等因素。

3.［**2019 真题·单选**］在进行建设厂址多方案全寿命周期技术经济分析时，应计入项目投产后生产经营费用的是（　　）。

A. 拆迁补偿费　　B. 生活设施费

C. 动力设施费　　　　D. 原材料运输费

[解析] 在进行厂址多方案技术经济分析时，除比较建设地点（厂址）条件外，还应具有全寿命周期的理念，从以下两方面进行分析：①项目投资费用，包括土地征购费、拆迁补偿费、土石方工程费、运输设施费、排水及污水处理设施费、动力设施费、生活设施费、临时设施费、建材运输费等；②项目投产后生产经营费用，包括原材料、燃料运入及产品运出费用，给水、排水、污水处理费用，动力供应费用等。

4. [**2018 真题 · 单选**] 关于项目建设规模，下列说法正确的是（　　）。

A. 建设规模越大，产生的效益越高

B. 国家不对行业的建设规模设定规模界限

C. 资金市场条件对建设规模的选择起着制约作用

D. 技术因素是确定建设规模需考虑的首要因素

[解析] 本题考查的是项目决策阶段影响工程造价的主要因素。规模扩大所产生的效益并不是无限的，选项 A 错误；国家对部分行业的建设规模设定规模界限，选项 B 错误；市场因素是确定建设规模需考虑的首要因素，选项 D 错误。

5. [**2018 真题 · 单选**] 关于工业项目建设地点的选择，下列说法正确的是（　　）。

A. 应远离其他工业项目，减少环境保护费用

B. 应远离铁路、公路、水路，减少运营干扰

C. 应靠近城镇和居民密集区，减少生活设施费

D. 应少占耕地，降低土地补偿费用

[解析] 本题考查的是项目决策阶段影响工程造价的主要因素。选择建设地点的要求包括节约土地，少占耕地，降低土地补偿费用。

6. [**2015 真题 · 单选**] 项目决策阶段对环境治理方案进行技术经济比较时，不作为比较内容的是（　　）。

A. 技术水平对比　　　　B. 管理及监测方式对比

C. 安全生产条件对比　　　　D. 环境效益对比

[解析] 本题考查的是项目决策阶段影响工程造价的主要因素。环境治理方案比选的主要内容包括：①技术水平对比；②治理效果对比；③管理及监测方式对比；④环境效益对比。

7. [**2014 真题 · 单选**] 关于项目决策和工程造价的关系，下列说法中正确的是（　　）。

A. 工程造价的正确性是项目决策合理性的前提

B. 项目决策的内容是决定工程造价的基础

C. 投资估算的深度影响项目决策的精确度

D. 投资决策阶段对工程造价的影响程度不大

[解析] 本题考查的是项目决策阶段影响工程造价的主要因素。项目决策的正确性是工程造价合理性的前提，选项 A 错误；项目决策的深度影响投资估算的精确度，选项 C 错误；在项目建设各阶段中，投资决策阶段影响工程造价的程度最高，选项 D 错误。

8. [**2017 真题 · 多选**] 在技术改造项目中，可采用生产能力平衡法来确定合理生产规模。下列属于生产能力平衡法的有（　　）。

A. 盈亏平衡产量分析法　　　　B. 平均成本法

C. 最小公倍数法　　　　D. 最大工序生产能力法

E. 设备系数法

[**解析**] 本题考查的是项目决策阶段影响工程造价的主要因素。在技改项目中，可采用生产能力平衡法来确定合理生产规模。最大工序生产能力法是以现有最大生产能力的工序为标准，逐步填平补齐，成龙配套，使之满足最大生产能力的设备要求。最小公倍数法是以项目各工序生产能力或现有标准设备的生产能力为基础，并以各工序生产能力的最小公倍数为准，通过填平补齐，成龙配套，形成最佳的生产规模。

答案：1. A　2. C　3. D　4. C　5. D　6. C　7. B　8. CD

第二节　投资估算的编制

知识点 1　投资估算的概念及其编制内容

一、投资估算的含义及作用

（一）投资估算的含义

投资估算是在研究并确定项目的建设规模、产品方案、技术方案、工艺技术、设备方案、厂址方案、工程建设方案以及项目进度计划等的基础上，依据特定的方法，估算项目从筹建、施工直至建成投产所需全部建设资金总额并测算建设期各年资金使用计划的过程。

（二）投资估算的作用（关键词：依据）

（1）项目建议书阶段的投资估算，是项目主管部门审批项目建议书的依据。

（2）项目可行性研究阶段的投资估算，是项目投资决策的重要依据，其估算不能随意突破。

（3）项目投资估算是设计阶段造价控制的依据。

（4）项目投资估算可作为项目资金筹措及制定建设贷款计划的依据。

（5）项目投资估算是核算建设项目固定资产投资需要额和编制固定资产投资计划的重要依据。

（6）投资估算是建设工程设计招标、优选设计单位和设计方案的重要依据。

二、我国投资估算的阶段划分与精度要求

项目建议书阶段，误差在±30%以内；预可行性研究阶段，误差在±20%以内；可行性研究阶段，误差在±10%以内。

·典型例题·

1. ［**2017 真题·单选**］关于项目投资估算的作用，下列说法中正确的是（　　）。

A. 项目建议书阶段的投资估算，是确定建设投资最高限额的依据

B. 可行性研究阶段的投资估算，是项目投资决策的重要依据，不得突破

C. 投资估算不能作为制定建设贷款计划的依据

D. 投资估算是核算建设项目固定资产需要额的重要依据

[**解析**] 本题考查的是投资估算的概念及其编制内容。项目建议书阶段的投资估算是编制项目规划、确定建设规模的参考依据，选项 A 错误；项目可行性研究阶段的投资估算，是项目投资决策的重要依据，当可行性研究报告被批准后，其投资估算额将作为设计任务书中下达的投资限额，即建设项目投资的最高限额，不能随意突破，选项 B 错误；项目投资估算可作为

项目资金筹措及制定建设贷款计划的依据，选项 C 错误。

2. ［**2017 真题·单选**］关于我国项目前期各阶段投资估算的精度要求，下列说法中正确的是（　　）。

A. 项目建议书阶段，允许误差大于±30%

B. 投资设想阶段，要求误差控制在±30%以内

C. 预可行性研究阶段，要求误差控制在±20%以内

D. 可行性研究阶段，要求误差控制在±15%以内

［**解析**］选项 A，建设项目规划和项目建议书阶段，对投资估算精度要求为误差控制在±30%以内；选项 B，投资设想阶段为国外项目投资估算阶段的划分，允许误差大于±30%；选项 D，可行性研究阶段对投资估算精度的要求为误差控制在±10%以内。

答案：1. D　2. C

知识点 2　投资估算的编制依据、要求及步骤

一、投资估算的编制依据

（1）国家、行业和地方政府的有关法律、法规或规定；政府有关部门、金融机构等发布的价格指数、利率、汇率、税率等有关参数。

（2）行业部门、项目所在地工程造价管理机构或行业协会等编制的投资估算指标、概算指标（定额）、工程建设其他费用定额（规定）、综合单价、各类工程造价指标和指数，以及有关造价文件等。

（3）类似工程的各种技术经济指标和参数。

（4）工程所在地同期的人工、材料、机械市场价格，建筑、工艺及附属设备的市场价格和有关费用。

（5）与建设项目有关的工程地质资料、设计文件、图纸或有关设计专业提供的主要工程量和主要设备清单等。

（6）委托单位提供的其他技术经济资料。

二、投资估算的编制要求

（1）应根据主体专业设计的阶段和深度，结合各行业的特点，并对主要技术经济指标进行分析。

（2）应做到工程内容和费用构成齐全，不重不漏，不提高或降低估算标准，计算合理。

（3）应充分考虑拟建项目设计的技术参数和投资估算所采用的估算系数、估算指标，在质和量方面所综合的内容，应遵循口径一致的原则。

（4）参考工程造价管理部门发布的投资估算指标或各类工程造价指标和指数等。

（5）应对影响造价变动的因素进行敏感性分析，分析市场的变动因素，充分估计物价上涨因素和市场供求情况对项目造价的影响，确保投资估算的编制质量。

（6）投资估算精度应能满足控制初步设计概算要求，并尽量减少投资估算的误差。

三、投资估算的编制步骤

可行性研究阶段的投资估算的编制一般包含静态投资部分、动态投资部分与流动资金估算三部分，主要包括以下步骤。

（1）分别估算各单项工程所需建筑工程费、设备及工器具购置费、安装工程费，在汇总各单项工程费用的基础上，估算工程建设其他费用和基本预备费，完成工程项目静态投资部分的估算。

（2）在静态投资部分的基础上，估算价差预备费和建设期利息，完成工程项目动态投资部分的估算。

（3）估算流动资金。

（4）估算建设项目总投资。

·典型例题·

1.［2018 真题改编·单选］关于建设项目投资估算的编制，下列说法正确的是（　　）。

A. 全面反映建设项目建设前期的全部投资

B. 应做到费用构成齐全，并适当降低估算标准，节省投资

C. 项目建设书阶段的投资估算精度误差应控制在±20%以内

D. 应对影响造价变动的因素进行敏感性分析

［**解析**］全面反映建设项目建设前期和建设期的全部投资，选项 A 错误；应做到工程内容和费用构成齐全，不漏项，不提高或降低估算标准，计算合理，不少算、不重复计算，选项 B 错误；项目建设书阶段的投资估算精度误差应控制在±30%以内，选项 C 错误。

2.［2015 真题·单选］投资估算的主要工作包括：①估算预备费；②估算工程建设其他费；③估算工程费用；④估算设备购置费。其正确的工作步骤是（　　）。

A. ③④②①　　B. ③④①②

C. ④③②①　　D. ④③①②

［**解析**］本题考查的是投资估算的编制依据、要求及步骤。投资估算的编制一般包含静态投资部分、动态投资部分与流动资金估算三部分，主要包括以下步骤：①分别估算各单项工程所需建筑工程费、设备及工器具购置费、安装工程费，在汇总各单项工程费用的基础上，估算工程建设其他费用和基本预备费，完成工程项目静态投资部分的估算；②在静态投资部分的基础上，估算价差预备费和建设期利息，完成工程项目动态投资部分的估算；③估算流动资金；④估算建设项目总投资。

3.［2022 真题·多选］关于建设期内投资估算编制要求，下列说法正确的有（　　）。

A. 在可行性研究阶段应选用比例估算法估算

B. 应做到工程内容和费用构成齐全，不提高或降低估算标准

C. 需对主要经济指标进行分析

D. 应对影响造价的因素进行敏感性分析

E. 估算内容由静态部分和动态部分两个部分组成

［**解析**］选项 A 错误，在可行性研究阶段，投资估算精度要求高，需采用相对详细的投资估算方法，如指标估算法等。选项 E 错误，可行性研究阶段的投资估算的编制一般包含静态投资部分、动态投资部分与流动资金估算三部分。

答案：1. D　2. C　3. BCD

知识点 3　静态投资部分的估算方法

静态投资的估算方法内容见图 3-2-1。

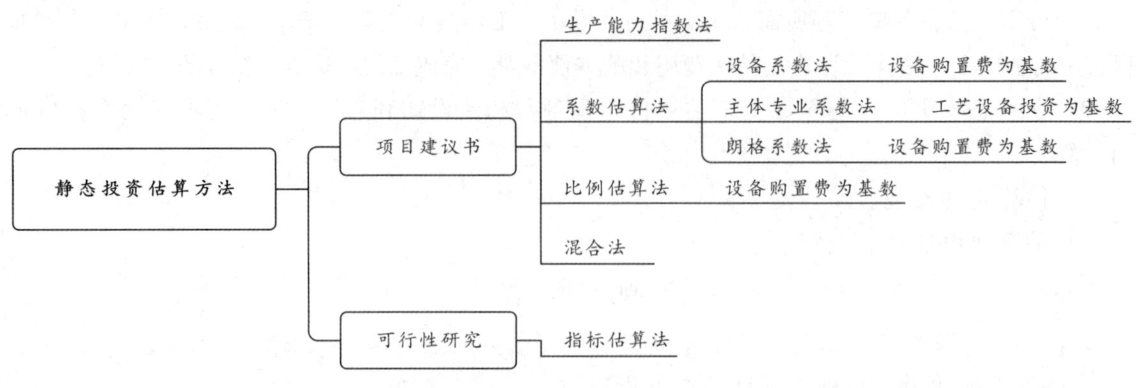

图 3-2-1　静态投资估算方法

项目建议书阶段，投资估算的精度较低，可采取简单的匡算法，如生产能力指数法、系数估算法、比例估算法或混合法等。在可行性研究阶段，投资估算精度要求高，需采用相对详细的投资估算方法，即指标估算法。

一、项目建议书阶段投资估算方法

（一）生产能力指数法

生产能力指数法，又称指数估算法，它是根据已建成的类似项目生产能力和投资额来粗略估算同类但生产能力不同的拟建项目静态投资额的方法，是对单位生产能力估算法的改进。其计算公式如下：

$$C_2=C_1\left(\frac{Q_2}{Q_1}\right)^x\cdot f$$

式中，C_1——已建类似项目的静态投资额；C_2——拟建项目静态投资额；Q_1——已建类似项目的生产能力；Q_2——拟建项目的生产能力；f——不同时期、不同地点的定额、单价、费用变更等的综合调整系数；x——生产能力指数。

式中 x 为生产能力指数，正常情况下，$0\leqslant x\leqslant 1$。上式表明，造价与规模呈非线性关系，且单位造价随工程规模的增大而减小。不同生产率水平的国家和不同项目中，x 取值不同，具体见表 3-2-1。

表 3-2-1　常见项目中 x 的取值

<table>
<tr><th colspan="2">项目</th><th>取值</th></tr>
<tr><td colspan="2">已建类似项目规模和拟建项目规模的比值在 0.5～2</td><td>x 的取值近似为 1</td></tr>
<tr><td rowspan="2">已建类似项目规模与拟建项目规模的比值为 2～50</td><td>靠增大设备规模来达到时</td><td>x 的取值近似为 0.6～0.7</td></tr>
<tr><td>靠增加相同规格设备的数量达到时</td><td>x 的取值近似为 0.8～0.9</td></tr>
</table>

（二）系数估算法

系数估算法也称为因子估算法，它是以拟建项目的主体工程费或主要设备费为基数，以其他工程费与主体工程费或设备购置费的百分比为系数，估算拟建项目静态投资的方法。在我国国内常用的方法有设备系数法和主体专业系数法，世行项目投资估算常用的方法是朗格系数法。

（1）设备系数法。是以拟建项目的设备购置费为基数。具体计算公式如下：

$$C=E\ (1+f_1P_1+f_2P_2+f_3P_3+\cdots)\ +I$$

（2）主体专业系数法。是以拟建项目中投资比重较大，并与生产能力直接相关的工艺设备投资为基数。具体计算公式如下：

$$C=E\ (1+f_1P'_1+f_2P'_2+f_3P'_3+\cdots)\ +I$$

(3) 朗格系数法。是以设备费为基数，乘以适当系数来推算项目的静态投资。

$$C=E\cdot\ (1+\sum K_i)\ \cdot K_c$$

$$K_L=\ (1+\sum K_i)\ \cdot K_c$$

(三) 比例估算法

比例估算法是根据已知的同类建设项目主要生产工艺设备占整个建设项目的投资比例，先逐项估算出拟建项目主要生产工艺设备投资，再按比例估算拟建项目的静态投资的方法。

(四) 混合法

混合法，对一个拟建项目采用上述多种方法混合估算其静态投资额的方法。

二、可行性研究阶段投资估算方法

指标估算法是投资估算的主要方法，为了保证编制精度，可行性研究阶段建设项目投资估算原则上应采用指标估算法。

指标估算法是指依据投资估算指标，对各单位工程或单项工程费用进行估算，进而估算建设项目总投资的方法。

·典型例题·

1. ［**2022 真题·单选**］某地2022年拟建一年产 40 万吨的化工产品项目，设备购置费估算为6 000万元，该地区2019年已建 20 万吨相同产品项目的建筑安装工程费为6 000万元。该地区2019年至2022年设备购置费、建筑安装工程费年均分别递增 3%、4%。若生产能力指数为 0.6，则该拟建项目的工程费用投资估算应为（　　）万元。

A. 16 229.85　　B. 16 786.21　　C. 20 167.44　　D. 20 459.70

［**解析**］利用生产能力指数法计算，该拟建项目的工程费用投资估算＝6 000×（40/20)$^{0.6}$×(1+4%)^3+6 000=16 229.85（万元）。

2. ［**2022 真题·单选**］关于可行性研究阶段投资估算的方法，下列说法正确的是（　　）。

A. 建筑工程费用估算通常采用概算指标法估算

B. 工业建筑物套用结构形式、施工方法相适应的投资估算指标进行估算

C. 安装工程费的估算应包括安装主材费和安装费

D. 工艺设备安装估算，以单项工程为单元，根据设计选用的材质、规格，以“t”为单位计算

［**解析**］选项 A 错误，建筑工程费用是指为建造永久性建筑物和构筑物所需要的费用，主要采用单位实物工程量投资估算法。选项 B 错误，工业与民用建筑物以“m^2”或“m^3”为单位，套用规模相当、结构形式和建筑标准相适应的投资估算指标或类似工程造价资料进行估算。选项 D 错误，工艺设备安装费估算，以单项工程为单元，根据单项工程的专业特点和各种具体的投资估算指标，采用按设备费百分比估算指标进行估算；或根据单项工程设备总重，采用以“t”为单位的综合单价指标进行估算。

3. ［**2018 真题·单选**］某地2017年拟建一座年产 20 万吨的化工厂。该地区2015年建成的年产 15 万吨相同产品的类似项目实际建设投资为6 000万元。2015年和2017年该地区的工程造价指数（定基指数）分别为 1.12、1.15，生产能力指数为 0.7，预计该项目建设期的两年内工程造价仍将年均上涨 5%。则该项目的静态投资为（　　）万元。

A. 7 147.08　　B. 7 535.09

C. 7 911.84　　D. 8 307.43

[解析] 本题考查的是静态投资部分的估算方法。该项目的静态投资＝6 000×（20/15）$^{0.7}$×（1.15/1.12）＝7 535.09（万元）。

4. [**2017 真题·单选**] 在国外某地建设一座化工厂，已知设备到达工地的费用（E）为3 000万美元，该项目的朗格系数（K）及包含的内容见表 3-2-2。则该工厂的间接费用为（　　）万美元。

表 3-2-2　某项目的朗格系数及所含内容

项目		取值
朗格系数（K）		3.003
内容	(a) 包括基础、设备、油漆及设备安装费	E×1.4
	(b) 包括上述在内和配管工程费	(a) ×1.1
	(c) 装置直接费	(b) ×1.5
	(d) 包括上述在内和间接费	(c) ×1.3

A. 9 009　　B. 6 930　　C. 2 079　　D. 1 350

[解析] 本题考查的是静态投资部分的估算方法。

方法一：(1) 设备到达现场的费用3 000万美元。

(2) 根据表计算费用 (a)：(a) ＝E×1.4＝3 000×1.4＝4 200（万美元），则基础、设备、油漆及设备安装费为4 200－3 000＝1 200（万美元）。

(3) 计算费用 (b)：(b) ＝E×1.4×1.1＝3 000×1.4×1.1＝4 620（万美元），则其中配管工程费费用为4 620－4 200＝420（万美元）。

(4) 计算费用 (c) 即装置直接费：(c) ＝E×1.4×1.1×1.5＝6 930（万美元），则电气、仪表、建筑等工程费用为6 930－4 620＝2 310（万美元）。

(5) 计算费用 (d)，即包括上述在内和直接费：(d) ＝E×1.4×1.1×1.5×1.3＝9 009（万美元），其中直接费用为9 009－6 930＝2 079（万美元）。

方法二：

3 000×1.4×1.1×1.5×1.3－3 000×1.4×1.1×1.5＝3 000×1.4×1.1×1.5×（1.3－1）＝2 079（万美元）。

5. [**2016 真题·单选**] 下列安装工程费估算公式中，适用于估算工业炉窑砌筑和工艺保温或绝热工程安装工程费的是（　　）。

A. 设备原价×设备安装费率（%）

B. 重量（体积、面积）总量×单位重量（体积、面积）安装费指标

C. 设备原价×材料费占设备费百分比×材料安装费率（%）

D. 安装工程功能总量×功能单位安装工程费指标

[解析] 本题考查的是静态投资部分的估算方法。工艺金属结构、工艺管道估算，以单项工程为单元，根据设计选用的材质、规格，以吨为单位；工业炉窑砌筑和工艺保温或绝热估算，以单项工程为单元，以吨、立方米或平方米为单位，套用技术标准、材质和规格、施工方法相适应的投资估算指标或类似工程造价资料进行估算。即安装工程费＝重量（体积、面积）总量×单位重量（立方米、平方米）安装费指标。

6. [**2018 真题·多选**] 下列估算方法中，不适用于可行性研究阶段投资估算的有（　　）。

A. 生产能力指数　　B. 比例估算法

C. 系数估算法　　D. 指标估算法

E. 混合法

[解析] 本题考查的是静态投资部分的估算方法。在项目建议书阶段，投资估算的精度较

低，可采取简单的匡算法，如生产能力指数法、系数估算法、比例估算法或混合法等，在条件允许时，也可采用指标估算法；在可行性研究阶段，投资估算精度要求高，需采用相对详细的投资估算方法，即指标估算法。

答案：1. A　2. C　3. B　4. C　5. B　6. ABCE

知识点 4 流动资金的估算

一、流动资金估算方法

流动资金是指项目运营需要的流动资产投资，指生产经营性项目投产后，为进行正常生产运营，用于购买原材料、燃料，支付工资及其他经营费用等所需的周转资金。

流动资金估算一般采用分项详细估算法，个别情况或者小型项目可采用扩大指标估算法。

（一）分项详细估算法

流动资金的显著特点是在生产过程中不断周转，其周转额的大小与生产规模及周转速度直接相关。其相关计算公式如下：

流动资金＝流动资产－流动负债

流动资产＝应收账款＋预付账款＋存货＋库存现金

流动负债＝应付账款＋预收账款

流动资产估算，首先计算各类流动资产和流动负债的年周转次数，其次再分项估算占用资金额。

1. 周转次数

周转次数的计算公式如下：

$$周转次数=\frac{360}{流动资金最低周转天数}$$

总成本费用及经营成本，相关计算公式如下：

总成本费用＝外购原材料、燃料及动力费＋工资及福利费＋修理费＋折旧费＋摊销费＋财务费用＋其他费用＝经营成本＋折旧费＋摊销费＋财务费用

经营成本＝外购原材料、燃料及动力费＋工资及福利费＋修理费＋其他费用

其他费用＝其他制造费用＋其他管理费用＋其他营业费用＝制造费用＋管理费用＋营业费用－（以上三项费用中所含的工资及福利费、折旧费、摊销费、修理费）

2. 应收账款

应收账款的计算公式如下：

$$应收账款=\frac{年经营成本}{应收账款周转次数}$$

3. 预付账款

预付账款的计算公式如下：

$$预付账款=\frac{外购商品或服务年费用金额}{预付账款周转次数}$$

4. 存货

存货及相关计算公式如下：

$$存货=外购原材料、燃料+其他材料+在产品+产成品$$

$$外购原材料、燃料=\frac{年外购原材料、燃料费用}{分项周转次数}$$

$$其他材料=\frac{年其他材料费用}{其他材料周转次数}$$

$$在产品=\frac{年外购原材料、燃料+年工资及福利费+年修理费+年其他制造费用}{在产品周转次数}$$

$$产成品=\frac{(年经营成本-年其他营业费用)}{产成品周转次数}=$$

$$\frac{年外购原材料、燃料+年工资及福利费+年修理费+年其他制造费用+年其他管理费}{产成品周转次数}$$

5. 现金

现金相关计算公式如下：

$$现金=\frac{(年工资及福利费+年其他费用)}{现金周转次数}$$

年其他费用=制造费用+管理费用+营业费用-（以上三项费用中所含的工资及福利费、折旧费、摊销费、修理费）

6. 流动负债估算

流动负债是指在一年或者超过一年的一个营业周期内，需要偿还的各种债务。其相关的计算公式如下：

$$应付账款=\frac{外购原材料、燃料动力费及其他材料年费用}{应付账款周转次数}$$

$$预收账款=\frac{预收的营业收入年金额}{预收账款周转次数}$$

（二）扩大指标估算法

扩大指标估算法简便易行，但准确度不高，适用于项目建议书阶段的估算。其相关的计算公式如下：

$$年流动资金额=年费用基数\times各类流动资金率$$

二、流动资金估算应注意的问题

（1）应根据项目实际情况分别确定现金、应收账款、预付账款、存货、应付账款和预收账款的最低周转天数，并考虑一定的保险系数。

（2）流动资金借款部分按全年计息，流动资金利息应计入生产期间财务费用。

（3）流动资金估算应在经营成本估算之后进行。

（4）不同生产负荷下的流动资金应分别估算。

流动资金的组成内容见图 3-2-2。

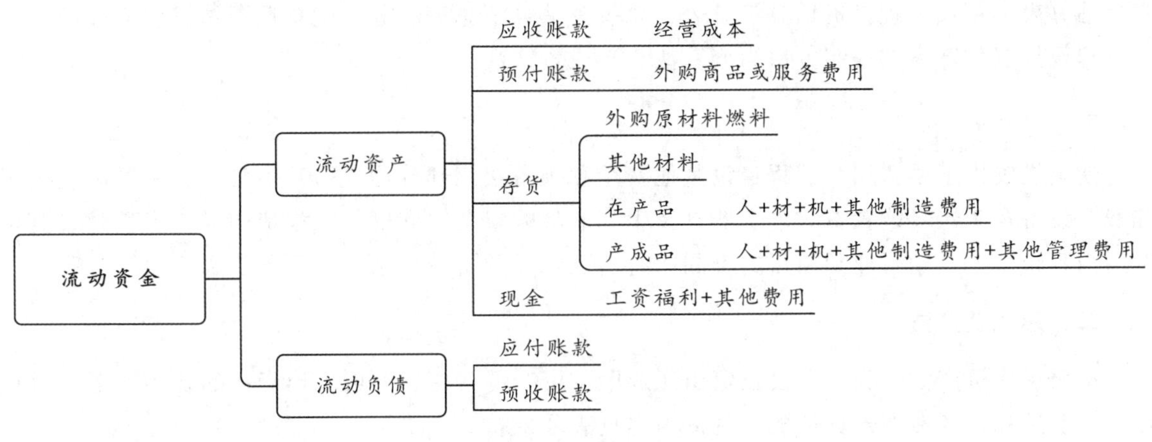

图 3-2-2 流动资金

·典型例题·

1.［2018 真题·单选］ 采用分项详细估算法进行流动资金估算时，应计入流动负债的是（ ）。

A. 预收账款　　B. 存货

C. 库存资金　　D. 应收账款

［解析］本题考查的是流动资金的估算。流动负债＝应付账款＋预收账款。

2.［2013 真题·单选］ 应用分项详细估算法估算项目流动资金时，流动资产的正确构成是（ ）。

A. 应付账款＋预付账款＋存货＋年其他费用

B. 应付账款＋应收账款＋存货＋现金

C. 应收账款＋存货＋预收账款＋现金

D. 预付账款＋现金＋应收账款＋存货

［解析］本题考查的是流动资金的估算。流动资产＝应收账款＋预付账款＋存货＋现金。

3.［2016 真题·多选］ 关于投资决策阶段流动资金的估算，下列说法中正确的有（ ）。

A. 流动资金周转额的大小与生产规模及周转速度直接相关

B. 分项详细估算时，需要计算各类流动资产和流动负债的年周转次数

C. 当年发生的流动资金借款应按半年计息

D. 流动资金借款利息应计入建设期贷款利息

E. 不同生产负荷下的流动资金按 100％生产负荷下的流动资金乘以生产负荷百分比计算

［解析］本题考查的是流动资金的估算。流动资金借款部分按全年计息，选项 C 错误；流动资金借款利息不计入建设期贷款利息，选项 D 错误；不同生产负荷下的流动资金应分别估算，选项 E 错误。

答案：1. A　2. D　3. AB

知识点 5 投资估算文件的编制

在编制投资估算文件的过程中，一般需要编制建设投资估算表、建设期利息估算表、流动

资金估算表、单项工程投资估算汇总表、总投资估算汇总表和分年度总投资估算表。

建设投资估算表的编制方法为概算法、形成资产法。

一、概算法

建设投资由工程费用、工程建设其他费用和预备费三部分构成。其中工程费用又由建筑工程费、设备及工器具购置费（含工器具及生产家具购置费）和安装工程费构成；工程建设其他费用内容较多，且随行业和项目的不同而有所区别。预备费包括基本预备费和价差预备费。

二、形成资产法

按照形成资产法分类，建设投资由形成固定资产的费用、形成无形资产的费用、形成其他资产的费用和预备费四部分组成。具体内容见表 3-2-3。

表 3-2-3 建设投资按形成资产法分类

类别	含义	内容
固定资产费用	将直接形成固定资产的建设投资	工程费用和固定资产其他费用
无形资产费用	将直接形成无形资产的建设投资	专利权、非专利技术、商标权、土地使用权和商誉
其他资产费用	除形成固定资产和无形资产以外的部分	生产准备
预备费	—	—

·典型例题·

1.［2022 真题·单选］根据《建设项目投资估算编审规程》(CECA/GC 1—2015)，关于投资估算文件的编制，下列说法正确的是（　　）。

A. 按照概算法分类，建设投资由建筑安装工程费、设备及工器具购置费和预备费组成

B. 按照形成资产法分类，建设投资由形成固定资产的其他费用、形成无形资产的费用、形成其他资产的费用组成

C. 总投资估算表中工程费用的内容应分解到主要单位工程

D. 建设期利息估算表中，期初借款余额等于上年期末借款余额

［**解析**］选项 A 错误，按照概算法分类，建设投资由工程费用、工程建设其他费用和预备费三部分构成。选项 B 错误，按照形成资产法分类，建设投资由形成固定资产的费用、形成无形资产的费用、形成其他资产的费用和预备费四部分组成。选项 C 错误，总投资估算表中工程费用的内容应分解到主要单项工程。

2.［2021 真题·单选］按照形成资产法编制建设投资估算表，生产准备费应列入（　　）。

A. 固定资产费用　　B. 固定资产其他费用

C. 无形资产费用　　D. 其他资产费用

［**解析**］按照形成资产法分类，建设投资由形成固定资产的费用、形成无形资产的费用、形成其他资产的费用和预备费四部分组成。固定资产费用是指项目投产时将直接形成固定资产的建设投资，包括工程费用和工程建设其他费用中按规定将形成固定资产的费用，后者被称为固定资产其他费用，主要包括建设管理费、技术服务费、场地准备及临时设施费、工程保险费、联合试运转费、特殊设备安全监督检验费和市政公用设施费等；无形资产费用是指将直接形成无形资产

的建设投资，主要是专利权、非专利技术、商标权、土地使用权和商誉等；其他资产费用是指建设投资中除形成固定资产和无形资产以外的部分，如生产准备费等。

3.［2018 真题·单选］ 某建设项目投资估算中，建设管理费2 000万元，可行性研究费100 万元，勘察设计费5 000万元，引进技术和引进设备其他费 400 万元。市政公用设施建设及绿化费2 000万元，专利权使用费 200 万元。非专利技术使用费 100 万元，生产准备及开办费500 万元，则按形成资产法编制建设投资估算表，计入固定资产其他费用、无形资产费用和其他资产费用的金额分别为（　　）。

A. 10 000万元、300 万元、0 万元　　B. 9 600万元、700 万元、0 万元

C. 9 500万元、300 万元、500 万元　　D. 9 100万元、700 万元、500 万元

［**解析**］本题考查的是投资估算文件的编制。固定资产其他费＝2 000＋100＋5 000＋400＋2 000＝9 500（万元），无形资产费＝200＋100＝300（万元），其他资产费用＝500（万元）。

4.［2019 真题·单选］ 某项目根据《建设项目投资估算编审规程》（CECA/GC 1—2015），采用概算法编制的估算中，工程费用为8 000万元，工程建设其他费用为 800 万元，基本预备费为 880 万元，价差预备费为 120 万元，建设期利息为 200 万元，流动资金为 100 万元，则该项目建设投资估算为（　　）万元。

A. 9 680　　B. 9 800　　C. 9 951　　D. 10 100

［**解析**］按照概算法分类，建设投资由工程费用、工程建设其他费用和预备费三部分构成。其中工程费用又由建筑工程费、设备及工器具购置费（含工器具及生产家具购置费）和安装工程费构成；工程建设其他费用内容较多，随行业和项目的不同而有所区别；预备费包括基本预备费和价差预备费。该项目建设投资估算＝8 000＋800＋880＋120＝9 800（万元）。

5.［2017 真题·单选］ 按照形成资产法编制建设投资估算表，下列费用中可计入无形资产费用的是（　　）。

A. 研究试验费　　B. 非专利技术使用费

C. 引进技术和引进设备其他费　　D. 生产准备

［**解析**］本题考查的是投资估算文件的编制。选项 A、C 属于固定资产其他费；选项 D 属于其他资产费用。

答案：1. D　2. D　3. C　4. B　5. B

第三章

第三节　设计阶段影响工程造价的主要因素

知识点 1　影响工业建设项目工程造价的主要因素

一、总平面设计

总平面设计主要指总图运输设计和总平面配置。

总平面设计是否合理对于整个设计方案的经济合理性有重大影响。

总平面设计中影响工程造价的主要因素包括：

（1）现场条件。

(2) 占地面积。

(3) 功能分区。

(4) 运输方式。

二、工艺设计

按照建设程序，建设项目的工艺流程在可行性研究阶段已经确定。

三、建筑设计

(1) 平面形状。

$K_{周}$＝建筑物周长/建筑面积，即单位建筑面积所占外墙长度。

通常情况下建筑周长系数越低，设计越经济。圆形、正方形、矩形、T 形、L 形建筑的$K_{周}$依次增大。但是圆形建筑物施工复杂，因此建筑物平面形状的设计应在满足建筑物使用功能的前提下，降低建筑周长系数。

(2) 流通空间。

(3) 空间组合。

1) 层高。

在建设面积不变的情况下，建筑层高的增加会引起各项费用的增加。

2) 层数。

如果增加一个楼层不影响建筑物的结构形式，单位建筑面积的造价可能会降低。但是当建筑物超过一定层数时，结构形式就要改变，单位造价通常会增加。

3) 室内外高差。

室内外高差过大，则建筑物的工程造价提高；高差过小又影响使用及卫生要求等。

(4) 建筑物的体积与面积。

对于工业建筑，厂房、设备布置紧凑合理，可提高生产能力，采用大跨度、大柱距的平面设计形式，可提高平面利用系数。

(5) 建筑结构。

1) 五层以下的建筑选用砌体结构。

2) 大中型工业厂房选用钢筋混凝土结构。

3) 多层房屋或大跨度结构选用钢结构。

4) 高层或者超高层结构选用框架结构和剪力墙结构。

(6) 柱网布置。

对于单跨厂房，当柱间距不变时，跨度越大单位面积造价越低；对于多跨厂房，当跨度不变时，中跨数目越多越经济。

四、材料选用

建筑材料一般占直接费的 70%。

五、设备选用

设备安装工程造价占工程总投资的 20%～50%。

影响工程造价的主要因素见图 3-3-1。

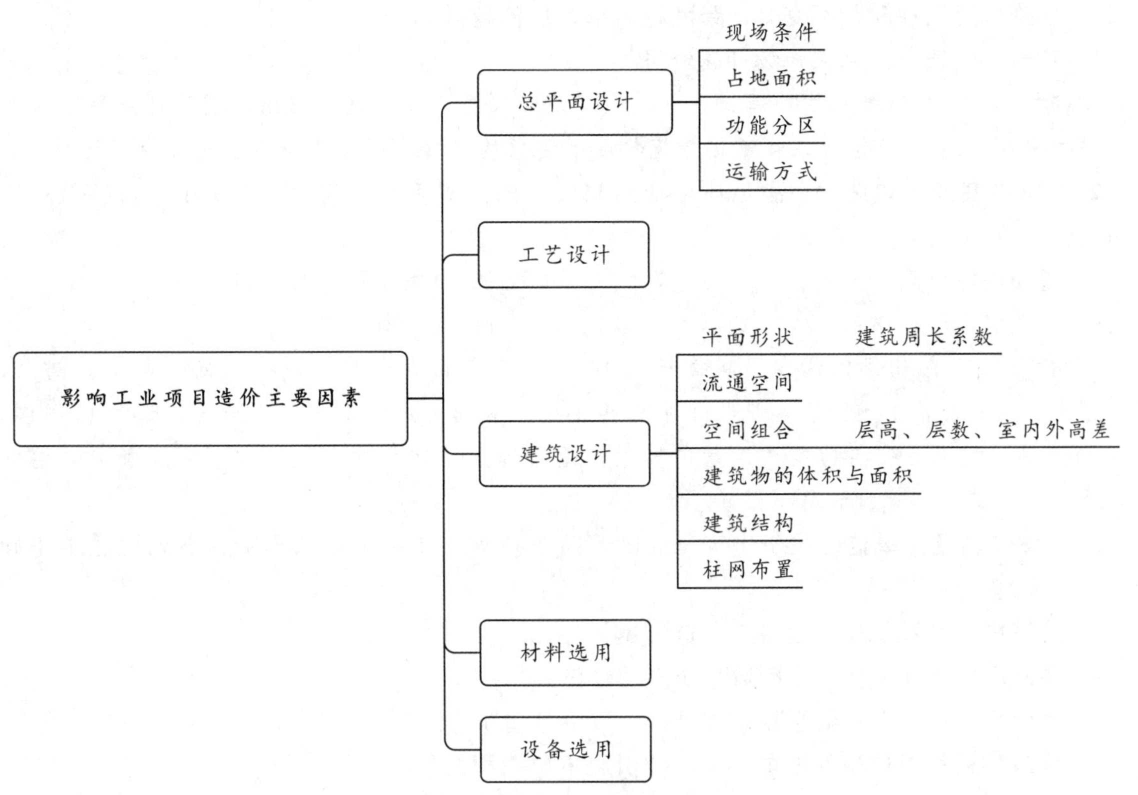

图 3-3-1　影响工业项目造价主要因素

知识点 2　影响民用建设项目工程造价的主要因素

一、住宅小区建设规划中影响工程造价的主要因素

小区规划设计的核心问题是提高土地利用率。

二、民用住宅建筑设计中影响工程造价的主要因素

（1）建筑物平面形状和周长系数。

（2）住宅的层高和净高。

民用住宅的层高一般不宜超过 2.8m。

（3）住宅的层数。

（4）住宅单元组成、户型和住户面积。

衡量单元组成、户型设计的指标是结构面积系数（住宅结构面积与建筑面积之比），系数越小设计方案越经济。结构面积小，有效面积增加。房屋平均面积越大，内墙、隔墙在建筑面积所占比重就越小。

（5）住宅建筑结构的选择。

·典型例题·

1.［**2022 真题 · 单选**］关于建筑设计因素与工程造价的关系，下列说法正确的是（　　）。

A. 建筑周长系数越高，设计越经济

B. 圆形的建筑周长系数最低，最经济

C. 单跨厂房在柱间距不变时，跨度越大单方造价越低

D. 建筑物流通空间越大，设计越经济

［解析］选项A错误，建筑周长系数越低，设计越经济。选项B错误，圆形建筑物施工复杂，造价更高。选项D错误，在满足建筑物使用要求的前提下，应将流通空间减少到最小。

2.［2019真题·单选］在满足住宅功能和质量的前提下，下列设计手法中，可降低单位建筑面积造价的是（　　）。

A. 增加住宅层高

B. 分散布置公共设施

C. 增大墙体面积系数

D. 减少结构面积系数

［解析］选项A错误，住宅层高每降低10cm，可降低造价1.2%～1.5%。选项B错误，在保证小区居住功能的前提下，适当集中公共设施，有利于降低小区的总造价。选项C错误，选项D正确，在满足住宅功能和质量前提下，适当加大住宅宽度。这是由于宽度加大，墙体面积系数相应减少，有利于降低造价。

3.［2017真题·单选］关于建筑设计因素对工业项目工程造价的影响，下列说法中正确的是（　　）。

A. 建筑周长系数越高，建筑工程造价越低

B. 多跨厂房跨度不变，中跨数目越多越经济

C. 大中型工业厂房一般选用砌体结构，以降低造价

D. 建筑物面积或体积的增加，一般会引起单位面积造价的增加

［解析］本题考查的是设计阶段影响工程造价的主要因素。建筑周长系数越低，建筑工程造价越低，选项A错误。大中型工业厂房一般选用钢筋混凝土结构，选项C错误。建筑物面积或体积的增加，一般会引起单位面积造价的降低，选项D错误。

4.［2016真题·单选］关于住宅建筑设计中的结构面积系数，下列说法中正确的是（　　）。

A. 结构面积系数越大，设计方案越经济

B. 房间平均面积越大，结构面积系数越小

C. 结构面积系数与房间户型组成有关，与房屋长度、宽度无关

D. 结构面积系数与房屋结构有关，与房屋外形无关

［解析］本题考查的是设计阶段影响工程造价的主要因素。衡量单元组成、户型设计的指标是结构面积系数（住宅结构面积与建筑面积之比），系数越小设计方案越经济。结构面积小，有效面积增加。房屋平均面积越大，内墙、隔墙在建筑面积所占比重就越小。

5.［2018真题·多选］关于建筑设计对工业项目造价的影响，下列说法正确的有（　　）。

A. 建筑周长系数越高，单位面积造价越低

B. 单跨厂房柱间距不变，跨度越大，单位面积造价越低

C. 多跨厂房跨度不变，中跨数目越多，单位面积造价越高

D. 超高层建筑采用框架结构和剪力墙结构比较经济

E. 大中型工业厂房一般选用砌体结构来降低工程造价

［解析］本题考查的是设计阶段影响工程造价的主要因素。通常情况下，建筑周长系数越低，设计越经济，选项A错误；对于单跨厂房，当柱间距不变时，跨度越大单位面积造价越

低，选项B正确；对于多跨厂房，当跨度不变时，中跨数目越多越经济，选项C错误；对于高层或者超高层结构，框架结构和剪力墙结构比较经济，选项D正确；对于大中型工业厂房一般选用钢筋混凝土结构，选项E错误。

6. ［**2017真题·多选**］总平面设计中，影响工程造价的主要因素包括（　　）。

A. 现场条件　　B. 占地面积

C. 工艺设计　　D. 功能分区

E. 柱网布置

［**解析**］本题考查的是设计阶段影响工程造价的主要因素。总平面设计中影响工程造价的主要因素包括：①现场条件；②占地面积；③功能分区；④运输方式。选项C属于影响工业建设项目工程造价的主要因素，选项E属于建筑设计组成部分。

答案：1. C　2. D　3. B　4. B　5. BD　6. ABD

第四节　设计概算的编制

知识点1　设计概算的概念及其编制内容

一、设计概算的含义及作用

（一）设计概算的概念

设计概算是以初步设计文件为依据，按照规定的程序、方法和依据，对建设项目总投资及其构成进行的概略计算。

设计概算的编制内容包括静态投资和动态投资两个层次。静态投资作为评价和选择设计方案的依据；动态投资作为项目筹措、供应和控制资金使用的限额。

政府投资项目的设计概算经批准后，一般不得调整。初步设计提出的投资概算超过经批准的可行性研究报告提出的投资估算10%的，项目单位应当向投资主管部门或者其他有关部门报告，投资主管部门或者其他有关部门可以要求项目单位重新报送可行性研究报告。政府投资项目建设投资原则上不得超过经核定的投资概算。因国家政策调整、价格上涨、地质条件发生重大变化等原因确需增加投资概算的，项目单位应当提出调整方案及资金来源，按照规定的程序报原初步设计审批部门或者投资概算核定部门核定。概算调增幅度超过原批复概算百分之十的，概算核定部门原则上先商请审计机关进行审计，并依据审计结论进行概算调整。一个工程只允许调整一次概算。

（二）设计概算的作用

设计概算是工程造价在初步设计阶段的表现形式，用于衡量建设投资是否超过估算并控制下一阶段费用支出。具体表现为：

（1）设计概算是编制固定资产投资计划、确定和控制建设项目投资的依据。政府投资项目设计概算一经批准，将作为控制建设项目投资的最高限额。

（2）设计概算是控制施工图设计和施工图预算的依据。

（3）设计概算是衡量设计方案技术经济合理性和选择最佳设计方案的依据。

(4) 设计概算是编制最高投标限价的依据。

(5) 设计概算是签订建设工程合同和贷款合同的依据。

(6) 设计概算是考核建设项目投资效果的依据。

二、设计概算的编制内容

设计概算文件的编制应采用单位工程概算、单项工程综合概算和建设项目总概算三级概算编制形式。当建设项目为一个单项工程时，可采用单位工程概算、总概算两级概算编制形式。

(一) 单位工程概算

单位工程概算是指具有独立的设计文件，能够独立组织施工，但不能独立发挥生产能力或使用功能的工程项目，是单项工程的组成部分。单位工程概算的组成内容见表 3-4-1。

表 3-4-1　单位工程概算组成内容

类别	项目
建筑工程概算 (凡是构成建筑物使用功能的，为建筑物服务的，都纳入建筑工程)	土建工程概算
	给排水、采暖工程概算
	通风、空调工程概算
	电气照明工程概算
	弱电工程概算
	特殊构筑物工程概算
设备及安装工程概算	机械设备及安装工程概算
	电气设备及安装工程概算
	热力设备及安装工程概算
	工具、器具及生产家具购置费概算

(二) 单项工程综合概算

单项工程是指在一个建设项目中，具有独立的设计文件，建成后能够独立发挥生产能力或使用功能的工程项目。

(三) 建设项目总概算

建设项目总概算是由各单项工程综合概算、工程建设其他费用概算、预备费、建设期利息和铺底流动资金概算汇总编制而成的。

单项工程概算和建设项目总概算仅是一种归纳、汇总性文件，因此，最基本的计算文件是单位工程概算书。

·典型例题·

1. [2021 真题·单选] 单位工程概算按其工作性质可分为单位建筑工程概算和单位设备及安装工程概算两类，下列属于单位设备及安装工程概算的是（　　）。

A. 照明线路敷设　　B. 风机盘管安装

C. 电气设备及安装　　D. 特殊构筑物

[解析] 单位工程概算按其工程性质可分为建筑工程概算和设备及安装工程概算两大类。建筑工程概算包括一般土建工程概算，给排水、采暖工程概算，通风、空调工程概算，电气、照明工程概算，弱电工程概算，特殊构筑物工程概算等；设备及安装工程概算包括机械设备及安装工程概算，电气设备及安装工程概算，热力设备及安装工程概算，工具、器具及生产家具购置费概算等。

2.［2018 真题·单选］关于设计概算的作用，下列说法正确的是（　　）。

A. 设计概算是确定建设规模的依据

B. 设计概算是编制固定资产投资计划的依据

C. 政府投资项目设计概算经批准后，不得进行调整

D. 设计概算不应作为签订贷款合同的依据

［**解析**］设计概算是确定建设项目投资的依据，选项 A 错误。政府投资项目的设计概算经批准后，一般不得调整，选项 C 错误。设计概算作为签订贷款合同的依据，选项 D 错误。

3.［2014 真题·单选］政府投资项目，在建设项目各阶段的工程造价中，一经批准将作为控制建设项目投资最高限额的是（　　）。

A. 投资估算　　B. 设计概算

C. 施工图预算　　D. 竣工结算

［**解析**］本题考查的是设计概算的概念及其编制内容。政府投资项目设计概算一经批准，将作为控制建设项目投资的最高限额。

答案：1. C　2. B　3. B

知识点 2　设计概算的编制

扫码听课

一、单位工程概算的编制

单位工程概算包括单位建筑工程概算和单位设备及安装工程概算两类。

建筑工程概算的编制方法有概算定额法、概算指标法、类似工程预算法。

设备及安装工程概算的编制方法有预算单价法、扩大单价法、设备价值百分比法、综合吨位指标法。

（一）概算定额法

概算定额法又叫扩大单价法或扩大结构定额法，是套用概算定额编制建筑工程概算的方法。运用概算定额法，要求初步设计必须达到一定深度，建筑结构尺寸比较明确。

概算定额法编制设计概算的步骤如下：

（1）收集基础资料、熟悉设计图纸和了解有关施工条件和施工方法。

（2）按照概算定额子目，列出单位工程中分部分项工程项目名称并计算工程量。

工程量计算应按概算定额中规定的工程量计算规则进行，采用的原始数据必须以初步设计图纸所标识的尺寸或初步设计图纸能读出的尺寸为准。

（3）确定各分部分项工程费。工程量计算完毕后，逐项套用各子目的综合单价，各子目的综合单价应包括人工费、材料费、施工机具使用费、管理费、利润、规费和税金。

（4）计算措施项目费。措施项目费的计算分两部分进行（可以计量的措施项目费，综合计取的措施项目费）。

（5）计算汇总单位工程概算造价，其公式如下：

单位工程概算造价＝分部分项工程费＋措施项目费

（6）编写概算编制说明。

（二）概算指标法

概算指标法是用拟建的厂房、住宅的建筑面积（或体积）乘以技术条件相同或基本相同的

概算指标得出人、材、机费，然后按规定计算出企业管理费、利润、规费和税金等，得出单位工程概算的方法。

1. 概算指标法的适用情况

（1）在方案设计中，由于设计无详图而只有概念性设计时，或初步设计深度不够，不能准确地计算出工程量，但工程设计采用的技术比较成熟时可以选定与该工程相似类型的概算指标编制概算。

（2）设计方案急需造价概算而又有类似工程概算指标可以利用的情况。

（3）图样设计间隔很久后再来实施，概算造价不适用于当前情况而又急需确定造价的情形下，可按当前概算指标来修正原有概算造价。

（4）通用设计图设计可组织编制通用图设计概算指标，来确定造价。

2. 拟建工程结构特征与概算指标相同时的计算

直接套用概算指标时，拟建工程应符合以下条件：

（1）拟建工程的建设地点与概算指标中的工程建设地点相同。

（2）拟建工程的工程特征和结构特征与概算指标中的工程特征、结构特征基本相同。

（3）拟建工程的建筑面积与概算指标中工程的建筑面积相差不大。

3. 拟建工程结构特征与概算指标有局部差异时的调整

（1）调整概算指标中的综合单价。其计算公式如下：

结构变化修正概算指标＝原概算指标综合单价＋概算指标中换入结构的工程量×换入结构的工程单价－概算指标中换出结构的工程量×换出结构的工程单价

（2）调整概算指标中的人、材、机数量，其计算公式如下：

结构变化修正概算指标的人、材、机数量＝原概算指标的人、材、机数量＋换入结构件工程量×相应定额人、材、机消耗量－换出结构件工程量×相应定额人、材、机消耗量

（三）类似工程预算法

类似工程预算法是利用技术条件与设计对象相类似的已完工程或在建工程的工程造价资料来编制拟建工程设计概算的方法。

当拟建工程初步设计与已完工程或在建工程的设计相类似而又没有可用的概算指标时采用类似工程预算法。

采用类似工程预算法必须对建筑结构差异和价差进行调整。

类似工程造价资料没有具体的人工、材料、机具台班的用量，只有人工、材料、施工机具使用费和企业管理费等费用或费率时，可按下面公式调整：

拟建工程成本单价＝类似工程单价×成本单价综合调整系数 K

成本单价综合调整系数 $K=a\%K_1+b\%K_2+c\%K_3+d\%K_4$

$a\%K_1$＝（类似工程人工费/类似工程预算）×（拟建工程人工费/类似工程人工费）

（四）单位设备及安装工程概算编制方法

（1）预算单价法。当初步设计较深，有详细的设备清单时，可直接按安装工程预算定额单价编制安装工程概算。该法具有计算比较具体，精确性较高之优点。

（2）扩大单价法。当初步设计深度不够，设备清单不完备，只有主体设备或仅有成套设备重量时，可采用主体设备、成套设备的综合扩大安装单价来编制概算。

（3）设备价值百分比法又叫安装设备百分比法。当初步设计深度不够，只有设备出厂价而

第三章

无详细规格、重量时，安装费可按占设备费的百分比计算。该法常用于价格波动不大的定型产品和通用设备产品。

（4）综合吨位指标法。当初步设计提供的设备清单有规格和设备重量时，可采用综合吨位指标编制概算。该法常用于设备价格波动较大的非标准设备和引进设备的安装工程概算。

单位工程概算内容见图 3-4-1。

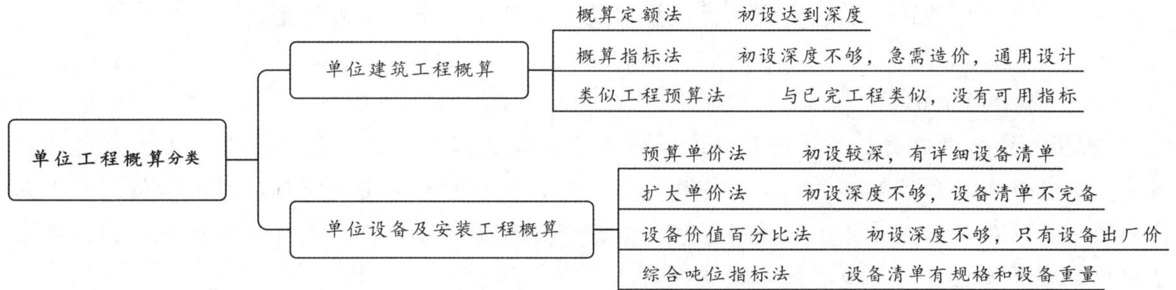

图 3-4-1　单位工程概算分类

二、单项工程综合概算的编制

单项工程综合概算是确定单项工程建设费用的综合性文件，它是由该单项工程所属的各专业单位工程概算汇总而成的，是建设项目总概算的组成部分。

对单一的、具有独立性的单项工程建设项目，按照两级概算编制形式，直接编制总概算。

单项工程综合概算一般应包括建筑工程费、安装工程费、设备及工器具购置费。

三、建设项目总概算的编制

建设项目总概算是预计整个建设项目从筹建到竣工交付使用所花费的全部费用的文件，它是由各单项工程综合概算、工程建设其他费用、建设期利息、预备费和经营性项目铺底流动资金概算所组成。

·典型例题·

1.［2022 真题·单选］关于使用概算定额法编制建筑工程概算，在采用全费用综合单价的情况下，下列说法正确的是（　　）。

A. 工程量计算按清单工程量计算规则进行

B. 建筑工程概算表应以单位工程为对象编制

C. 单位工程概算造价应为分部分项工程费和措施项目费之和

D. 综合计取的措施项目费与分部分项工程费计算方法相同

［**解析**］选项 A 错误，一般借助工程计价软件，经过建模的方式由软件系统自动计算工程量，点选适合的定额子目，以确保软件系统对工程的计量是按概算定额中规定的工程量计算规则进行，估计人员应注意输人系统的原始数据必须以初步设计图纸所标识的尺寸或初步设计图纸能读出的尺寸为准。选项 B 错误，建筑工程概算表的编制，按构成单位工程的主要分部分项工程和措施项目编制。选项 D 错误，综合计取的措施项目费应以该单位工程的分部分项工程费和可以计量的措施项目费之和为基数乘以相应费率计算。

2.［2021 真题·单选］当初步设计深度不够，设备清单不完备，只有在设备或仅有成套设备重量时，编制设备安装工程概算应选用的方法是（　　）。

A. 预算单价法　　　　　　　　　　B. 扩大单价法

C. 设备价值百分比法　　D. 综合吨位指标法

[**解析**] 当初步设计深度不够，设备清单不完备，只有主体设备或仅有成套设备重量时，可采用主体设备、成套设备的综合扩大安装单价来编制概算。

3. [**2018 真题 · 单选**] 采用概算定额法编制设计概算的主要工作有：①列出分部分项工程项目名称并计算工程量；②收集基础资料；③编写概算编制说明；④计算措施项目费；⑤确定各分部分项工程费；⑥汇总单位工程概算造价。下列工作排序正确的是（　　）。

A. ②①⑤④⑥③　　B. ②③①⑤④⑥

C. ③②①④⑤⑥　　D. ②①③⑤④⑥

[**解析**] 本题考查的是设计概算的编制。概算定额法编制设计概算的步骤：①收集基础资料、熟悉设计图纸和了解有关施工条件和施工方法；②按照概算定额子目，列出单位工程中分部分项工程项目名称并计算工程量；③确定各分部分项工程费；④计算措施项目费；⑤计算汇总单位工程概算造价；⑥编写概算编制说明。

4. [**2017 真题 · 单选**] 当初步设计深度不够，只有设备出厂价而无详细规格、重量时，编制设备安装工程费概算可选用的方法是（　　）。

A. 设备价值百分比法　　B. 设备系数法

C. 综合吨位指标法　　D. 预算单价法

第三章

[**解析**] 本题考查的是设计概算的编制。设备价值百分比法，又叫安装设备百分比法。当初步设计深度不够，只有设备出厂价而无详细规格、重量时，安装费可按占设备费的百分比计算。

5. [**2016 真题 · 单选**] 某地拟建一工程，与其类似的已完工程单方工程造价为4 500元/m^2，其中人工、材料、施工机具使用费分别占工程造价的15%、55%和10%，拟建工程地区与类似工程地区人工费、材料费、施工机具使用费差异系数分别为1.05、1.03和0.98。假定以人、材、机费用之和为基数取费，综合费率为25%。用类似工程预算法计算的拟建工程造价指标为（　　）元/m^2。

A. 3 699.00　　B. 4 590.75

C. 4 599.00　　D. 4 623.75

[**解析**] 本题考查的是设计概算的编制。4 500×（15%×1.05＋55%×1.03＋10%×0.98）×（1＋25%）＝4 623.75（元/m^2）。

6. [**2019 真题 · 多选**] 某单位建筑工程的初步设计采用的技术比较成熟，但由于设计深度不够，不能准确计算出工程量，若急需该单位建筑工程概算时，可采用的概算编制方法有（　　）。

A. 预算单价法　　B. 概算定额法

C. 概算指标法　　D. 类似工程预算法

E. 扩大单价法

[**解析**] 选项C正确，由于设计无详图而只有概念性设计时，或初步设计深度不够，不能准确地计算出工程量，但工程设计采用的技术比较成熟时可以选定与该工程相似类型的概算指标编制概算。选项D正确，当拟建工程初步设计与已完工程或在建工程的设计相类似而又没有可用的概算指标时采用类似工程预算法。

答案：1.C　2.B　3.A　4.A　5.D　6.CD

第五节　施工图预算的编制

知识点 1　施工图预算的概念及其编制内容

一、施工图预算的含义及作用

（一）施工图预算的含义

施工图预算是以施工图设计文件为依据，在工程施工前对工程项目的投资进行的预测与计算。施工图预算的成果文件称为施工图预算书，简称施工图预算。

施工图预算价格见图 3-5-1。

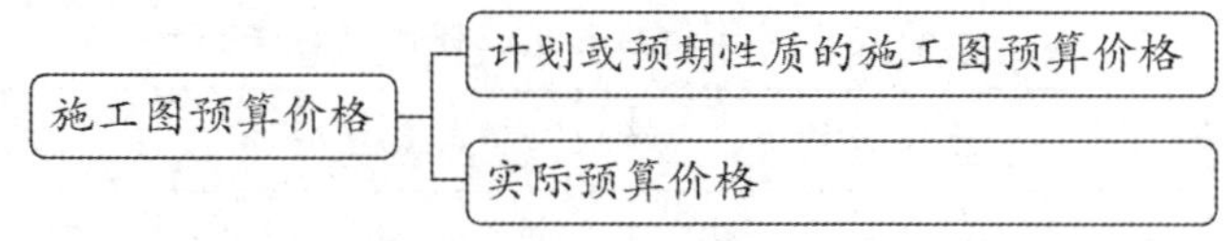

图 3-5-1　施工图预算价格

（二）施工图预算的作用

1. 施工图预算对投资方的作用

（1）施工图预算是设计阶段控制工程造价的重要环节，是控制施工图设计不突破设计概算的重要措施。

（2）施工图预算是控制造价及资金合理使用的依据。

（3）施工图预算是确定工程最高投标限价的依据。

（4）施工图预算可以作为确定合同价款、拨付工程进度款及办理工程结算的基础。

2. 施工图预算对施工企业的作用

（1）施工图预算是建筑施工企业投标报价的基础。

（2）施工图预算是建筑工程预算包干的依据和签订施工合同的主要内容。

（3）施工图预算是施工企业安排调配施工力量、组织材料供应的依据。

（4）施工图预算是施工企业控制工程成本的依据。

3. 施工图预算对其他方面的作用

（1）工程咨询单位。

（2）工程造价管理部门。

（3）施工图预算还是有关仲裁、管理、司法机关按照法律程序处理解决问题的依据。

二、施工图预算的编制内容

（一）施工图预算文件的组成

施工图预算由建设项目总预算、单项工程综合预算和单位工程预算组成。建设项目总预算由单项工程综合预算汇总而成，单项工程综合预算由组成本单项工程的各单位工程预算汇总而成，单位工程预算包括建筑工程预算和设备及安装工程预算。具体内容见表 3-5-1。

表 3-5-1 施工图预算文件的组成

	编制形式	工程预算文件
三级预算	建设项目总预算 单项工程综合预算 单位工程预算	封面、签署页及目录、编制说明、总预算表、综合预算表、单位工程预算表、附件
二级预算	建设项目总预算 单位工程预算	封面、签署页及目录、编制说明、总预算表、单位工程预算表、附件

（二）施工图预算的内容

施工图预算的内容见表 3-5-2。

表 3-5-2 施工图预算内容

项目	内容
建设项目总预算	建设投资、建设期利息、铺底流动资金
单项工程综合预算	建安工程费、设备及工器具购置费
单位工程预算	单位建筑工程预算、单位设备及安装工程预算

·典型例题·

1. ［2022 真题 · 单选］关于施工图预算对投资方的作用，下列说法正确的是（　　）。

A. 是控制施工图设计的依据

B. 是控制施工图设计不突破设计概算的重要措施

C. 是投标报价的基础

D. 是组织材料供应的依据

［解析］施工图预算对投资方的作用：①施工图预算是设计阶段控制工程造价的重要环节，是控制施工图设计不突破设计概算的重要措施。②施工图预算是控制造价及资金合理使用的依据。施工图预算确定的预算造价是工程的计划成本，投资方按施工图预算造价筹集建设资金，合理安排建设资金计划，确保建设资金的有效使用，保证项目建设顺利进行。③施工图预算是确定工程最高投标限价的依据。在设置最高投标限价的情况下，最高投标限价通常是在施工图预算的基础上考虑工程的特殊施工措施、工程质量要求、目标工期、招标工程范围以及自然条件等因素进行编制的。④施工图预算可以作为确定合同价款、拨付工程进度款及办理工程结算的基础。

2. ［2020 真题 · 单选］施工图预算的三级预算编制形式由（　　）组成。

A. 单位工程预算、单项工程综合预算、建设项目总预算

B. 静态投资、动态投资、流动资金

C. 建筑安装工程费、设备购置费、工程建设其他费

D. 单项工程综合预算、建设期利息、建设项目总预算

［解析］施工图预算根据建设项目实际情况可采用三级预算编制或二级预算编制形式。当建设项目有多个单项工程时，应采用三级预算编制形式，三级预算编制形式由建设项目总预算、单项工程综合预算、单位工程预算组成。当建设项目只有一个单项工程时，应采用二级预算编制形式，二级预算编制形式由建设项目总预算和单位工程预算组成。

3. ［2019 真题 · 单选］施工图预算的二级预算编制形式由（　　）组成。

A. 总预算和单位工程预算

B. 单位工程综合预算和单位工程预算

C. 总预算和单位工程综合预算

D. 建筑工程预算和设备安装工程预算

［**解析**］施工图预算根据建设项目实际情况可采用三级预算编制或二级预算编制形式。当建设项目有多个单项工程时，应采用三级预算编制形式，三级预算编制形式由建设项目总预算、单项工程综合预算、单位工程预算组成。当建设项目只有一个单项工程时，应采用二级预算编制形式，二级预算编制形式由建设项目总预算和单位工程预算组成。

4. ［**2016 真题 · 多选**］施工图预算对投资方、施工企业都具有十分重要的作用。下列选项中仅属于施工企业作用的有（　　）。

A. 确定合同价款的依据　　B. 控制资金合理使用的依据

C. 控制工程施工成本的依据　　D. 调配施工力量的依据

E. 办理工程结算的依据

［**解析**］本题考查的是施工图预算的概念及其编制内容。施工图预算对施工企业的作用：①施工图预算是建筑施工企业投标报价的基础；②施工图预算是建筑工程预算包干的依据和签订施工合同的主要内容；③施工图预算是施工企业安排调配施工力量、组织材料供应的依据；④施工图预算是施工企业控制工程成本的依据。

答案：1. B　2. A　3. A　4. CD

知识点 2　施工图预算的编制

一、施工图预算的编制原则

（1）施工图预算的编制应保证编制依据的适用性和时效性。

（2）完整、准确地反映设计内容的原则。

（3）坚持结合拟建工程的实际，反映工程所在地当时价格水平的原则。

二、单位工程施工图预算的编制

（一）建筑安装工程费计算

单位工程施工图预算包括建筑工程费、安装工程费和设备及工器具购置费。单位工程施工图预算中的建筑安装工程费应根据施工图设计文件、预算定额（或综合单价）以及人工、材料及施工机具台班等价格资料进行计算。主要编制方法有实物量法和单价法，其中单价法分为工料单价法和全费用综合单价法。

1. 实物量法

用实物量法编制单位工程施工图预算，就是根据施工图计算的各分项工程量分别乘以预算定额（或企业定额）中人工、材料、施工机具台班的定额消耗量，分类汇总得出该单位工程所需的全部人工、材料、施工机具台班消耗数量，然后再乘以当时当地人工工日单价、各种材料单价、施工机具台班单价、施工仪器仪表台班单价，求出相应的直接费。再根据规定的计算方法通过取费的方式计算企业管理费、利润、规费和税金等费用。

实物量法计算公式如下：

单位工程直接费＝综合工日消耗量×综合工日单价＋$\sum$（各种材料消耗量×相应材料单

价）$+\sum$（各种施工机械消耗量×相应施工机械台班单价）$+\sum$（各施工仪器仪表消耗量×相应施工仪器仪表台班单价）

单位工程预算造价＝单位工程直接费＋企业管理费＋利润＋规费＋税金

实物量法编制施工图预算的基本步骤包括：

(1) 准备资料、熟悉施工图纸。

1) 收集编制施工图预算的编制依据。

主要包括预算定额或企业定额，取费标准，当时当地人工、材料、施工机具市场价格等。

2) 熟悉施工图等基础资料。

3) 了解施工组织设计和施工现场情况。

(2) 列项并计算工程量。按照预算定额（或企业定额）子目将单位工程划分为若干分项工程，按照施工图纸尺寸和定额规定的工程量计算规则进行工程量计算。一般借助工程计价软件，通过建模的方式由软件系统自动计算工程量，点选适合的定额，以确保软件系统对工程的计量是按预算定额中规定的工程量计算规则进行；计量单位应与定额中相应的分项工程的计量单位保持一致；输入系统的原始数据应以施工图纸上的设计尺寸及有关数据为准，注意分项子目不能重复列项计算，也不能漏项少算。

(3) 套用预算定额（或企业定额），计算人工、材料、机具台班消耗量。根据预算定额（或企业定额）所列单位分项工程人工工日、材料、施工机具台班的消耗数量，分别乘以各分项工程的工程量，统计汇总出完成各分项工程所需消耗的各类人工工日、各类材料和各类施工机具台班数量。此步骤也通过计价软件进行统计计算。

(4) 计算并汇总直接费。调用当时当地人工工资单价、材料预算单价、施工机械台班单价、施工仪器仪表台班单价，分别乘以人工、材料、机具台班消耗量，汇总即得到单位工程直接费。

(5) 计算其他各项费用，汇总造价。根据规定的税率、费率和相应的计取基础，分别计算企业管理费、利润、规费和税金。将上述所有费用汇总即可得到单位工程预算造价。与此同时，计算工程的技术经济指标，如单方造价等。费率标准可在计价软件中设定，上述计算过程由系统自动完成。

(6) 复核、填写封面、编制说明。检查人工、材料、机具台班的消耗量计算是否准确，有无漏算、重算或多算；检查采用的人工、材料、机具台班实际价格是否合理。封面应写明工程编号、工程名称、预算总造价和单方造价等，撰写编制说明，将封面、编制说明、预算费用汇总表、人材机实物量汇总表、工程预算分析表等按顺序编排并装订成册，便完成了单位施工图预算的编制工作。

2. 工料单价法

工料单价法采用的分项工程单价为工料单价，将各分项工程量乘以对应分项工程单价后的合计值汇总后，再计取企业管理费、利润、规费和税金，汇总各项费用得到单位工程的施工图预算造价。工料单价法中的单价一般采用单位估价表中的各分项工程工料单价（定额基价）。

工料单价法计算公式如下：

单位工程预算造价＝（$\sum$分项工程量×分项工程工料单价）＋企业管理费＋利润＋规费＋税金

(1) 准备工作。本步骤与实物量法基本相同，不同的是需要收集适用的单位估价表，定额中已含有定额基价的则无须单位估价表。

（2）列项并计算工程量。

（3）套用定额单价，计算直接费。核对工程量计算结果后，套用单位估价表中的工料单价（或定额基价），用工料单价乘以工程量得出合价，汇总合价得到单位工程直接费。套用工料单价时，若分项工程的主要材料品种与单位估价表（或预算定额）中所列材料不一致，需要按实际使用材料价格换算工料单价后再套用，分项工程施工工艺条件与单位估价表（或定额）不一致而造成人工、机具的数量增减时，需要调整用量后再套用。

（4）编制工料分析表。

（5）计算主材费并调整直接费。

许多定额项目基价为不完全价格，即未包括主材费用在内。因此还应单独计算出主材费，计算完成后将主材费的价差并入人材机费用合计。主材费按当时当地的市场价格计取。

（6）按计价程序计取其他费用，并汇总造价。

（7）复核，填写封面、编制说明。

（二）设备及工器具购置费计算

设备购置费由设备原价和设备运杂费构成；未达到固定资产标准的工器具购置费一般以设备购置费为计算基数，按照规定的费率计算。

（三）单位工程施工图预算书编制

单位工程施工图预算由建筑安装工程费和设备及工器具购置费组成。其计算公式如下：

单位工程施工图预算＝建筑安装工程预算＋设备及工器具购置费

单位工程施工图预算文件由单位建筑工程施工图预算表和单位设备及安装工程预算表组成。

三、单项工程综合预算的编制

单项工程综合预算造价由组成该单项工程的各个单位工程预算造价汇总而成。

四、建设项目总预算的编制

三级预算的计算公式如下：

总预算＝∑单项工程施工图预算＋工程建设其他费＋预备费＋建设期利息＋铺底流动资金

·典型例题·

1.［2022 真题·单选］下列施工图预算编制的工作中，属于工料单价法但不属于实物量法的工作步骤是（　　）。

A. 列项并计算工程量

B. 套用预算定额（或企业定额），计算人工、材料、机具台班消耗量

C. 计算主材费并调整价差

D. 按计价程序计取其他费用，并汇总造价

［**解析**］列项并计算工程量，按计价程序计取其他费用，并汇总造价是工料单价法和实物量法共有的步骤。套用预算定额（或企业定额），计算人工、材料、机具台班消耗属于实物量法的步骤。

2.［2021 真题·单选］下列工作内容属于实物量法但不属于工料单价法的是（　　）。

A. 列项并计算工程量

B. 套用预算定额（或企业定额），计算人工、材料、机具台班消耗量

C. 套用定额单价，计算直接费并汇总

D. 计算其他各项费用

［**解析**］实物量法是依据施工图纸和预算定额的项目划分及工程量计算规则，先计算出分项工程量，然后套用预算定额（或企业定额）来编制施工图预算的方法。工料单价法是用事先编制好的分项工程的单位估价表来编制施工图预算的方法。

3.［2019 真题·单选］采用实物量法与工料单价法编制施工图预算，其工作步骤差异体现在（　　）。

A. 工程量的计算　　B. 直接费的计算

C. 企业管理费的计算　　D. 税金的计算

［**解析**］实物量法与工料单价法首尾部分的步骤基本相同，所不同的主要是中间两个步骤，即：①采用实物量法计算工程量后，套用相应人工、材料、施工机械台班预算定额消耗量，求出各分项工程人工、材料、施工机械台班消耗数量并汇总成单位工程所需各类人工工日、材料和施工机械台班的消耗量；②采用实物量法，采用的是当时当地的各类人工工日、材料和施工机械台班的实际单价分别乘以相应的人工工日、材料和施工机械台班总的消耗量，汇总后得出单位工程的直接费。

答案：1. C　2. B　3. B

同步强化训练

一、单项选择题（每题的备选项中，只有1个最符合题意）

1. 建设项目投资决策阶段，在技术方案中选择生产方法时应重点关注（　　）。

A. 是否选择了合理的物料消耗定额　　B. 是否符合工艺流程的柔性安排

C. 是否使工艺流程中的工序合理衔接　　D. 是否符合节能清洁要求

2. 建设地点选择时需要进行费用分析，下列费用应列入项目投资费用比较的是（　　）。

A. 动力供应费　　B. 燃料运入费

C. 产品运出费　　D. 建材运输费

3. 对于技术密集型建设项目，选择建设地区应遵循的原则是（　　）。

A. 选择在大中型发达城市　　B. 靠近原料产地

C. 靠近产地消费地　　D. 靠近电能源地

4. 关于生产技术方案的选择，下列说法中正确的是（　　）。

A. 应结合市场需要确定建设规模　　B. 生产方法应与拟采用的原材料相适应

C. 工艺流程宜具有刚性安排　　D. 应选择最先进的生产方法

5. 在国外项目投资估算中，有初步的工艺流程图、主要生产设备的生产能力及项目建设的地理位置等条件，可套用相近规模厂的单位生产能力建设费用来估算拟建项目所需的投资额。以上投资估算方法适用于（　　）阶段。

A. 项目的投资设想　　B. 项目的投资机会研究

C. 项目的初步可行性研究　　D. 项目的详细可行性研究

6. 我国在预可行性研究阶段投资估算精度的要求为：误差控制在±（　　）%以内。

A. 5　　B. 10　　C. 15　　D. 20

7. 某地2014年拟建一年产 30 万吨化工产品的项目，建设期两年。根据调查，该地区2010年建设的年产 10 万吨相同产品的已建项目投资额为 1 亿元。生产能力指数为 0.8，若2010年至2014年工程造价平均每年递增 10%，则该拟建项目的静态投资为（　　）亿元。

A. 4.390　　B. 3.526

C. 4.112　　D. 5.120

8. 下列建筑设计影响工程造价的选项中，属于影响工业建筑但一般不影响民用建筑的因素是（　　）。

A. 建筑物平面形状　　B. 项目利益相关者

C. 柱网布置　　D. 风险因素

9. 关于多层民用住宅工程造价与其影响因素的关系，下列说法中正确的是（　　）。

A. 层数增加，单位造价降低　　B. 层高增加，单位造价降低

C. 建筑物周长系数越低，造价越低　　D. 宽度增加，单位造价上升

10. 工业项目总面积设计中，影响工程造价的主要因素包括（　　）。

A. 现场条件、占地面积、功能分区、运输方式

B. 现场条件、产品方案、运输方式、柱网布置

C. 占地面积、功能分区、空间组合、建筑材料

D. 功能分区、空间组合、设备选型、厂址方案

11. 按照国家有关规定，作为年度固定资产投资计划、计划投资总额及构成数额的编制和确定依据是（　　）。

A. 经批准的投资估算　　B. 经批准的设计概算

C. 经批准的施工图预算　　D. 经批准的工程决算

12. 某建筑工程的造价组成见表 3-T-1，该工程的含税造价为（　　）万元。

表 3-T-1　某建筑工程的造价组成

名称	人工费/万元	材料费/万元	机具费/万元	管理费、规费、利润/万元	增值税
金额及费率	800	3 450	1 600	750	11%
说明	不含税	含税，可抵扣综合进项税率为 15%	不含税	—	—

A. 6 826.5　　B. 6 876.0　　C. 7 276.5　　D. 7 326.0

13. 某地拟建一办公楼，当地类似工程的单位工程概算指标为3 600元/m^2。概算指标为瓷砖地面，拟建工程为复合木地板，每 100m^2 该类建筑中铺贴地面面积为 50m^2。当地预算定额中瓷砖地面和复合木地板的预算单价分别为 128 元/m^2、190 元/m^2。假定以人、材、机费用之和为基数取费，综合费率为 25%。则用概算指标法计算的拟建工程造价指标为（　　）元/m^2。

A. 2 918.75　　B. 3 413.75

C. 3 631.00　　D. 3 638.75

14. 设计概算一经批准一般不得进行调整，其总投资应反映（　　）时的价格水平。

A. 项目立项　　B. 可行性研究

C. 概算编制　　D. 项目施工

15. 在建筑工程初步设计文件深度不够、不能准确计算出工程量的情况下，可采用的设计概算编制方法是（　　）。

A. 概算定额法　　B. 概算指标法

C. 预算单价法　　D. 综合吨位指标法

16. 关于建设项目总概算的编制，下列说法中正确的是（　　）。

A. 项目总概算应按照建设单位规定的统一表格进行编制

B. 对工程建设其他费的各组成项目分别列项计算

C. 主要建筑安装材料汇总表只需列出建设项目的钢筋、水泥等主要材料各自的总消耗量

D. 总概算编制说明应装订于总概算文件最后

17. 某拟建工程初步设计已达到必要的深度，能够据此计算出扩大分项工程的工程量，则能较为准确地编制拟建工程概算的方法是（　　）。

A. 概算指标法　　B. 类似工程预算法

C. 概算定额法　　D. 综合吨位指标法

18. 关于建设费工程预算，符合组合与分解层次关系的是（　　）。

A. 单位工程预算、单位工程综合预算、类似工程预算

B. 单位工程预算、类似工程预算、建设项目总预算

C. 单位工程预算、单项工程综合预算、建设项目总预算

D. 单位工程综合预算、类似工程预算、建设项目总预算

19. 施工图预算的二级预算编制形式是指（　　）。

A. 编制人编制、审核人审核

B. 建筑安装工程预算，设备工器具购置费预算

C. 单位工程预算、建设项目总预算

D. 单项工程综合预算、建设项目总预算

二、多项选择题（每题的备选项中，有 2 个或 2 个以上符合题意，至少有 1 个错项）

1. 建设规模是影响工程造价的主要因素之一，项目决策阶段合理确定建设规模的主要方法有（　　）。

A. 盈亏平衡产量分析法　　B. 平均成本法

C. 生产能力平衡法　　D. 单位生产能力估算法

E. 回归分析法

2. 在选择建设地点（厂址）时，应尽量满足下列（　　）需要。

A. 节约土地，尽量少占耕地，降低土地补偿费用

B. 建设地点（厂址）的地下水位应与地下建筑物的基准面持平

C. 尽量选择人口相对稀疏的地区，减少拆迁移民数量

D. 尽量选择在工程地质、水文地质较好的地段

E. 厂区地形求平坦，避免山地

3. 确定项目建设规模需要考虑的政策因素有（　　）。

A. 国家经济发展规划　　B. 产业政策

C. 生产协作条件　　D. 地区经济发展规划

E. 技术经济政策

4. 某建设项目由厂房、办公楼、宿舍等单项工程组成，则单项工程综合概算中的内容有（　　）。

A. 机械设备及安装工程概算　　B. 电气设备及安装工程概算

C. 工程建设其他费用概算　　D. 特殊构筑物工程概算

E. 流动资金概算

5. 下列对设计概算的作用内容的理解，正确的有（　　）。

A. 没有批准的初步设计文件及其概算，建设工程就不能列入年度固定资产投资计划

B. 总承包合同可以超过设计总概算的投资额

C. 施工图预算不得突破设计概算，如确需突破总概算时，应按规定程序报批

D. 设计概算是编制最高投标限价的依据

E. 设计概算是从技术角度衡量设计方案技术合理性的重要依据

6. 直接套用概算指标编制单位建筑工程设计概算时，拟建工程应符合的条件包括（　　）。

A. 建设地点与概算指标中的工程建设地点相同

B. 工程特征与概算指标中的工程特征基本相同

C. 建筑面积与概算指标中的工程建筑面积相差不大

D. 建造时间与概算指标中工程建造时间相近

E. 物价水平与概算指标中工程的物价水平基本相同

7. 建筑工程概算的编制方法主要有（　　）。

A. 设备价值百分比法　　B. 概算定额法

C. 综合吨位指标法　　D. 概算指标法

E. 类似工程预算法

8. 关于施工图预算文件的组成，下列说法正确的有（　　）。

A. 当建设项目有多个单项工程时，应采用三级预算编制形式

B. 三级预算编制形式的施工图预算文件包括封面、签署页及目录、编制说明，总预算表、综合预算表、单位工程预算表、附件等内容

C. 当建设项目仅有一个单项工程时，应采用二级预算编制形式

D. 二级预算编制形式的施工图预算文件包括建设项目总预算和单位工程预算表两个主要报表

E. 二级预算编制形式由建设项目总预算和单项工程预算组成

9. 在工料单价法下，套用预算定额预算单价时，以下说法中正确的有（　　）。

A. 直接套用预算单价要求分项工程的名称、规格、计量单位与预算单价所列内容完全一致

B. 分项工程的主要材料品种与预算单价或单位估价表中规定材料不一致时，需要按实际使用材料价格换算预算单价

C. 计算完成后将主材费的价差加入人、材、机费。主材费计算的依据是当时当地的市场价格

D. 从定额项目表中分别将各分项工程消耗的每项材料和人工的定额消耗量查出

E. 分项工程施工工艺条件与预算单价不一致而造成人工、机械的数量增减时，一般调量不调价

参考答案及解析

一、单项选择题

1. ［答案］D

［解析］一般在选择生产方法时，从以下几个方面着手：①研究分析与项目产品相关

的国内外生产方法的优缺点，并预测未来发展趋势，积极采用先进适用的生产方法；②研究拟采用的生产方法是否与采用的原材料相适应，避免出现生产方法与供给原材料不匹配的现象；③研究拟采用生产方法的技术来源的可得性，若采用引进技术或专利，应比较所需费用；④研究拟采用生产方法是否符合节能和清洁的要求，应尽量选择节能环保的生产方法。选项A、B、C是属于选择工艺流程方案的内容，只有选项D属于技术方案中生产方法的选择。

2. [答案] D

[解析] 项目投资费用包括土地征购费、拆迁补偿费、土石方工程费、运输设施费、排水及污水处理设施费、动力设施费、生活设施费、临时设施费、建材运输费等。

3. [答案] A

[解析] 对农产品、矿产品的初步加工项目，由于大量消耗原料，应尽可能靠近原料产地；对于能耗高的项目，如铝厂、电石厂等，宜靠近电厂，由此带来的减少电能输送损失所获得的利益，通常大大超过原料、半成品调运中的劳动耗费；而对于技术密集型的建设项目，由于大中城市工业和科学技术力量雄厚，协作配套条件完备、信息灵通，所以其选址宜在大中型发达城市。

4. [答案] B

[解析] 生产方法是指产品生产所采用的制作方法，生产方法直接影响生产工艺流程的选择。一般在选择生产方法时，从以下几个方面着手：①研究分析与项目产品相关的国内外生产方法的优缺点，并预测未来发展趋势，积极采用先进适用的生产方法；②研究拟采用的生产方法是否与采用的原材料相适应，避免出现生产方法与供给原材料不匹配的现象；③研究拟采用生产方法的技术来源的可得性，若采用引进技术或专利，应比较所需费用；④研究拟采用生产方法是否符合节能和清洁的要求，应尽量选择节能环保的生产方法。

5. [答案] B

[解析] 国外把建设项目的投资估算分为五个阶段。其中投资机会研究阶段是具备了初步的工艺流程图、主要生产设备的生产能力及项目建设的地理位置等条件，故可套用相近规模厂的单位生产能力建设费用来估算拟建项目所需的投资额。

6. [答案] D

[解析] 项目建议书阶段的投资估算精度要求为误差控制在±30%以内；预可行性研究阶段投资估算精度要求为误差控制在±20%以内；可行性研究阶段的投资估算精度要求控制在±10%以内。

7. [答案] B

[解析] 生产能力指数法又称指数估算法，它是根据已建成的类似项目生产能力和投资额来粗略估算同类但生产能力不同的拟建项目静态投资额的方法，是对单位生产能力估算法的改进。其计算公式为 $C_2 = C_1 \cdot (Q_2/Q_1)^x \cdot f$。式中：$C_1$——已建类似项目的静态投资额；$C_2$——拟建项目静态投资额；$Q_1$——已建类似项目的生产能力；$Q_2$——拟建项目的生产能力；$f$——不同时期、不同地点的定额、单价、费用变更等的综合调整系数；x——生产能力指数。将数据代入上述公式，得到 $C_2 = 1 \times (30/10)^{0.8} \times (1+10\%)^4 = 3.526$（亿元），选项B正确。

8. [答案] C

[解析] 在工业项目的建筑设计中，影响造价的主要因素有平面形状、流通空间、空间组合、建筑物的体积与面积、建筑结构、柱网布置。在民用项目的建筑设计中，影响工程造价的主要因素有建筑物的平面形状和周长系数、住宅的层高和净高、住宅的层数、住宅单元组成、户型和住户面积、住宅建筑结构的选择。

9. [答案] C

[解析] 建筑周长系数 $K_{周}$ 是指建筑物周长与建筑面积比，即单位建筑面积所占外墙长度，

通常情况下建筑周长系数越低，设计越经济。

10. [答案] A

[解析] 总平面设计中影响工程造价的主要因素包括现场条件、占地面积、功能分区、运输方式的选择。

11. [答案] B

[解析] 设计概算是编制固定资产投资计划、确定和控制建设项目投资的依据。设计概算投资应包括建设项目从立项、可行性研究、设计、施工、试运行到竣工验收等的全部建设资金。按照国家有关规定，编制年度固定资产投资计划，确定计划投资总额及其构成数额，要以批准的初步设计概算为依据，没有批准的初步设计文件及其概算，建设工程不能列入年度固定资产投资计划。

12. [答案] A

[解析] 不含税的材料费3 450/（1+15%）=3 000（万元）。含税造价=（800+3 000+1 600+750）×（1+11%）=6 826.5（万元）。

13. [答案] D

[解析] 3 600+（190－128）×50/100×（1+25%）=3 638.75（元/m^2）。

14. [答案] C

[解析] 设计概算编制时应满足以下要求：①设计概算应按编制时项目所在地的价格水平编制，总投资应完整地反映编制时建设项目实际投资；②设计概算应结合项目所在地设备和材料市场供应情况、建筑安装施工市场变化，还应按项目合理工期预测建设期价格水平，以及资产租赁和贷款的时间价值等动态因素对投资的影响；③设计概算应考虑建设项目施工条件以及能够承担项目施工的工程公司情况等因素对投资的影响。

15. [答案] B

[解析] 概算指标法适用的情况包括：①在方案设计中，由于设计无详图而只有概念性设计时，或初步设计深度不够，不能准确地计算出工程量，但工程设计采用的技术比较成熟时可以选定与该工程相似类型的概算指标编制概算；②设计方案急需造价概算而又有类似工程概算指标可以利用的情况；③图样设计间隔很久后再来实施，概算造价不适用于当前情况而又亟须确定造价的情形下，可按当前概算指标来修正原有概算造价；④通用设计图设计可组织编制通用图设计概算指标，来确定造价。

16. [答案] B

[解析] 工程建设其他费用概算按国家或地区或部委所规定的项目和标准确定，并按统一格式编制。应按具体发生的工程建设其他费用项目填写工程建设其他费用概算表，需要说明和具体计算的费用项目依次相应在说明及计算式栏内填写或具体计算。

17. [答案] C

[解析] 概算定额法又称扩大单价法或扩大结构定额法，是套用概算定额编制建筑工程概算的方法。运用概算定额法，要求初步设计必须达到一定深度，建筑结构尺寸比较明确，能按照初步设计的平面图、立面图、剖面图纸计算出楼地面、墙身、门窗和屋面等扩大分项工程（或扩大结构构件）项目的工程量时，方可采用。

18. [答案] C

[解析] 施工图预算由建设项目总预算、单项工程综合预算和单位工程预算组成。建设项目总预算由单项工程综合预算汇总而成，单项工程综合预算由组成本单项工程的各单位工程预算汇总而成，单位工程预算包括建筑工程预算和设备及安装工程预算。

19. [答案] C

[解析] 二级预算编制形式由建设项目总预算和单位工程预算组成。

二、多项选择题

1. [答案] ABC

[解析] 不同行业、不同类型项目在研究确定其建设规模时还应充分考虑其自身特点。项目合理建设规模的确定方法包括：盈亏平衡产量分析法；平均成本法；生产能力

平衡法；政府或行业规定。

2. ［答案］ACD

［解析］选择建设地点（厂址）的要求：①目的建设尽量将厂址选择在荒地、劣地、山地和空地，不占或少占耕地，力求节约用地，降低土地补偿费用；②减少拆迁移民数量；③应尽量选在工程地质、水文地质条件较好的地段；④要有利于厂区合理布置和安全运行；⑤应尽量靠近交通运输条件和水电供应等条件好的地方；⑥应尽量减少对环境的污染。

3. ［答案］ABDE

［解析］项目的建设、生产和经营都离不开一定的社会经济环境，项目规模确定中需考虑的主要环境因素有：政策因素，燃料动力供应，协作及土地条件，运输及通信条件。其中，政策因素包括产业政策、投资政策、技术经济政策以及国家、地区及行业经济发展规划等。

4. ［答案］ABD

［解析］单项工程综合概算包括单位建筑工程概算和单位设备及安装工程概算。单位建筑工程概算包括一般土建工程概算，给排水、采暖工程概算，通风、空调工程概算，电气、照明工程概算，弱电工程概算，特殊构筑物工程概算。单位设备及安装工程概算包括机械设备及安装工程概算、电气设备及安装工程概算、热力设备及安装工程概算、工器具及生产家具购置费用概算。

5. ［答案］ACD

［解析］在国家颁布的合同法中明确规定，建设工程合同价款是以设计概、预算价为依据，且总承包合同不得超过设计总概算的投资额。设计概算是从经济角度衡量设计方案经济合理性的重要依据。因此，设计概算是衡量设计方案技术经济合理性和选择最佳设计方案的依据。

6. ［答案］ABC

［解析］在直接套用概算指标时，拟建工程应符合以下条件：①拟建工程的建设地点与概算指标中的工程建设地点相同；②拟建工程的工程特征和结构特征与概算指标中的工程特征、结构特征基本相同；③拟建工程的建筑面积与概算指标中工程的建筑面积相差不大。

7. ［答案］BDE

［解析］总体而言，单位工程概算包括单位建筑工程概算和单位设备及安装工程概算两类。其中，建筑工程概算的编制方法有概算定额法、概算指标法、类似工程预算法等；设备及安装工程概算的编制方法有预算单价法、扩大单价法、设备价值百分比法和综合吨位指标法等。

8. ［答案］ABCD

［解析］当建设项目有多个单项工程时，应采用三级预算编制形式。当建设项目仅有一个单项工程时，应采用二级预算编制形式。采用三级预算编制形式的工程预算文件包括封面、签署页及目录、编制说明，总预算表、综合预算表、单位工程预算表、附件等内容。二级预算编制形式由建设项目总预算和单位工程预算组成。

9. ［答案］ABE

［解析］选项C属于工料单价法下计算主材费并调整直接费的内容。选项D属于工料单价法下编制工作分析表的内容，与套用定额预算单价是并列关系。

第三章

第四章
发承包阶段合同价款的约定

本章主要包括7节22日。主要讲解建设项目发承包阶段合同价款的约定。包含招标工程量清单的编制、最高投标限价的编制、投标报价的编制、评标及中标价的确定、合同价款的约定、总承包合同价款及国际工程合同价款的约定。考点、知识点多，考查分值历年在18分左右。

知识脉络

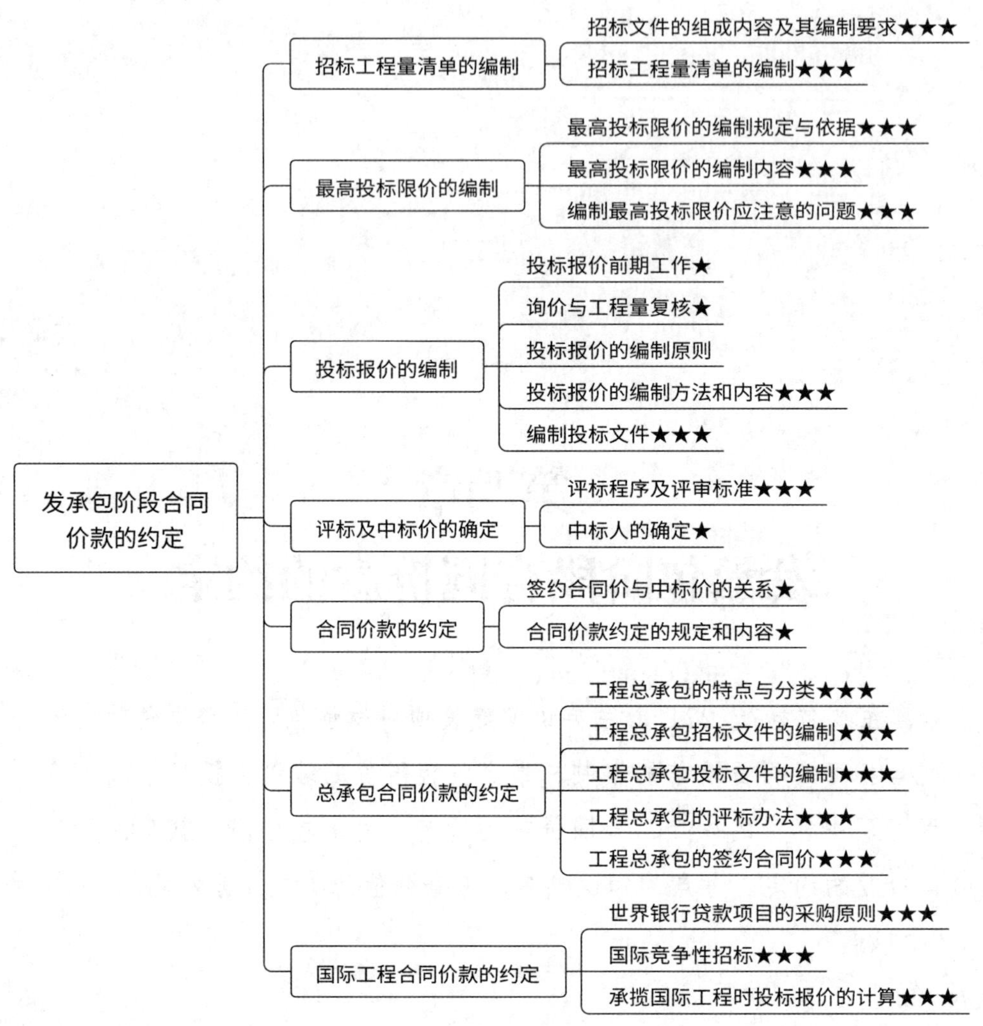

发承包阶段合同价款的约定
招标工程量清单的编制
招标文件的组成内容及其编制要求★★★
招标工程量清单的编制★★★
最高投标限价的编制
最高投标限价的编制规定与依据★★★
最高投标限价的编制内容★★★
编制最高投标限价应注意的问题★★★
投标报价的编制
投标报价前期工作★
询价与工程量复核★
投标报价的编制原则
投标报价的编制方法和内容★★★
编制投标文件★★★
评标及中标价的确定
评标程序及评审标准★★★
中标人的确定★
合同价款的约定
签约合同价与中标价的关系★
合同价款约定的规定和内容★
总承包合同价款的约定
工程总承包的特点与分类★★★
工程总承包招标文件的编制★★★
工程总承包投标文件的编制★★★
工程总承包的评标办法★★★
工程总承包的签约合同价★★★
国际工程合同价款的约定
世界银行贷款项目的采购原则★★★
国际竞争性招标★★★
承揽国际工程时投标报价的计算★★★

第一节　招标工程量清单的编制

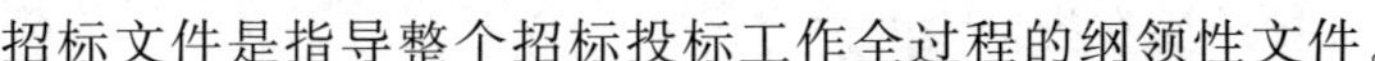

知识点 1　招标文件的组成内容及其编制要求

招标文件是指导整个招标投标工作全过程的纲领性文件。

一、施工招标文件的编制内容

（1）招标公告（或投标邀请书）。

内容包括招标文件的获取、投标文件的递交。

当未进行资格预审时，招标文件中应包括招标公告。

当进行资格预审时，招标文件中应包括投标邀请书，该邀请书可替代资格预审通过通知书。

（2）投标人须知。

项目的概况介绍、招标过程的具体要求。

1）总则。

2）招标文件。

构成＋澄清和修改规定。

3）投标文件。

组成＋报价要求＋投标有效期＋投标保证金＋是否允许备选方案。

4）投标。

密封和标识＋递交＋修改及撤回。

应当确定投标人编制投标文件所需要的合理时间，即投标准备时间，是指自招标文件开始发出之日起至投标人提交投标文件截止之日止，最短不得少于 20 天。采用电子招标投标在线提交投标文件的最短时间不少于 10 日。

5）开标。

时间＋地点＋程序。

6）评标。

评标委员会的组建＋评标办法。

7）合同授予。

中标通知书＋履约担保＋合同签订。

8）重新招标和不再招标。

9）纪律和监督。

10）需要补充的其他内容。

（3）评标办法。

评标办法可选择经评审的最低投标价法和综合评估法。

（4）合同条款及格式。

包括本工程拟采用的通用合同条款、专用合同条款以及各种合同附件的格式。

（5）工程量清单。

工程量清单是表现拟建工程分项工程、措施项目、其他项目名称和相应数量的明细清单，是招标人编制最高投标限价和投标人编制投标报价的重要依据。

应编制最高投标限价的项目，其最高投标限价应在发布招标文件时一并公布。

（6）图纸。

（7）技术标准和要求。

各项技术标准不得含有倾向或者排斥潜在投标人的内容。

（8）投标文件格式。

（9）规定的其他材料。

二、招标文件的澄清和修改

招标文件的澄清或修改，应当在投标截止时间15天前，以书面形式发给所有购买招标文件的投标人，但澄清不指明问题的来源。如果澄清或修改发出的时间距投标截止时间不足15天，相应推迟投标截止时间。

投标人在收到澄清或修改内容后，应在规定的时间（可以相对时间，也可绝对时间）内以书面形式通知招标人，确认已收到该澄清或修改文件。

·典型例题·

1. ［**2020真题·单选**］关于建设工程施工招标文件，下列说法正确的是（　　）。

A. 工程量清单不是招标文件的组成部分

B. 由招标人编制的招标文件只对投标人具有约束力

C. 招标项目的技术要求可以不在招标文件中描述

D. 招标人可以对已发出的招标文件进行必要的修改

［**解析**］工程量清单是施工招标文件的组成内容之一，选项A错误。招标文件中提出的各项要求，对整个招标工作乃至发承包双方都具有约束力，选项B错误。技术标准和要求是施工招标文件的组成内容之一，招标文件规定的各项技术标准应符合国家强制性规定，选项C错误。

2. ［**2017真题·单选**］根据《标准施工招标文件》（2007年版），进行了资格预审的施工招标文件应包括（　　）。

A. 招标公告　　B. 投标资格条件

C. 投标邀请书　　D. 评标委员会名单

［**解析**］本题考查的是招标文件的组成内容及其编制要求。当进行资格预审时，招标文件中应包括投标邀请书，该邀请书可代替资格预审通过通知书，以明确投标人已具备了在某具体项目某具体标段的投标资格。

3. ［**2016真题·单选**］根据《标准施工招标文件》（2007年版），关于"分包和偏离问题处理"的内容应包括于（　　）之中。

A. 招标公告　　B. 投标人须知

C. 评标办法　　D. 合同条款与格式

［**解析**］本题考查的是招标文件的组成内容及其编制要求。招标人须知的总则主要包括项目概况、资金来源和落实情况、招标范围、计划工期和质量要求的描述，对投标人资格要求的规定，对费用承担、保密、语言文字、计量单位等内容的约定，对踏勘现场、投标预备会的要

求，以及对分包和偏离问题的处理。项目概况中主要包括项目名称、建设地点以及招标人和招标代理机构的情况等。

4.［**2015 真题·单选**］招标人对已发出的招标文件进行的必要修改，应当在投标截止时间(　　)天内发出。

A. 7　　B. 10

C. 14　　D. 15

［**解析**］本题考查的是招标文件的组成内容及其编制要求。招标文件的澄清将在规定的投标截止时间 15 天前以书面形式发给所有购买招标文件的投标人，但不指明澄清问题的来源。如果澄清发出的时间距投标截止时间不足 15 天，相应推迟投标截止时间。

5.［**2013 真题·单选**］关于招标文件的澄清，下列说法中错误的是（　　）。

A. 投标人应以信函、电报等可以有形地表现所载内容的形式向招标人提出疑问

B. 招标文件的澄清应发给所有投标人并指明澄清问题的来源

C. 澄清发出的时间距投标截止日不足 15 天的应推迟投标截止时间

D. 投标人收到澄清的确认时间可以是相对时间，也可以是绝对时间

［**解析**］本题考查的是招标文件的组成内容及其编制要求。招标文件的澄清或修改，应当在投标截止时间 15 天前，以书面形式发给所有购买招标文件的投标人，但澄清不指明问题的来源。

答案：1. D　2. C　3. B　4. D　5. B

知识点 2　招标工程量清单的编制

编制招标工程量清单，应充分体现“实体净量”“量价分离”的“风险分担”原则。招标人对工程量清单中工程量的准确性和完整性负责；投标人应结合企业自身实际、参考市场价格完成报价，并对其承担风险。

一、招标工程量清单编制依据及准备工作

（一）初步研究

（1）熟悉清单计价计量规范、设计文件。

（2）熟悉招标文件招标图纸，确定工程量清单编审范围及需要设定的暂估价；收集相关信息，为暂估价确定提供依据。

（3）收集“三新”基础资料，为补充项目制定提供依据。

（二）现场踏勘

踏勘现场的自然地理条件和施工条件。

（三）拟定常规施工组织设计

根据项目的具体情况编制施工组织设计，拟定工程的施工方案、施工顺序、施工方法等，以便于工程量清单的编制及准确计算，特别是工程量清单中的措施项目。在拟定常规的施工组织设计时需注意的问题包括：

（1）估算整体工程量。仅对主要项目加以估算。

（2）拟定施工总方案。仅只需对重大问题和关键工艺作原则性的规定。

（3）编制施工进度计划。

第四章

(4) 计算人、材、机资源需要量。考虑节假日、气候等的影响。

(5) 施工平面的布置。

二、招标工程量清单的编制内容

(一) 分部分项工程量清单编制

(1) 项目编码。同一招标工程的项目编码不得有重码。

(2) 项目名称。按专业工程计量规范附录的项目名称结合拟建工程的实际确定。

(3) 项目特征描述。

1) 项目特征描述的内容应按附录中的规定，结合拟建工程的实际，满足确定综合单价的需要。

2) 若采用标准图集或施工图纸能够全部或部分满足项目特征描述的要求，项目特征描述可直接采用“详见××图集”或“××图号”的方式。对不能满足项目特征描述要求的部分，仍应用文字描述。

(4) 计量单位。当附录中有两个或两个以上计量单位的，应结合拟建工程项目的实际选择其中一个确定。

(5) 工程量的计算。

1) 计算口径一致。

2) 按工程量计算规则计算。

3) 按图纸计算。

4) 按一定顺序计算。

(二) 措施项目清单编制

(1) 可精确计算工程量，编制分部分项工程和单价措施项目清单与计价表。

(2) 不可精确计算工程量，编制总价措施项目清单与计价表。

(三) 其他项目清单的编制

(1) 暂列金额是指招标人暂定并包括在合同中的一笔款项。暂列金额由招标人支配，实际发生后才得以支付。因此，在确定暂列金额时应根据施工图纸的深度、暂估价设定的水平、合同价款约定调整的因素以及工程实际情况合理确定。按分部分项工程项目清单的10%～15%确定，不同专业预留的暂列金额应分别列项。

(2) 暂估价是招标人在招标文件中提供的用于支付必然要发生但暂时不能确定价格的材料、工程设备的单价以及专业工程的金额。

1) 材料、工程设备单价纳入分部分项工程量项目综合单价中的暂估价。

2) 专业工程暂估价：以“项”为计量单位的综合暂估价，包括除规费、税金以外的管理费、利润等。

(3) 计日工。编制计日工表格时，一定要给出暂定数量，并且需要根据经验，尽可能估算一个比较贴近实际的数量，且尽可能把项目列全，以消除因此而产生的争议。

(4) 总承包服务费。

招标人应当按照投标人的投标报价支付该项费用。

· 典型例题 ·

1. ［**2022真题·单选**］关于招标工程量清单中的暂列金额，下列说法正确的是（　　）。

A. 是由招标人暂定但不包含在合同中的一笔款项

B. 包含暂时不能确定价格的材料、工程设备的价格

C. 一般可按分部分项工程项目清单的15%～20%确定

D. 不同专业预留的暂列金额应分别列项

［**解析**］暂列金额是指招标人暂定并包括在合同中的一笔款项。用于工程合同签订时尚未确定或者不可预见的所需材料、工程设备、服务的采购，施工中可能发生的工程变更、合同约定调整因素出现时的合同价款调整以及发生的索赔、现场签证确认等的费用。此项费用由招标人填写其项目名称、计量单位、暂定金额等，若不能详列，也可只列暂定金额总额。由于暂列金额由招标人支配，实际发生后才得以支付，因此，在确定暂列金额时应根据施工图纸的深度、暂估价设定的水平、合同价款约定调整的因素以及工程实际情况合理确定。一般可按分部分项工程项目清单的10%～15%确定，不同专业预留的暂列金额应分别列项。

2. ［**2020真题·单选**］关于建设工程工程量清单的编制，下列说法正确的是（　　）。

A. 招标文件必须由专业咨询机构编制，由招标人发布

B. 材料的品牌档次应在设计文件中体现，在工程量清单编制说明中不再说明

C. 专业工程暂估价中包括企业管理费和利润

D. 税金、规费是政府规定的，在清单编制中可不列项

［**解析**］招标阶段，由招标人或其委托的工程造价咨询人根据工程项目设计文件，编制出招标工程项目的工程量清单，并将其作为招标文件的组成部分，选项A错误。工程量清单总说明中应包括工程质量、材料、施工等的特殊要求，例如对水泥的品牌，钢材的生产厂家，花岗石的出产地、品牌等的要求，选项B错误。以“项”为计量单位给出的专业工程暂估价一般应是综合暂估价，即应当包括除规费、税金以外的管理费、利润等，选项C正确。规费税金项目清单应按照规定的内容列项，当出现规范中没有的项目，应根据省级政府或有关部门的规定列项，选项D错误。

3. ［**2019真题·单选**］关于招标工程量清单中分部分项工程量清单的编制，下列说法正确的是（　　）。

A. 所列项目应该是施工过程中以其本身构成工程实体的分项工程或可以精确计量的措施分项项目

B. 拟建施工图纸有体现，但专业工程量计算规范附录中没有相对应项目的，则必须编制这些分项工程的补充项目

C. 补充项目的工程量计算规则，应符合“计算规则要具有可计算性”且“计算结果要具有唯一性”的原则

D. 采用标准图集的分项工程，其特征描述应直接采用“详见××图集”方式

［**解析**］选项A错误，在分部分项工程项目清单中所列出的项目，应是在单位工程的施工过程中以其本身构成该单位工程实体的分项工程。选项B错误，当在拟建工程的施工图纸中有体现，并且在专业工程量计算规范附录中也有相对应的项目时，则根据附录中的规定直接列项，计算工程量，确定其项目编码。当在拟建工程的施工图纸中有体现，但在专业工程量计算规范附录中没有相对应的项目，并且在附录项目的“项目特征”或“工程内容”中也没有提示

时，则必须编制针对这些分项工程的补充项目，在清单中单独列项并在清单的编制说明中注明。选项C正确，对补充项的工程量计算规则必须符合下述原则：一是其计算规则要具有可计算性，二是计算结果要具有唯一性。选项D错误，若采用标准图集或施工图纸能够全部或部分满足项目特征描述的要求，项目特征描述可直接采用“详见××图集”或“××图号”的方式。对不能满足项目特征描述要求的部分，仍应用文字描述。

4. ［2018真题·单选］根据《建设工程工程量清单计价规范》（GB 50500—2013），关于招标工程量清单中暂列金额的编制，下列说法正确的是（　　）。

A. 应详列其项目名称、计量单位，不列明金额

B. 应列明暂定金额总额，不详列项目名称等

C. 不同专业预留的暂列金额应分别列项

D. 没有特殊要求一般不列暂列金额

［**解析**］本题考查的是招标工程量清单的编制。暂列金额由招标人填写其项目名称、计量单位、暂定金额等，若不能详列，也可只列暂定金额总额。不同专业预留的暂列金额应分别列项。

5. ［2017真题·单选］为编制招标工程量清单，在拟定常规的施工组织设计时，正确的做法是（　　）。

A. 根据概算指标和类似工程估算整体工程量时，仅对主要项目加以估算

B. 拟定施工总方案时需要考虑施工步骤

C. 在满足工期要求的前提下，施工进度计划应尽量推后以降低风险

D. 在计算工、料、机资源需要量时，不必考虑节假日、气候的影响

［**解析**］本题考查的是招标工程量清单的编制。选项B，施工总方案只需对重大问题和关键工艺作原则性的规定，不需考虑施工步骤。选项C，施工进度计划要满足合同对工期的要求，在不增加资源的前提下尽量提前。选项D，在计算人、材、机资源需要量时，人工工日数量根据估算的工程量、选用的定额、拟定的施工总方案、施工方法及要求的工期来确定，并考虑节假日、气候等的影响。

6. ［2017真题·单选］关于招标工程量清单中其他项目清单的编制，下列说法中正确的是（　　）。

A. 投标人情况、发包人对工程管理要求对其内容会有直接影响

B. 暂列金额可以只列总额，但不同专业预留的暂列金额应分别列项

C. 专业工程暂估价应包括利润、规费和税金

D. 计日工的暂定数量可以由投标人填写

［**解析**］本题考查的是招标工程量清单的编制。选项A，工程建设标准的高低、工程的复杂程度、工程的工期长短、工程的组成内容、发包人对工程管理要求等都直接影响到其具体内容。选项C，以“项”为计量单位给出的专业工程暂估价一般应是综合暂估价，即应当包括除规费、税金以外的管理费、利润等。选项D，计日工的暂定数量由招标人填写。

答案：1. D　2. C　3. C　4. C　5. A　6. B

第四章

第二节　最高投标限价的编制

标底：招标人自行决定是否编制标底，一个招标项目只能有一个标底，标底必须保密。

最高投标限价：在招标文件中明确最高投标限价或者最高投标限价的计算方法，不得规定最低投标限价。

知识点1　最高投标限价的编制规定与依据

国有资金投资的建筑工程招标的，应当设有最高投标限价。

一、最高投标限价与标底的关系

（一）设标底招标

（1）易发生泄露标底及暗箱操作。

（2）易与市场造价水平脱节。

（3）成为左右工程造价杠杆。

（4）导致投标人迎合标底。

（二）无标底招标

（1）容易出现围标串标，各投标人哄抬价格。

（2）容易出现低价中标偷工减料，或先低价中标后高额索赔。

（3）招标人没有参考依据和评判基准。

（三）最高投标限价招标

最高投标限价的优点与缺点见表4-2-1。

表4-2-1　最高投标限价的优点与缺点

优点	缺点
有效控制投资	若最高限价大大高于市场平均价，可能诱导投标人串标围标
提高了透明度	
投标人自主报价，不受标底影响	若最高限价远远低于市场平均价，会影响招标效率
设置控制上限又减少业主依赖评标基准价	

二、编制最高投标限价的规定

（1）国有资金投资的工程建设项目应实行工程量清单招标，招标人应编制最高投标限价。投标人的投标报价若超过公布的最高投标限价，则其投标应被否决。

（2）工程造价咨询人不得同时接受招标人和投标人对同一工程的最高投标限价和投标报价的编制。

（3）最高投标限价应在招标文件中公布，对所编制的最高投标限价不得进行上浮或下调。招标人应当公布最高投标限价的总价，以及各单位工程的分部分项工程费、措施项目费、其他项目费、规费和税金。

（4）最高投标限价超过批准的概算时，招标人应将其报原概算审批部门审核。

（5）投标人经复核认为招标人公布的最高投标限价未按规定进行编制的，应在最高投标限价公布后5天内向招标投标监督机构和工程造价管理机构投诉。当复查结论与原公布的最高投标限价误差大于±3%时，应责成招标人改正。

（6）招标人应将最高投标限价及有关资料报送工程造价管理机构备案。

知识点2 最高投标限价的编制内容

一、分部分项工程费的编制

（一）综合单价的组价过程

综合单价的组价过程为：确定组价项目名称→计算工程量→确定工料机单价（信息价）→计算组价定额项目合价（考虑风险因素）→若干定额项目合价→除以清单项目工程量→得清单项目综合单价。

定额项目合价→计价定额的量×计价信息的价。其相关计算公式如下：

定额项目合价＝定额项目工程量×［∑（定额人工消耗量×人工单价）＋∑（定额材料消耗量×材料单价）＋∑（定额机械台班消耗量×机械台班单价）＋价差（基价或人工、材料、机具费用）＋管理费和利润］

多个定额项目→一个清单项目。其相关计算公式如下：

$$\text{工程量清单综合单价}=\frac{\sum \text{定额项目合价}+\text{未计价材料}}{\text{工程量清单项目工程量}}$$

（二）综合单价中的风险因素

考虑：技术风险、管理风险、市场风险；不考虑：法规风险、政策风险。

二、措施项目费的编制要求

（1）措施项目费中的安全文明施工费不得作为竞争性费用。

（2）措施项目费。

措施项目费内容见表4-2-2。

表4-2-2 措施项目费

类别	计算依据	内容
可计量的措施项目	以“量”计算	与分部分项工程工程量清单单价相同的方式确定综合单价
不可计量的措施项目	以“项”计算	采用费率法按规定综合取定，结果包括除规费、税金以外的全部费用

三、其他项目费的编制

（1）暂列金额。一般可以分部分项工程费的10%～15%为参考。

（2）暂估价。

暂估价的编制见表4-2-3。

表4-2-3 暂估价

类别	内容
材料单价暂估价	优先采用信息价，其次是市场参考价
专业工程暂估价	按有关规定估算

（3）计日工。

计日工的编制见表4-2-4。

表 4-2-4　计日工

类别	内容
人工单价和施工机械台班单价	主管部门公布的单价计算
材料单价	优先采用信息价，其次是市场调查价

（4）总承包服务费。

总承包服务费的编制见表 4-2-5。

表 4-2-5　总承包服务费

项目	计算方法
总承包管理和协调	分包的专业工程估算造价的 1.5%计算
总承包管理和协调，并提供配合服务	分包的专业工程估算造价的 3%～5%计算
招标人自行供应材料	按供应材料价值的 1%计算

知识点 3　编制最高投标限价应注意的问题

（1）材料价格应采用信息价，未发布信息价的，采用市场价。

（2）机械设备的选型应本着经济实用、先进高效的原则。

（3）不可竞争的措施项目和规费、税金等费用均属于强制性条款。

（4）不同的施工组织导致不同的竞争性措施费用，应先编制常规施工组织设计，在经科学论证后再合理确定措施项目与费用。

·典型例题·

1.［**2022 真题·单选**］关于投标报价与最高投标限价编制的相同之处，下列说法正确的是（　　）。

A. 投标报价的编制依据不包含企业定额

B. 利润额应当根据招标人要求填写

C. 考虑相同的风险因素

D. 最高投标限价采用拟定的施工组织设计和方案

［**解析**］选项 A 错误，投标报价的编制依据包括企业定额。选项 B 错误，利润由投标人自主报价。选项 D 错误，最高投标限价采用常规的施工组织设计和方案，投标报价采用拟定的施工组织设计和方案。

2.［**2020 真题·单选**］关于最高投标限价的编制，下列说法正确的是（　　）。

A. 国有企业的建设工程招标可以不编制最高投标限价

B. 招标文件中可以不公开最高投标限价

C. 最高投标限价与标底的本质是相同的

D. 政府投资的建设工程招标时，应设最高投标限价

［**解析**］国有资金投资的建筑工程招标的，应当设有最高投标限价；非国有资金投资的建筑工程招标的，可以设有最高投标限价或者招标标底，选项 A 错误。应公布最高投标限价，选项 B 错误。标底和最高投标限价本质是不同的，选项 C 错误。

3.［**2019 真题·单选**］关于编制最高投标限价时总承包服务费的可参考标准，下列说法

正确的是（　　）。

A. 招标人仅要求对分包专业工程进行总承包管理和协调时，按分包专业工程估算造价的0.5%计算

B. 招标人仅要求对分包专业工程进行总承包管理和协调时，按分包专业工程估算造价的1%计算

C. 招标人要求对分包专业工程进行总承包管理和协调，且要求提供配合服务时，按分包专业工程估算造价的1%～3%计算

D. 招标人要求对分包专业工程进行总承包管理和协调，且要求提供配合服务时，按分包专业工程估算造价的3%～5%计算

[**解析**] 总承包服务费应按照省级或行业建设主管部门的规定计算，在计算时可参考以下标准：①招标人仅要求对分包专业工程进行总承包管理和协调时，按分包专业工程估算造价的1.5%计算；②招标人要求对分包专业工程进行总承包管理和协调，并同时要求提供配合服务时，根据招标文件中列出的配合服务内容和提出的要求，按分包专业工程估算造价的3%～5%计算；③招标人自行供应材料的，按招标人供应材料价值的1%计算。

4. [**2018 真题·单选**] 根据《建设工程工程量清单计价规范》（GB 50500—2013）中对最高投标限价的相关规定，下列说法正确的是（　　）。

A. 最高投标限价公布后根据需要可以上浮或下调

B. 招标人可以只公布最高投标限价总价，也可以只公布单价

C. 最高投标限价可以在招标文件中公布，也可以在开标时公布

D. 高于最高投标限价的投标报价应被拒绝

[**解析**] 本题考查的是最高投标限价的编制。最高投标限价应在招标文件中公布，对所编制的最高投标限价不得进行上浮或下调，选项A、C错误；招标人应当在招标时公布最高投标限价的总价，以及各单位工程的分部分项工程费、措施项目费、其他项目费、规费和税金，选项B错误。

第四章

5. [**2017 真题·单选**] 根据《建设工程工程量清单计价规范》（GB 50500—2013），最高投标限价的综合单价组价工作包括：①确定工、料、机单价；②确定所组价定额项目名称；③计算组价定额项目的合价；④除以工程量清单项目工程量；⑤计算组价定额项目工程量，下列工作排序正确的是（　　）。

A. ②⑤①③④　　　　B. ①②⑤④③

C. ②③①⑤④　　　　D. ①②③④⑤

[**解析**] 本题考查的是最高投标限价的编制。首先，依据提供的工程量清单和施工图纸，按照工程所在地区颁发的计价定额的规定，确定所组价的定额项目名称，并计算出相应的工程量；其次，依据工程造价政策规定或工程造价信息确定其人工、材料、机械台班单价。同时，在考虑风险因素确定管理费率和利润率的基础上，按规定程序计算出所组价定额项目的合价，然后将若干项所组价的定额项目合价相加除以工程量清单项目工程量，便得到工程量清单项目综合单价。

6. [**2018 真题·多选**] 关于工程施工项目最高投标限价编制的注意事项，下列说法正确的有（　　）。

A. 未采用工程造价管理机关发布的工程造价信息时，应予以说明

B. 施工机械设备的选型应本着经济实用、平均有效的原则确定

C. 暂估价中的材料单价应通过市场调查确定

D. 不可竞争措施项目费应按国家有关规定计算

E. 竞争性措施项目费应依据经专家论证确认的施工组织设计或施工方案

［**解析**］本题考查的是最高投标限价的编制。施工机械设备的选型本着经济实用、先进高效的原则确定，选项B错误；采用的材料价格应是工程造价管理机构通过工程造价信息发布的材料价格，工程造价信息未发布材料单价的材料，其材料价格应通过市场调查确定，选项C错误。不同的施工组织导致不同的竞争性措施费用，应先编制常规施工组织设计，在经科学论证后再合理确定措施项目与费用，选项E错误。

答案：1. C　2. D　3. D　4. D　5. A　6. AD

第三节　投标报价的编制

知识点1　投标报价前期工作

一、研究招标文件

投标人取得招标文件后，为保证工程量清单报价的合理性，应对投标人须知、合同条件、技术规范、图纸和工程量清单等重点内容进行分析，深刻而正确地理解招标文件和业主的意图。

（1）投标人须知。

投标人须知反映了招标人对投标的要求，特别要注意项目的资金来源、投标书的编制和递交、投标保证金、是否允许递交备选方案、评标方法等，重点在于防止投标被否决。

（2）合同分析

1）合同背景分析。

2）合同形式分析。包括承包方式和计价方式。

3）合同条款分析。

（3）技术标准和要求分析。

（4）图纸分析。

二、调查工程现场

（1）自然条件调查。

（2）施工条件调查。

（3）其他条件调查。

·典型例题·

1. ［**2021真题·单选**］投标人投标时要仔细研究招标文件，忽视以下做法将影响投标文件完整性的是（　　）。

A. 忽视对监理方式的了解　　B. 忽视对工程变更合同条款的分析

C. 忽视合同条款中有无工期奖罚的规定　　D. 忽视技术标准的要求

［**解析**］工程技术标准是按工程类型来描述工程技术和工艺内容特点，对设备、材料、施工和安装方法等所规定的技术要求，有的是对工程质量进行检验、试验和验收所规定的方法和

第四章

要求。它们与工程量清单中各子项工作密不可分，报价人员应在准确理解招标人要求的基础上对有关工程内容进行报价。任何忽视技术标准的报价都是不完整、不可靠的，有时可能导致工程承包重大失误和亏损。

2.［**2018 真题·单选**］施工投标报价工作包括：①工程现场调查；②组建投标报价班子；③确定基础标价；④制订项目管理规划；⑤复核清单工程量。下列工作排序正确的是（　　）。

A. ①④②③⑤　　B. ②③④①⑤

C. ①②③④⑤　　D. ②①⑤④③

［**解析**］本题考查的是投标报价前期工作。施工投标报价工作分为前期工作、调查询价和报价编制。组建投标报价班子和工程现场调查属于投标报价编制的前期工作，复核工程量和制订项目管理规划属于调查询价，确定基础报价属于报价编制。

3.［**2016 真题·单选**］施工项目投标报价的工作包括：①收集投标信息；②选择投标报价策略；③组建投标班子；④确定基础标价；⑤确定投标报价；⑥研究招标文件，以上工作正确的先后顺序是（　　）。

A. ⑥①③②④⑤　　B. ③⑥①④②⑤

C. ③①⑥②④⑤　　D. ⑥③①④②⑤

［**解析**］施工项目投标报价工作包括前期工作、调查询价、报价编制。组建投标报价班子、研究招标文件属于前期工作；收集投标信息属于调查询价阶段；确定基础报价、选择投标报价策略、确定投标报价属于报价编制阶段。

4.［**2016 真题·单选**］投标人在投标前期研究招标文件时，对合同形式进行分析的主要内容为（　　）。

A. 承包商任务　　B. 计价方式　　C. 付款办法　　D. 合同价款调整

［**解析**］本题考查的是投标报价前期工作。合同形式分析，主要分析承包方式（如分项承包、施工承包、设计与施工总承包和管理承包等）；计价方式（如单价方式、总价方式、成本加酬金方式等）。

第四章

答案：1. D　2. D　3. B　4. B

知识点 2　询价与工程量复核

一、询价

（一）询价的渠道

（1）直接与生产厂商联系。

（2）了解生产厂商的代理人或从事该项业务的经纪人。

（3）了解经营该项产品的销售商。

（4）向咨询公司进行询价。通过咨询公司所得到的询价资料比较可靠，但需要支付一定的咨询费用，也可向同行了解。

（5）通过互联网查询。

（6）自行进行市场调查或信函询价。

（二）生产要素询价

（1）材料询价。

（2）施工机械设备询价。

（3）劳务询价。

劳务询价内容见表 4-3-1。

表 4-3-1　劳务询价

类型	费用	素质	工效	承包商管理工作
成建制的劳务公司	较高	较可靠	较高	较轻
劳务市场招募零散劳动力	较低	不可靠	较低	较重

（三）分包询价

对分包人询价应注意以下几点：分包标函是否完整，分包工程单价所包含的内容，分包人的工程质量、信誉及可信赖程度，质量保证措施，分包报价。

二、复核工程量

（1）投标人应认真根据招标说明、图纸、地质资料等招标文件资料，计算主要清单工程量，复核工程量清单。

（2）复核工程量的目的不是修改工程量清单，即使有误，投标人也不能修改工程量清单中的工程量，因为修改了清单将导致在评标时认为投标文件未响应招标文件而被否决。对工程量清单存在的错误，可以向招标人提出，由招标人统一修改并把修改情况通知所有投标人。

（3）针对工程量清单中工程量的遗漏或错误，是否向招标人提出修改意见取决于投标策略。

（4）通过工程量计算复核还能准确地确定订货及采购物资的数量。

·典型例题·

1.［2018 真题·单选］相较于在劳务市场招募零散劳动力，承包人选用成建制劳务公司的劳务具有（　　）的特点。

A. 价格低，管理强度低　　B. 价格高，管理强度低

C. 价格低，管理强度高　　D. 价格高，管理强度高

［解析］本题考查的是询价与工程量复核。成建制的劳务公司，相当于劳务分包，一般费用较高，但素质较可靠，工效较高，承包商的管理工作较轻。

2.［2018 真题·单选］关于工程施工投标报价过程中的工程量的复核，下列说法正确的是（　　）。

A. 复核的准确程度不会影响施工方法的选用

B. 复核的目的在于修改工程量清单中的工程量

C. 复核有助于防止由于物资少购带来的停工待料

D. 复核中发现的遗漏和错误须向招标人提出

［解析］复核的准确程度会影响施工方法的选用，选项 A 错误；复核的目的不是在于修改工程量清单中的工程量，选项 B 错误；针对工程量清单中工程量的遗漏或错误，是否向招标人提出修改意见取决于投标策略，选项 D 错误。

3.［2021 真题·多选］投标人对招标工程量清单中工程量复核的目的在于（　　）。

A. 据此选择投标策略　　B. 据此修改招标工程量清单

C. 据此采取合适的施工方法　　D. 据此确定采购物资的数量

E. 据此确定基础标价

第四章

［解析］复核工程量的准确程度，将影响承包人的经营行为：一是根据复核后的工程量与招标文件提供的工程量之间的差距，从而考虑相应的投标策略，决定报价裕度；二是根据工程量的大小采取合适的施工方法，选择适用、经济的施工机具设备，投入使用相应的劳动力数量等。

4.［2019 真题·多选］投标报价的分包询价，投标人应注意的问题有（　　）。

A. 分包标函是否完整

B. 分包工程单价所包含的内容

C. 分包人是否自备专用施工机具

D. 分包人可信赖程度

E. 分包人的质量保证措施

［解析］对分包人询价应注意以下几点：分包标函是否完整；分包工程单价所包含的内容；分包人的工程质量、信誉及可信赖程度；质量保证措施；分包报价。

5.［2017 真题·多选］关于施工投标报价，下列说法中正确的有（　　）。

A. 投标人应逐项计算工程量，复核工程量清单

B. 投标人应修改错误的工程量，并通知招标人

C. 投标人可以不向招标人提出复核工程量中发现的遗漏

D. 投标人可以通过复核防止由于订货超量带来的浪费

E. 投标人应根据复核工程量的结果选择适用的施工设备

［解析］本题考查的是询价与工程量复核。投标人应认真根据招标说明、图纸、地质资料等招标文件资料，计算主要清单工程量，复核工程量清单，选项 A 错误。复核工程量的目的不是修改工程量清单，即使有误，投标人也不能修改工程量清单中的工程量，选项 B 错误。

6.［2015 真题·多选］复核工程量是投标人编制投标报价前的一项重要工作。通过复核工程量，便于投标人（　　）。

A. 决定报价尺度

B. 采取合适的施工方法

C. 选用合适的施工机具

D. 决定投入劳动力数量

E. 选用合适的承包方式

［解析］本题考查的是询价与工程量复核。复核工程量的准确程度，将影响承包商的经营行为：一是根据复核后的工程量与招标文件提供的工程量之间的差距，从而考虑相应的投标策略，决定报价尺度；二是根据工程量的大小采取合适的施工方法，选择适用、经济的施工机具设备、投入使用相应的劳动力数量等。

答案：1. B　2. C　3. ACD　4. ABDE　5. CDE　6. ABCD

知识点 3　投标报价的编制原则

（1）投标报价由投标人自主确定，但必须执行《建设工程工程量清单计价规范》的强制性规定。

（2）投标人的投标报价不得低于成本。评标委员会认定该投标人以低于成本报价竞标，应当否决该投标人的投标。

（3）投标报价要以招标文件中设定的发承包双方责任划分，作为考虑投标报价费用计算的基础。

（4）以施工方案、技术措施为基本条件，以企业定额为基本依据。

（5）科学严谨，简明适用。

知识点4 投标报价的编制方法和内容

一、分部分项工程和措施项目计价表的编制

（一）分部分项工程和单价措施项目清单与计价表的编制

综合单价包括完成一个规定清单项目所需的人工费、材料和工程设备费、施工机具使用费、企业管理费、利润，并考虑风险费用的分摊。

1. 确定综合单价时的注意事项

（1）以项目特征描述为依据。

在招标投标过程中，以招标工程量清单的项目特征描述为准，确定投标报价的综合单价；在施工过程中，发承包双方应按实际施工的项目特征，依据合同约定重新确定综合单价。

（2）材料、工程设备暂估价的处理。

招标文件中在其他项目清单中提供了暂估单价的材料和工程设备，应按其暂估的单价计入清单项目的综合单价中。

（3）考虑合理的风险。

当出现的风险内容及其范围在招标文件规定的范围内时，综合单价不得变动，合同价款不做调整。发承包双方对工程施工阶段的风险宜采用如下分摊原则：

1）对于主要由市场价格波动导致的价格风险，发承包双方应当在招标文件中或在合同中对此类风险的范围和幅度予以明确约定，进行合理分摊。根据工程特点和工期要求，一般采取的方式是承包人承担5%以内的材料、工程设备价格风险，10%以内的施工机具使用费风险。

2）对于法律、法规、规章或有关政策出台导致工程税金、规费、人工费发生变化，并由省级、行业建设行政主管部门或其授权的工程造价管理机构根据上述变化发布的政策性调整，承包人不应承担此类风险，应按照有关调整规定执行。

3）对于承包人根据自身技术水平、管理、经营状况能够自主控制的风险，如承包人的管理费、利润的风险，承包人应结合市场情况，根据企业自身的实际合理确定、自主报价，该部分风险由承包人全部承担。

2. 综合单价确定的步骤和方法

（1）确定计算基础。计算基础主要包括消耗量指标和生产要素单价。

（2）分析每一清单项目的工程内容。

（3）计算工程内容的工程数量与清单单位含量。清单单位含量是指每一计量单位的清单项目所分摊的工程内容的工程数量。其计算公式如下：

$$\text{清单单位含量}=\frac{\text{某工程内容的企业定额工程量}}{\text{清单工程量}}$$

（4）分部分项工程人工、材料、机械费用的计算。

每一计量单位清单项目某种资源的使用量＝该种资源的企业定额单位用量×相应企业定额条目的清单单位含量

（5）计算综合单价。

将人工费、材料费、施工机具使用费、企业管理费、利润汇总，并考虑合理的风险费用后，即可得到清单综合单价。

（二）总价措施项目清单与计价表的编制

（1）措施项目的内容应依据招标人提供的措施项目清单和投标人投标时拟定的施工组织设

计或施工方案确定。

(2) 措施项目费由投标人自主确定，但其中安全文明施工费必须按规定计价，不得作为竞争性费用。

二、其他项目清单与计价表的编制

其他项目清单与计价表的编制见表 4-3-2。

表 4-3-2　其他项目清单与计价表的编制

项目	内容
其他项目清单与计价汇总表	材料（工程设备）暂估单价进入清单项目综合单价，在此不汇总
暂列金额明细表	由招标人填写，也可只列暂定金额总额，投标人应将上述暂列金额计入投标总价中
材料（工程设备）暂估单价及调整表	由招标人填写“暂估单价”，并说明用在哪些清单项目上，投标人应将上述暂估价计入工程量清单综合单价报价中
专业工程暂估价及结算价表	“暂估金额”由招标人填写，投标人应将“暂估金额”计入投标总价中。结算时，按合同约定结算金额填写
计日工表	项目名称、暂定数量由招标人填写，编制最高投标限价时，单价由招标人确定；投标时，单价由投标人自主报价，按暂定数量计算合价计入投标总价中。结算时，按发承包双方确认的实际数量计算合价
总承包服务费计价表	项目名称、服务内容由招标人填写，编制最高投标限价时，费率及金额由招标人确定；投标时，费率及金额由投标人自主报价，计入投标总价中

三、规费、税金项目清单与计价表的编制

规费和税金应按国家或省级、行业建设主管部门的规定计算，不得作为竞争性费用。

四、投标价的汇总

投标人的投标总价应当与组成工程量清单的分部分项工程费、措施项目费、其他项目费和规费、税金的合计金额相一致，即投标人对投标报价的任何优惠（或降价、让利）均应反映在相应清单项目的综合单价中。

·典型例题·

1. ［**2022 真题·单选**］某项目拟采用工程量清单招标签订单价合同，关于该工程投标综合单价的编制，下列说法正确的是（　　）。

A. 应以招标工程量清单特征描述为准，即使其与图纸不符

B. 合同约定范围内的承包人需承担的风险不应计入综合单价中

C. 承包人承担 10%以内的材料设备和施工机具使用费的风险

D. 承包人承担 15%以内的材料设备和施工机具使用费的风险

［**解析**］选项 A 正确，在招标投标过程中，当出现招标工程量清单特征描述与设计图纸不符时，投标人应以招标工程量清单的项目特征描述为准，确定投标报价的综合单价。选项 B 错误，招标文件中要求投标人承担的风险费用，投标人应考虑计入综合单价。选项 C、D 错误，发承包双方对工程施工阶段的风险根据工程特点和工期要求，一般采取的方式是承包人承担 5%以内的材料、工程设备价格风险，10%以内的施工机具使用费风险。

2. ［**2019 真题·单选**］在投标报价确定分部分项工程综合单价时，应根据所选的计算基

础计算工程内容的工程量，该数量应为（ ）。

A. 实物工程量　　B. 施工工程量

C. 定额工程量　　D. 复核的清单工程量

［**解析**］在投标报价确定分部分项工程综合单价时，计算基础主要包括消耗量指标和生产要素单价。应根据本企业的实际消耗量水平，并结合拟定的施工方案确定完成清单项目需要消耗的各种人工、材料、施工机具台班的数量。因此，计算的工程量为定额工程量。

3.［2018 真题·单选］招标工程量清单中某分部分项清单细目与单一计价定额子目的工作内容与计量规则一致，则确定该清单细目综合单价不可或缺的工作是（ ）。

A. 计算工程内容的工程数量　　B. 计算工程内容的清单单位含量

C. 计算措施项目的费用　　D. 计算管理费、利润和风险费用

［**解析**］本题考查的是投标文件的编制方法和内容。当分部分项工程内容比较简单，由单一计价子项计价，且《建设工程工程量清单计价规范》与所使用计价定额中的工程量计算规则相同时，综合单价的确定只需用相应计价定额子目中的人、材、机费做基数计算管理费、利润，再考虑相应的风险费用即可。

4.［2017 真题·单选］根据《建设工程工程量清单计价规范》（GB 50500—2013），关于施工发承包投标报价的编制，下列做法正确的是（ ）。

A. 设计图纸与招标工程量清单项目特征描述不同的，以设计图纸特征为准

B. 暂列金额应按照招标工程量清单中列出的金额填写，不得变动

C. 材料、工程设备暂估价应按暂估单价，乘以所需数量后计入其他项目费

D. 总承包服务费应按照投标人提出的协调、配合和服务项目自主报价

［**解析**］本题考查的是投标文件的编制方法和内容。设计图纸与招标工程量清单项目特征描述不同的，以招标工程量清单项目特征为准，选项 A 错误；暂估价中的材料、工程设备暂估价必须按照招标人提供的暂估单价计入清单项目的综合单价，选项 C 错误。总承包服务费应根据招标人在招标文件中列出的分包专业工程内容和供应材料、设备情况，按照招标人提出的协调、配合与服务要求和施工现场管理需要自主确定，选项 D 错误。

5.［2017 真题·单选］根据《建设工程工程量清单计价规范》（GB 50500—2013），在招标文件未另有要求的情况下，投标报价的综合单价一般要考虑的风险因素是（ ）。

A. 政策法规的变化

B. 人工单价的市场变化

C. 政府定价材料的价格变化

D. 管理费、利润的风险

［**解析**］本题考查的是投标文件的编制方法和内容。招标文件中要求投标人承担的风险费用，投标人应考虑进入综合单价。对于承包人根据自身技术水平、管理、经营状况能够自主控制的风险，如承包人的管理费、利润的风险，承包人应结合市场情况，根据企业自身的实际合理确定、自主报价，该部分风险由承包人全部承担。

6.［2020 真题·多选］投标人在确定综合单价时需要注意的事项有（ ）。

A. 清单项目特征描述　　B. 清单项目的编码顺序

C. 材料暂估价的处理　　D. 材料、设备市场价格的变化风险

E. 税金、规费的变化风险

[**解析**] 确定综合单价时的注意事项：①项目特征是确定综合单价的重要依据之一，投标人投标报价时应依据招标文件中清单项目的特征描述确定综合单价。②材料、工程设备暂估价的处理。③对于主要由市场价格波动导致的价格风险。承包人不承担税金、规费的变化风险。

答案：1. A　2. C　3. D　4. B　5. D　6. ACD

知识点 5 编制投标文件

一、投标文件编制时应遵循的规定

（1）投标函附录在满足招标文件实质性要求的基础上，可以提出比招标文件要求更能吸引招标人的承诺。

（2）投标文件应当对招标文件的实质性内容作出响应。

（3）投标文件应由投标人的法定代表人或其委托代理人签字和单位盖章。

（4）投标文件的副本与正本不一致时，以正本为准。

（5）除招标文件另有规定外，投标人不得递交备选投标方案。允许投标人提交备选投标方案的，只有中标人所递交的备选投标方案方可予以考虑。

二、投标文件的递交

投标人应当在招标文件规定的提交投标文件的截止时间前，将投标文件密封送达投标地点。在开标前，任何单位和个人不得开启投标文件。在招标文件要求提交投标文件的截止时间后送达或未送达指定地点的投标文件，为无效的投标文件，招标人不予受理。

（一）投标保证金与投标有效期

1. 投标保证金

投标保证金除现金外，可以是银行出具的银行保函、保兑支票、银行汇票或现金支票。投标保证金的数额不得超过项目估算价的2%，依法必须进行招标的项目的境内投标单位，以现金或者支票形式提交的投标保证金应当从其基本账户转出。出现下列情况的，投标保证金将不予返还：

1）投标人在规定的投标有效期内撤销或修改其投标文件。

2）中标人在收到中标通知书后，无正当理由拒签合同协议书或未按招标文件规定提交履约担保。

投标保证金总结见图 4-3-1。

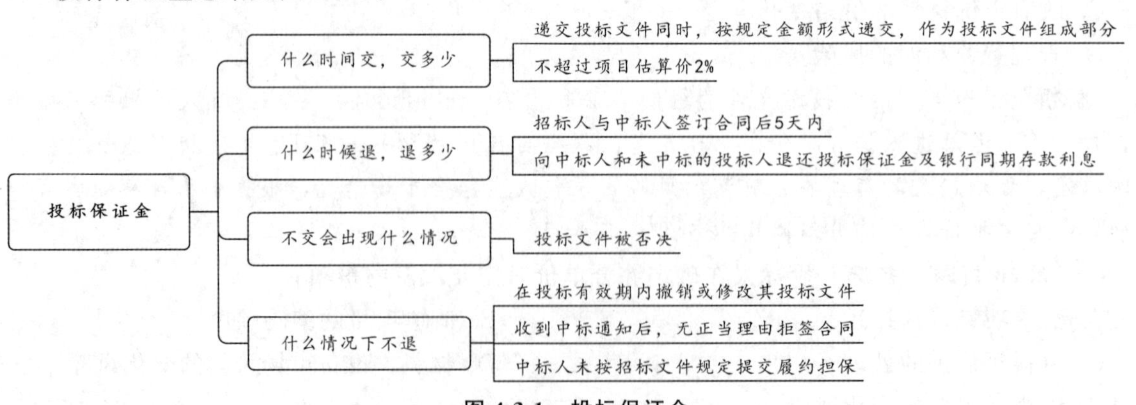

图 4-3-1　投标保证金

2. 投标有效期

投标有效期从投标截止时间起开始计算，主要用作组织评标委员会评标、招标人定标、发出中标通知书，以及签订合同等工作，一般考虑以下因素：

（1）组织评标委员会完成评标需要的时间。

（2）确定中标人需要的时间。

（3）签订合同需要的时间。

一般项目投标有效期为60～90天。投标保证金的有效期应与投标有效期保持一致。

需要延长投标有效期的，招标人以书面形式通知所有投标人延长投标有效期。投标人同意延长的，应相应延长其投标保证金的有效期，但不得要求或被允许修改或撤销其投标文件；投标人拒绝延长的，其投标失效，但投标人有权收回其投标保证金。

（二）投标文件的递交方式

（1）投标文件的密封和标识。

（2）投标文件的修改与撤回。

（3）费用承担与保密责任。

三、对投标行为的限制性规定

（一）联合体投标

（1）联合体各方应按招标文件提供的格式签订联合体协议书，联合体各方应当指定牵头人，授权其代表所有联合体成员负责投标和合同实施阶段的主办、协调工作，并应当向招标人提交由所有联合体成员法定代表人签署的授权书。

（2）联合体各方签订共同投标协议后，不得再以自己名义单独投标，也不得组成新的联合体或参加其他联合体在同一项目中的投标。

（3）招标人接受联合体投标并进行资格预审的，联合体应当在提交资格预审申请文件前组成。资格预审后联合体增减、更换成员的，其投标无效。

（4）由同一专业的单位组成的联合体，按照资质等级较低的单位确定资质等级。

（5）联合体投标的，应当以联合体各方或者联合体中牵头人的名义提交投标保证金。以联合体中牵头人名义提交的投标保证金，对联合体各成员具有约束力。

（二）串通投标

（1）有下列情形之一的，属于投标人相互串通投标：

1）投标人之间协商投标报价等投标文件的实质性内容。

2）投标人之间约定中标人。

3）投标人之间约定部分投标人放弃投标或者中标。

4）属于同一集团、协会、商会等组织成员的投标人按照该组织要求协同投标。

5）投标人之间为谋取中标或者排斥特定投标人而采取的其他联合行动。

（2）有下列情形之一的，视为投标人相互串通投标：

1）不同投标人的投标文件由同一单位或者个人编制。

2）不同投标人委托同一单位或者个人办理投标事宜。

3）不同投标人的投标文件载明的项目管理成员为同一人。

4）不同投标人的投标文件异常一致或者投标报价呈规律性差异。

5）不同投标人的投标文件相互混装。

6）不同投标人的投标保证金从同一单位或者个人的账户转出。

·典型例题·

1.［**2017 真题·单选**］关于联合体投标需遵循的规定，下列说法中正确的是（　　）。

A. 联合体各方签订共同投标协议后，可再以自己名义单独投标

B. 资格预审后联合体增减、更换成员的，其投标有效性待定

C. 由同一专业的单位组成的联合体，按其中较高资质确定联合体资质等级

D. 联合体投标的，可以联合体牵头人的名义提交投标保证金

［**解析**］本题考查的是编制投标文件。选项 A，联合体各方签订共同投标协议后，不得再以自己名义单独投标。选项 B，资格预审后联合体增减、更换成员的，其投标无效。选项 C，由同一专业的单位组成的联合体，按其中较低资质确定联合体资质等级。

2.［**2022 真题·多选**］下列投标人的行为，属于投标人相互串通投标的有（　　）。

A. 不同投标人之间约定中标人

B. 不同投标人的投标文件由同一个人编制

C. 投标人之间约定部分投标人放弃投标

D. 不同投标人的投标文件互相混装

E. 不同投标人的投标报价呈规律性差异

［**解析**］有下列情形之一的，属于投标人相互串通投标：①投标人之间协商投标报价等投标文件的实质性内容；②投标人之间约定中标人；③投标人之间约定部分投标人放弃投标或者中标；④属于同一集团、协会、商会等组织成员的投标人按照该组织要求协同投标；⑤投标人之间为谋取中标或者排斥特定投标人而采取的其他联合行动。

3.［**2018 真题·多选**］投标人在递交投标交件后，其投标保证金按规定不予退还的情形有（　　）。

A. 投标人在投标有效期内撤销投标文件的

B. 投标人拒绝延长投标有效期的

C. 投标人在投标截止日前修改投标文件的

D. 中标后无故拒签合同协议书的

E. 中标后未按招标文件规定提交履约担保的

［**解析**］本题考查的是编制投标文件。出现下列情况的，投标保证金将不予返还：①投标人在规定的投标有效期内撤销或修改其投标文件；②中标人在收到中标通知书后，无正当理由拒签合同协议书或未按招标文件规定提交履约担保。

4.［**2017 真题·多选**］根据我国现行施工招标投标管理规定，投标有效期的确定一般应考虑的因素有（　　）。

A. 投标报价需要的时间

B. 组织评标需要的时间

C. 确定中标人需要的时间

D. 签订合同需要的时间

E. 提交履约保证金需要的时间

［**解析**］本题考查的是编制投标文件。投标有效期一般考虑以下因素：①组织评标委员会完成评标需要的时间；②确定中标人需要的时间；③签订合同需要的时间。

5.［**2016 真题·多选**］投标文件应当对招标文件作出实质性响应的内容有（　　）。

A. 报价

B. 工期

C. 投标有效期

D. 质量要求

E. 招标范围

［**解析**］本题考查的是编制投标文件。投标文件应当对招标文件有关工期、投标有效期、

质量要求、技术标准和要求、招标范围等实质性内容作出响应。

6.［**2014 真题·多选**］关于联合体投标，下列说法正确的有（　　）。

A. 联合体各方应当指定牵头人

B. 各方签订共同投标协议后不得再以自己的名义在同一项目单独投标

C. 联合体投标应当向招标人提交由所有联合体成员法定代表人签署的授权书

D. 同一专业的单位组成联合体，资质等级就低不就高

E. 提交投标保证金必须由牵头人实施

［**解析**］本题考查的是编制投标文件。选项 E 错误，联合体投标的，应当以联合体各方或者联合体中牵头人的名义提交投标保证金。

答案：1. D　2. AC　3. ADE　4. BCD　5. BCDE　6. ABCD

第四节　评标及中标价确定

知识点 1　评标程序及评审标准

一、评标的准备与初步评审

（一）清标

清标（见图 4-4-1）是指招标人或工程造价咨询企业在开标后且评标前，对投标人的投标报价是否响应招标文件、违反国家有关规定，以及报价的合理性、算术性错误等进行审查并出具意见的活动。主要包含下列内容：

（1）对招标文件的实质性响应。

（2）错漏项分析。

（3）分部分项工程项目清单综合单价的合理性分析。

（4）措施项目清单的完整性和合理性分析，以及其中不可竞争性费用正确分析。

（5）其他项目清单完整性和合理性分析。

（6）不平衡报价分析。

（7）暂列金额、暂估价正确性复核。

（8）总价与合价的算术性复核及修正建议。

（9）其他应分析和澄清的问题。

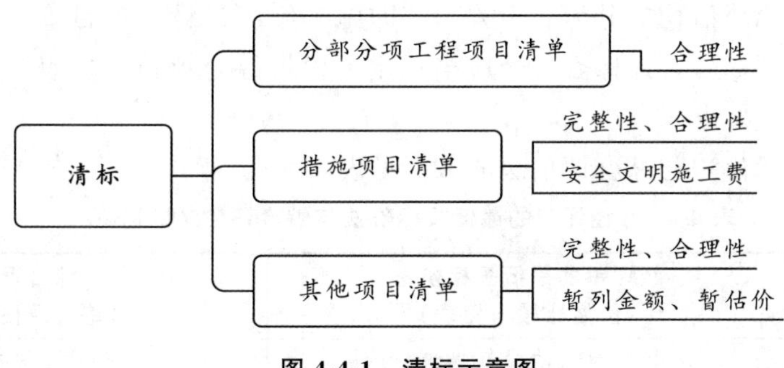

图 4-4-1　清标示意图

（二）初步评审及标准

我国目前评标中主要采用的方法包括经评审的最低投标价法和综合评估法，两种评标方法在初步评审阶段，其内容和标准上基本是一致的。

1. 初步评审标准

（1）形式评审标准。

（2）资格评审标准。

（3）响应性评审标准。

显著的差异或保留包括以下情况：对工程的范围、质量及使用性能产生实质性影响；偏离了招标文件的要求，而对合同中规定的招标人的权利或者投标人的义务造成实质性的限制；纠正这种差异或者保留将会对提交了实质性相应要求的投标书的其他投标人的竞争地位产生不公平影响。

（4）施工组织设计和项目管理机构评审标准（技术性评审标准）。

2. 投标文件的澄清和说明

评标委员会可以书面方式要求投标人对投标文件中含意不明确的内容做必要的澄清、说明或补正，但评标委员会不接受投标人主动提出的澄清、说明或补正。

（1）报价有算术错误的修正。投标报价有算术错误的，评标委员会按照“以大写为准、以单价为准、以中文为准”的原则对投标报价进行修正，修正的价格经投标人书面确认后具有约束力。投标人不接受修正价格的，其投标被否决。

（2）经初步评审后否决投标的情况。未能在实质上响应的投标，评标委员会应当否决其投标。

二、详细评审标准与方法

（一）经评审的最低投标价

第四章

经评审的最低投标价法是指评标委员会对满足招标文件实质要求的投标文件，根据详细评审标准规定的量化因素及量化标准进行价格折算，按照经评审的投标价由低到高的顺序推荐中标候选人，或根据招标人授权直接确定中标人，但投标报价低于其成本的除外。经评审的投标价相等时，投标报价低的优先；投标报价也相等的，优先由招标人事先在招标文件中确定。

该方法主要适用于具有通用技术、性能标准或者招标人对其技术、性能没有特殊要求的招标项目。完成详细评审后，评标委员会应当拟定一份“价格比较一览表”，连同书面评标报告提交招标人。

（二）综合评估法

不宜采用经评审的最低投标价法的招标项目，一般应当采取综合评估法进行评审。综合评估法是指评标委员会按照规定的评分标准进行打分，并按得分由高到低顺序推荐中标候选人。综合评分相等时，以投标报价低的优先；投标报价也相等的，优先由招标人事先在招标文件中确定。

综合评估法下评标分值构成分为四个方面：即施工组织设计；项目管理机构；投标报价；其他评分因素。完成评标后，评标委员会应当拟定一份“综合评估比较表”，连同书面评标报告提交招标人。

经评审的最低投标价法与综合评估法的区别见表 4-4-1。

表 4-4-1　经评审的最低投标价法与综合评估法的区别

项目	经评审的最低投标价法 （价格比较一览表）	综合评估法 （综合评估比较表）
评标前应载明的内容	投标人的投标报价	投标人的投标报价

续表

项目	经评审的最低投标价法（价格比较一览表）	综合评估法（综合评估比较表）
评标中应载明的内容	对商务偏差的价格调整和说明	（1）所做的任何修正 （2）对商务偏差的调整 （3）对技术偏差的调整 （4）对各评审因素的评估
评标后应载明的内容	已评审的最终投标价	每一投标的最终评审结果

·典型例题·

1.［**2021真题·单选**］某市政工程招标采用经济评审最低价法评标，招标文件规定对同时投多个标段的评标修正率为4%，现投标人甲、乙同时投Ⅰ、Ⅱ标段，甲报8 000万元、7 000万元，乙报8 500万元、6 800万元。已知甲中标Ⅰ段，在不考虑其他量化因素情况下，投标人甲、乙Ⅱ段评标价分别为（　　）。

A. 6 720万元；6 528万元　　B. 6 720万元；6 800万元

C. 8 834万元；6 028万元　　D. 7 280万元；7 072万元

［**解析**］对同时投多个标段的评标修正，一般的做法是：如果投标人的某一个标段已被确定为中标，则在其他标段的评标中按照招标文件规定的百分比（通常为4%）乘以报价额后，在评标价中扣减此值。因为甲在Ⅰ标段中标，所以甲在Ⅱ标段评标价＝7 000×（1－4%）＝6 720（万元），乙在Ⅱ标段评标价为6 800万元。

2.［**2020真题·单选**］建设工程评标过程中遇到下列情形，评标委员会可直接否决投标文件的是（　　）。

A. 投标文件中的大、小写金额不一致　　B. 未按施工组织设计方案进行报价

C. 投标联合体没有提交共同投标协议　　D. 投标报价中采用了不平衡报价

［**解析**］评标委员会应当审查每一投标文件是否对招标文件提出的所有实质性要求和条件作出响应。未能在实质上响应的投标，评标委员会应当否决其投标。具体情形包括：①投标文件未经投标单位盖章和单位负责人签字；②投标联合体没有提交共同投标协议；③投标人不符合国家或者招标文件规定的资格条件；④同一投标人提交两个以上不同的投标文件或者投标报价，但招标文件允许提交备选投标的除外；⑤投标报价低于成本或者高于招标文件设定的最高投标限价，对报价是否低于工程成本的异议，评标委员会可以参照国务院有关主管部门和省、自治区、直辖市有关主管部门发布的有关规定进行评审；⑥投标文件没有对招标文件的实质性要求和条件作出响应；⑦投标人有串通投标、弄虚作假、行贿等违法行为。

3.［**2018真题·单选**］某招标工程采用综合评估法评标，报价越低的报价得分越高。评分因素、权重及各投标人得分情况见表4-4-2，则推荐的第一中标候选人应为（　　）。

表4-4-2　某招标工程得分情况

评分因素	权重/%	投标人得分		
		甲	乙	丙
施工组织设计	30	90	100	80
项目管理机构	20	80	90	100
投标报价	50	100	90	80

A. 甲　　B. 乙

C. 丙　　D. 甲或乙

[解析] 本题考查的是评标程序及评审标准。甲得分＝90×30％＋80×20％＋100×50％＝93，乙得分＝100×30％＋90×20％＋90×50％＝93，丙得分＝80×30％＋100×20％＋80×50％＝84，综合评分相等时，以投标报价低的优先，甲为中标候选人。

4. [**2017真题·单选**] 下列施工评标及相关工作事宜中，属于清标工作内容的是（　　）。

A. 投标文件的澄清　　B. 施工组织设计评审

C. 形式评审　　D. 不平衡报价分析

[解析] 本题考查的是评标程序及评审标准。选项A、B、C均属于初步评审的内容，选项D为清标工作内容。

5. [**2017真题·单选**] 关于评标过程中，对投标报价算术错误的修正，下列做法中正确的是（　　）。

A. 评标委员会应对报价中的算术性错误进行修正

B. 修正的价格，经评标委员会书面确认后具有约束力

C. 投标人应接受修正价格，否则将没收其投标保证金

D. 投标文件中的大写与小写金额不一致的，以小写金额为准

[解析] 本题考查的是评标程序及评审标准。修正的价格，经投标人书面确认后具有约束力，选项B错误。投标人应接受修正价格，否则投标被否决，选项C错误。投标文件中的大写与小写金额不一致的，以大写金额为准，选项D错误。

6. [**2022真题·多选**] 下列对投标文件进行评审的工作中，属于初步评审工作的有（　　）。

A. 错漏项分析　　B. 审查类似项目业绩

C. 分析报价构成的合理性　　D. 修正有算术错误的报价

E. 拟定"价格比较一览表"

[解析] 初步评审内容及标准：①初步评审的标准包括以下四个方面：a. 形式评审标准；b. 资格评审标准，审查类似项目业绩属于资格评审标准；c. 响应性评审标准，分析报价构成的合理性属于响应性评审；d. 施工组织设计和项目管理机构评审标准。②投标文件的澄清和说明。③报价有算术错误的修正。④经初步评审后否决投标的情况。

答案：1. B　2. C　3. A　4. D　5. A　6. BCD

知识点2 中标人的确定

一、评标报告的内容及提交

评标报告由评标委员会全体成员签字。对评标结论持有异议的评标委员会成员应当以书面方式阐述其不同意见和理由。评标委员会成员拒绝在评标报告上签字且不陈述其不同意见和理由的，视为同意评标结论。评标委员会应当对此作出书面说明并记录在案。

二、公示中标候选人

依法必须进行招标的项目，招标人应当自收到评标报告之日起3日内公示中标候选人，公示期不得少于3日。

公示内容：对中标候选人全部名单及排名进行公示，而不是只公示排名第一的中标候选

人。同时，对有业绩信誉条件的项目，在投标报名或开标时提供的作为资格条件或业绩信誉情况，应一并进行公示，但不含投标人的各评分因素的得分情况。

三、确定中标人

对使用国有资金投资或者国家融资的项目，招标人应当确定排名第一的中标候选人为中标人。招标人可以授权评标委员会直接确定中标人。招标人不得向中标人提出压低报价、增加工作量、缩短工期或其他违背中标人意愿的要求，以此作为发出中标通知书和签订合同的条件。

四、中标通知书及签约准备

（一）发出中标通知书

中标人确定后，招标人应当向中标人发出中标通知书，并同时将中标结果通知所有未中标的投标人。中标通知书对招标人和中标人具有法律效力。依法必须进行招标的项目，招标人应当自确定中标人之日起 15 日内，向有关行政监督部门提交招标投标情况的书面报告。

（二）履约担保

在签订合同前，中标人以及联合体的中标人应按招标文件有关规定的金额、担保形式和提交时间，向招标人提交履约担保。履约担保有现金、支票、汇票、履约担保书和银行保函等形式，履约担保金额最高不得超过中标合同金额的 10%。招标人要求中标人提供履约担保的，招标人应当同时向中标人提供工程款支付担保。中标后的承包人应保证其履约担保在发包人颁发工程接收证书前一直有效。

小结：履约担保知识框架见图 4-4-2。

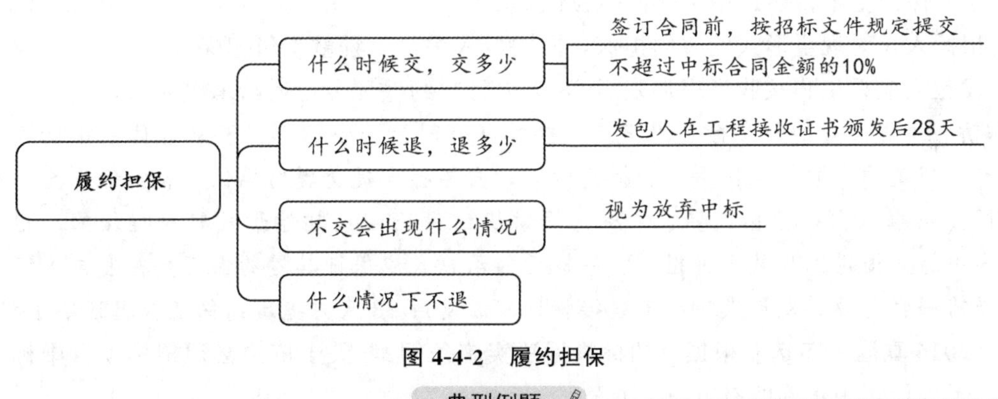

图 4-4-2 履约担保

·典型例题·

1.［2022 真题·单选］关于履约担保的说法，正确的是（　　）。

A. 中标人提供履约担保的，招标人应同时向中标人提供工程款支付担保

B. 最高不得超过中标合同金额的 5%

C. 有效期自合同签订之日起至合同约定的中标人主要义务履行完毕止

D. 应在工程接收证书颁发前 28 天内将履约担保退还给承包人

［**解析**］选项 A 正确，招标人要求中标人提供履约担保的，招标人应当同时向中标人提供工程款支付担保。选项 B 错误，履约担保金额最高不得超过中标合同金额的 10%。选项 C 错误，履约担保的有效期自合同生效之日起至合同约定的中标人主要义务履行完毕止。选项 D 错误，发包人应在工程接收证书颁发后 28 天内将履约担保退还给承包人。

2. ［**2018 真题·单选**］依法必须招标的项目，中标公示应包含的内容是（　　）。

A. 评标委员会全体成员名单

B. 所有投标人名单及排名情况

C. 投标人的各评分要素的得分情况

D. 中标候选人投标报名或开标时提供的业绩信誉情况（有业绩信誉条件的）

［**解析**］本题考查的是中标人的确定。招标人需对中标候选人全部名单及排名进行公示，而不是只公示排名第一的中标候选人。同时，对有业绩信誉条件的项目，在投标报名或开标时提供的作为资格条件或业绩信誉情况，应一并进行公示，但不含投标人的各评分要素的得分情况。

3. ［**2015 真题·单选**］关于依法必须招标工程中标候选人的公示，下列说法中正确的是（　　）。

A. 评标结果只能在交易场所公示

B. 公示对象是全部中标候选人

C. 公示对象是所有投标人

D. 公示的内容包括各评分要素的得分

［**解析**］本题考查的是中标人的确定。对中标候选人全部名单及排名进行公示，而不是只公示排名第一的中标候选人。同时，对有业绩信誉条件的项目，在投标报名或开标时提供的作为资格条件或业绩信誉情况，应一并进行公示，但不含投标人的各评分要素的得分情况。

4. ［**2015 真题·单选**］关于施工招标工程的履约担保，下列说法中正确的是（　　）。

A. 中标人应在签订合同后向招标人提交履约担保

B. 履约保证金不得超过中标合同金额的 5%

C. 招标人仅对现金形式的履约担保，向中标人提供工程款支付担保

D. 发包人应在工程接收证书颁发后 28 天内将履约保证金退还给承包人

［**解析**］本题考查的是中标人的确定。在签订合同前，中标人以及联合体的中标人应按招标文件有关规定的金额、担保形式和提交时间，向招标人提交履约担保。履约保证金不得超过中标合同金额的 10%。招标人要求中标人提供履约保证金或其他形式履约担保的，招标人应当同时向中标人提供工程款支付担保。中标后的承包人应保证其履约保证金在发包人颁发工程接收证书前一直有效。发包人应在工程接收证书颁发后 28 天内把履约保证金退还给承包人。

5. ［**2016 真题·多选**］根据《招标投标法实施条例》，关于依法必须招标项目中标候选人的公示，下列说法中正确的有（　　）。

A. 应公示中标候选人

B. 公示对象是全部中标候选人

C. 公示期不得少于 3 日

D. 公示在开标后的第二天发布

E. 对有业绩信誉条件的项目，其业绩信誉情况应一并进行公示

［**解析**］本题考查的是中标人的确定。依法必须进行招标的项目，招标人应当自收到评标报告之日起 3 日内公示中标候选人，公示期不得少于 3 日，选项 D 错误。

答案：1. A　2. D　3. B　4. D　5. ABCE

第五节　合同价款的约定

知识点 1　签约合同价与中标价的关系

合同价就是中标价，因为中标价是指评标时经过算术修正的，并在中标通知书中载明招标人接受的投标价格。

知识点 2　合同价款约定的规定和内容

一、合同签订的时间及规定

招标人和中标人应当在投标有效期内并在自中标通知书发出之日起 30 天内，根据招标文件和中标人的投标文件订立书面合同。招标人与中标人签订合同后 5 日内，应当向中标人和未中标的投标人退还投标保证金及银行同期存款利息。

二、合同价款类型的选择

合同约定不得违背招、投标文件中关于工期、造价、质量等方面的实质性内容。招标文件与中标人投标文件不一致的地方，以投标文件为准。合同价款类型的选择见表 4-5-1。

表 4-5-1　合同价款类型的选择

情形	类型
工程量清单计价的建筑工程	单价方式
建设规模较小，技术难度较低，工期较短的建设工程	总价方式
紧急抢险、救灾以及施工技术特别复杂的建设工程	成本加酬金方式

·典型例题·

［**2019 真题·多选**］下列条件下的建设工程，其施工承包合同适合采用成本加酬金方式确定合同价的有（　　）。

A. 工程建设规模小　　B. 施工技术特别复杂

C. 工期较短　　D. 紧急抢险项目

E. 施工图设计还有待进一步深化

［**解析**］根据《建筑工程施工发包与承包计价管理办法》(住建部第 16 号令)，实行工程量清单计价的建筑工程，鼓励发承包双方采用单价方式确定合同价款；建设规模较小，技术难度较低，工期较短的建设工程，发承包双方可以采用总价方式确定合同价款；紧急抢险、救灾以及施工技术特别复杂的建设工程，发承包双方可以采用成本加酬金方式确定合同价款。

答案：BD

第六节　总承包合同价款的约定

工程总承包是指承包单位按照与建设单位签订的合同，对工程设计、采购、施工或者设计、施工等阶段实行总承包，并对工程的质量、安全、工期和造价等全面负责的工程建设组织实施方式。

知识点1 工程总承包的特点与分类

一、工程总承包的类型

（1）设计采购施工（EPC）总承包。

工程总承包企业按照合同约定，承担工程项目的设计、采购、施工、试运行服务等工作，并对承包工程的质量、安全、工期、造价全面负责。

（2）交钥匙（Turnkey）总承包。

不仅承包工程项目的建设实施任务，而且提供建设项目前期工作和运营准备工作的综合服务。

（3）阶段性总承包模式。

设计—采购总承包（EP），采购—施工总承包（PC），设计—施工总承包（DB）。

（4）工程项目管理总承包。

工程项目管理企业不直接与该工程项目的总承包企业或勘察、设计、供货、施工等企业签订合同，但可以按合同约定，协助业主与上述企业签订合同，并受业主委托监督合同的履行。

二、工程总承包的主要特点

（1）有利于优化工程建设组织方式。

（2）有利于设计和施工深度交叉，降低工程造价。

（3）有利于缩短建设周期，提高工程质量。

（4）有利于提高承包人的市场竞争力。

知识点2 工程总承包招标文件的编制

一、工程总承包招标文件的编制内容

工程总承包招标文件的编制内容见表4-6-1。

表4-6-1　工程总承包招标文件的编制内容

序号	施工招标文件编制内容	序号	工程总承包招标文件编制内容
1	招标公告（或投标邀请书）	1	招标公告（或投标邀请书）
2	投标人须知	2	投标人须知
3	评标办法	3	评标办法
4	合同条款及格式	4	合同条款及格式
5	工程量清单	5	发包人要求
6	图纸		
7	技术标准和要求	6	发包人提供的资料
8	投标文件格式	7	投标文件格式
9	规定的其他材料	8	规定的其他资料

二、工程总承包招标文件编制时应注意的问题

《标准设计施工总承包招标文件》将设计、采购、施工等内容进行有机整合，在通用合同条款中提供了可选择的条款，创造性地采取了由合同当事人选择约定（A）条款或（B）条款

方法。

《标准设计施工总承包招标文件》提供的（A）（B）条款较多，如发包人要求中的错误、发包人提供的材料和工程设备、计日工、暂估价、物价波动引起的调整、竣工后试验等。

知识点3 工程总承包投标文件的编制

一、工程总承包投标文件的内容

工程总承包投标文件的内容见表4-6-2。

表4-6-2 工程总承包投标文件的内容

序号	施工投标文件内容	序号	工程总承包投标文件内容
1	投标函及投标函附录	1	投标函及投标函附录
2	法定代表人身份证明或授权委托书	2	法定代表人身份证明或授权委托书
3	联合体协议书	3	联合体协议书
4	投标保证金	4	投标保证金
5	已标价工程量清单	5	价格清单
6	施工组织设计	6	承包人建议书
7	项目管理机构	7	承包人实施计划
8	拟分包项目情况表	8	资格审查资料
9	资格审查资料	9	规定的其他资料
10	规定的其他材料		

二、工程总承包投标文件编制与递交时应遵循的规定

由于实施工程总承包的项目通常比较复杂，因此除投标人须知前附表另有规定外，投标有效期均为120天。

三、工程总承包投标报价分析

工程总承包商投标报价决策的第一步应准确估计成本，即成本分析和费率分析；第二步是标高金决策，标高金是总承包商的价值增值部分，因此首先要进行价值增值分析，其次对风险进行评估。

（一）成本分析

工程总承包项目的成本费用由施工费用，直接设备材料费用，分包合同费用，公司本部费用，调试、开车服务费用和其他费用组成，也可以将工程总承包费用按阶段分解成勘察设计费用、采购费用和施工费用三部分。

（二）标高金分析

标高金由管理费、利润和风险费组成。管理费属于总部的日常开支在该项目上的摊销，与公司本部费用有所不同，公司本部费用是与项目直接相关的管理费用和勘察设计费用开支。

确定管理费率和利润率是一个多目标决策过程。一般最简单的也是最客观的方式是模糊综合评价法。

确定风险费最重要的是计算风险费率，计算风险费率可以运用模糊综合评价法和层次分析法等进行计算。

小结：总承包投标报价见图 4-6-1。

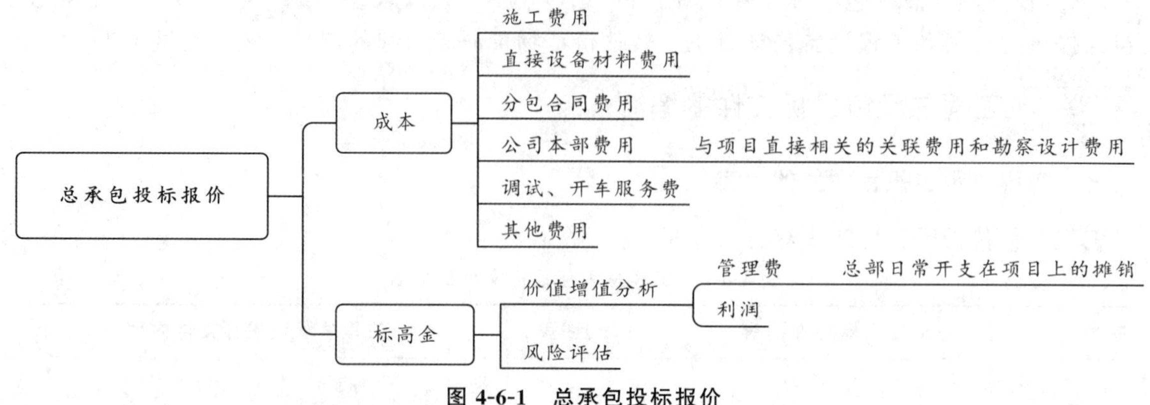

图 4-6-1　总承包投标报价

知识点 4　工程总承包的评标办法

一、综合评估法

（1）初步评审标准。综合评估法下的初步评审标准包括形式评审标准、资格评审标准和响应性评审标准。

（2）详细评审。综合评估法的详细评审分别从承包人建议书、资信业绩、承包人实施方案、投标报价和其他评分因素的各个方面进行综合评定。

二、经评审的最低投标价法

（1）初步评审标准。经评审的最低投标价法下的初步评审标准包括形式评审标准、资格评审标准、响应性评审标准、承包人建议书评审标准、承包人实施方案评审标准五个方面。

（2）详细评审标准。详细评审标准主要是将招标文件中确定需要考虑的量化因素按照既定的量化标准进行折算，从而得到各标书经评审的投标价。考虑的量化因素主要有付款条件。

知识点 5　工程总承包的签约合同价

合同价格与“签约合同价”的含义不同。

“签约合同价”，即中标通知书明确的并在签订合同时于合同协议书中写明的，包括了暂列金额、暂估价的合同总金额。

“合同价格”，即承包人按合同约定完成了包括缺陷责任期内的全部承包工作后，发包人应付给承包人的金额，包括在履行合同过程中按合同约定进行的变更和调整。

·典型例题·

1. ［2022 真题 · 单选］EPC 总承包模式下，工程总承包人应承担的工作范围是（　　）。

A. 采购—设计—施工

B. 采购—施工

C. 采购—设计—施工—试运行

D. 采购—设计—施工—试运行—保养维护

［解析］EPC 总承包即工程总承包人按照合同约定，承担工程项目的设计、采购、施工、试运行服务等工作，并对承包工程的质量、安全、工期、造价全面负责。

2. ［2020 真题 · 单选］根据现行《标准设计施工总承包招标文件》，关于“合同价格”和“签约合同价”，下列说法正确的是（　　）。

A. 合同价格是指签约合同价

B. 签约合同价中包括了专业工程暂估价

C. 合同价格不包括按合同约定进行的变更价款

D. 签约合同价一般高于中标价

［解析］合同价格与“签约合同价”的含义。《标准设计施工总承包招标文件》合同协议书中称合同价格为“签约合同价”，即指中标通知书明确的并在签订合同时于合同协议书中写明的，包括了暂列金额、暂估价的合同总金额。而“合同价格”是指承包人按合同约定完成了包括缺陷责任期内的全部承包工作后，发包人应付给承包人的金额，包括在履行合同过程中按合同约定进行的变更和调整。

3. ［2017 真题 · 单选］工程总承包企业投标报价决策时应准确估计成本，其成本费用应由（　　）等组成。

A. 勘察设计费用、采购费用、施工费用、总部管理费

B. 勘察设计费用、分包合同费用、施工费用、利润

C. 公司本部费用、施工费用、直接设备材料费用、分包合同费用

D. 公司本部费用、施工费用、直接设备材料费用、风险费用

［解析］本题考查的是工程总承包合同价款的约定。工程总承包项目的成本费用由施工费用，直接设备材料费用，分包合同费用，公司本部费用，调试、开车服务费用和其他费用组成，也可以将工程总承包费用按阶段分解成勘察设计费用、采购费用和施工费用三部分。

4. ［2017 真题 · 单选］工程总承包企业承担工程项目的设计、采购、施工、试运行服务等工作，对承包工程的质量、安全、工期、造价全面负责的工程总承包类型是（　　）。

A. 交钥匙总承包　　B. EPC 总承包

C. 设计—施工总承包　　D. 工程项目管理总承包

［解析］本题考查的是工程总承包合同价款的约定。EPC 总承包即工程总承包企业按照合同约定，承担工程项目的设计、采购、施工、试运行服务等工作，并对承包工程的质量、安全、工期、造价全面负责。

5. ［2018 真题 · 多选］与其他工程总承包方式相比较，交钥匙总承包的优越性有（　　）。

A. 有利于满足业主的特殊要求

B. 有利于降低总包商承担的风险

C. 有利于调动总包商的积极性

D. 有利于简化业主与承包商之间的关系

E. 有利于加大业主的介入程度

［解析］本题考查的是工程总承包合同价款的约定。交钥匙总承包的优越性：①能满足某些业主的特殊要求；②承包商承担的风险比较大，但获利的机会比较多，有利于调动总包的积极性；③业主介入的程度比较浅，有利于发挥承包商的主观能动性；④业主与承包商之间的关系简单。

答案：1. C　2. B　3. C　4. B　5. ACD

第四章

第七节　国际工程合同价款的约定

知识点1　世界银行贷款项目的采购原则

（1）必须注意经济性和效率性。

（2）为合格的投标人提供平等的竞争机会。

（3）促进借款国的制造业和承包业的发展。

知识点2　国际竞争性招标

（1）总采购公告。

（2）资格预审和资格定审。

资格预审首先要确定投标人是否有投标资格，在有优惠待遇的情况下，也可确定其是否有资格享受本国或地区优惠待遇。

同时，资格预审要审定可能的投标人是否有能力承担该项采购任务，是否有足够的人力财力资源有效地实施采购合同。

如果在投标前未进行过资格预审，应在评标后对标价最低并拟授予合同的标书投标人进行资格定审。

（3）准备招标文件。

（4）具体合同招标广告（投标邀请书）。

（5）开标。

世界银行的国际竞争性招标程序中可以采用“两个信封制度”，第一次开标会时先开启技术性标书的信封；第二次开标会时再将技术上符合要求的标书报价公开读出。技术上不符合要求的标书，其第二个信封不再开启。如果采购合同简单，两个信封也可能在一次会议上先后开启。

（6）评标。

评标主要有审标、评标、资格定审三个步骤。

1）审标。先将各投标人提交的标书就一些技术性、程序性问题加以澄清并初步筛选。

2）评标。评标时既要考虑报价，也要考虑其他因素。

3）资格定审。如果未经资格预审，则应对评标价最低的投标人进行资格定审。如果认定他有资格，就应建议授予合同。如不符合要求，则再对评标价次低的投标人进行资格定审。

（7）授予合同或拒绝所有投标。

（8）合同谈判和签订合同。

合同价格是不容谈判的，也不得在谈判中要求投标人承担额外的任务。

（9）采购不当。

·典型例题·

［**2022真题·单选**］关于世界银行贷款项目国际竞争性招标工程的评标，下列步骤及顺序正确的是（　　）。

A. 资格预审、审标、评标　　　　B. 审标、资格预审、评标

C. 审标、资格定审、评标　　　　D. 审标、评标、资格定审

第四章

［解析］评标主要有审标、评标、资格定审三个步骤。

答案：D

知识点 3 承揽国际工程时投标报价的计算

标价由直接费用、间接费用、利润和风险费组成。

一、人工、材料、机械台班单价的计算

(1) 人工工日单价的计算。人工工日单价需根据工人来源情况确定。在国外承包工程，人工工日单价就是指国内派出工人和当地雇用工人的平均工资单价。

(2) 材料、设备单价的计算。国外承包工程中的材料、设备的来源渠道有三种，即当地采购、国内采购和第三国采购。

(3) 施工机械台班单价的计算。在计算施工机械台班单价时，其中基本折旧费的计算一般应根据当时的工程情况考虑 5 年折旧期，较大工程甚至一次折旧完毕。因此，也就不计算大修理费用。

二、间接费与其他费用的计算

(1) 间接费。不同的工程，间接费包括的内容可能有所不同，常见的费用包括以下几种：

1) 投标期间开支的费用。如购买招标文件费、投标期间差旅费、投标文件编制费等。

2) 保函手续费。银行要按保函金额收取一定的手续费。如中国银行一般收取保函金额 0.4%～0.6%的年手续费；外国银行一般收取保函金额 1%的年手续费。

3) 保险费。一般为合同总价的 0.5%～1.0%。

4) 税金。

5) 经营业务费。

6) 临时设施费。有的招标文件将临时设施费单独立项计入总价。

7) 贷款利息。主要指承包商为筹集维持正常施工预先垫付的流动资金所支付的利息。

8) 施工管理费。一般情况下为投标总价的 1%～2%。

(2) 分包费。在国际工程标价中，对分包费的处理有两种方法：一种方法是将分包费列入直接费中，即考虑间接费时包含了对分包的管理费；另一种方法是将分包费与直接费、间接费平行并列，在估算分包费时适当加入对分包商的管理费即可。

(3) 暂定金额。暂定金额是指发包人在招标文件中并在工程量清单中以备用金标明的金额，提供任何部分施工，或提供货物、材料、设备及服务，或供不可预料事件使用的一项金额。投标人的投标报价中只能把暂定金额列入工程总报价，不能以间接费的方式分摊进入各项目单价中。承包商无权使用此金额，而是按工程师的指示来决定是否动用。

(4) 上级单位管理费。一般按工程直接费的 3%～5%收取。

(5) 盈余。盈余包括利润和风险费两部分。利润可根据工程具体情况灵活确定，也可根据投标策略可高可低，若采用低利政策则可将毛利定在 5%～10%。风险费是承包商对未知的诸如物价上涨、各种不可预见事件的发生而估计的金额。在风险费估计不足时，就要由承包商预计获得的利润来补贴。

·典型例题·

1. [2021 真题·单选] 关于国际竞争性招投标项目开标的做法，正确的是（　　）。

A. 不允许投标人或其代表出席开标会议

B. 不应拒绝开启未附投标保证金的标书

C. 应全部读出标书的全部内容

D. 开标时不允许记录和录音

[解析] 在招标文件“投标人须知”中应明确规定投交标书地址、投标截止时间和开标时间及地点。投交标书的方式不得加以限制（如规定必须寄交某邮政信箱），以免延误。应该允许投标人亲自或派代表投交标书。开标时间一般应是投标截止时间或紧接在截止时间之后。招标人应规定时间当众开标。应允许投标人或其代表出席开标会议，对每份标书都应当众读出其投标人、报价和交货或完工期；如果要求或允许提出替代方案，也应读出替代方案的报价及完工期。标书是否附有投标保证金或保函也应当众读出。不能因为标书未附投标保证金或保函而拒绝开启。标书的详细内容是不可能也不必全部读出的。开标应作出记录，列明到会人员及宣读的有关标书的内容。如果世界银行有要求，还应将记录的副本送交世界银行。开标时一般不允许提问或做任何解释，但允许记录和录音。

2. [2018 真题·单选] 国内派出参与国际工程的工人工资构成中应包括（　　）。

A. 国内标准工资，不包括国内附加工资和补贴

B. 国内、国际差旅费，不包括派出工人的企业收取的管理费

C. 按当地市场预测的工资预涨费

D. 按当地工人保险费标准计算的保险费

[解析] 本题考查的是国际工程招标投标及合同价款的约定。出国期间的总费用包括出国准备到回国修整结束后的全部费用。主要包括：①国内工资，包括标准工资、附加工资和补贴；②派出工人的企业收取的管理费；③服装费、卧具及住房费；④国内、国际差旅费；⑤国外津贴费和伙食费；⑥奖金及加班费；⑦福利费；⑧工资预涨费，按我国工资现行规定计算，工期较短的工程可不考虑；⑨保险费，按当地工人保险费标准计算。

3. [2017 真题·单选] 国际竞争性招标投标过程中只对标书的报价和其他因素进行评比不对投标人资格进行评审的工作是（　　）。

A. 清标　　B. 审标

C. 评标　　D. 定标

[解析] 本题考查的是国际工程招标投标及合同价款的约定。评标只是对标书的报价和其他因素，以及标书是否符合招标程序要求和技术要求进行评比，而不是对投标人是否具备实施合同的经验、财务能力和技术能力的资格进行评审。对投标人的资格审查应在资格预审或定审中进行。

4. [2016 真题·单选] 国际工程投标报价中，若将分包费列入直接费，则对分包商的管理费通常应列入（　　）。

A. 直接费　　B. 分包费

C. 间接费　　D. 暂定金额

[解析] 本题考查的是国际工程招标投标及合同价款的约定。在国际工程标价中，对分包费的处理有两种方法：①将分包费列入直接费中，即考虑间接费时包含了对分包的管理费；

第四章

②将分包费与直接费、间接费平行并列，在估算分包费时适当加入对分包商的管理费即可。

5.［**2016 真题·单选**］在国际竞争性招标中，评标的主要步骤是（　　）。

A. 审标、评标、资格定审　　B. 资格定审、开标、审标

C. 开标、评标、资格定审　　D. 开标、审标、评标

［**解析**］本题考查的是国际工程招标投标及合同价款的约定。国际竞争性招标中，评标的主要步骤是审标、评标、资格定审。审标是先将各投标人提交的标书就一些技术性、程序性的问题加以澄清并初步筛选。评标是按招标文件所明确规定的标准和评标方法，评定各标书的评标价。如果未经资格预审，则应对评标价最低的投标人进行资格定审。

答案：1. B　2. D　3. C　4. C　5. A

同步强化训练

一、单项选择题（每题的备选项中，只有 1 个最符合题意）

1. 投标报价时有关复核工程量的表述，正确的是（　　）。

A. 工程量清单中工程量的遗漏或错误，是否向招标人提出修改意见取决于工程内容

B. 通过工程量计算复核还能准确地确定订货及采购物资的报价

C. 投标人发现工程量清单中数量有误，可以对工程量清单进行修改

D. 工程量计算复核还能准确地确定订货及采购物资的数量，防止由于超量或少购等带来的浪费

2. 关于投标报价，下列说法中正确的是（　　）。

A. 总价措施项目由招标人填报

B. 暂列金额依据招标工程量清单总说明，结合项目管理规划自主填报

C. 暂估价依据询价情况填报

D. 投标人对投标报价的任何优惠均应反映在相应的清单项目的综合单价中

3. 关于投标报价时综合单价的确定，下列做法中正确的是（　　）。

A. 以项目特征描述为依据确定综合单价

B. 招标工程量清单特征描述与设计图纸不符时，应以设计图纸为准

C. 应考虑招标文件规定范围（幅度）外的风险费用

D. 消耗量指标的计算应以地区或行业定额为依据

4. 对于其他项目中的计日工，投标人正确的报价方式是（　　）。

A. 按政策规定标准估算报价

B. 按招标文件提供的金额报价

C. 自主报价

D. 待签证时报价

5. 下列情形中，不视为投标人串通投标的是（　　）。

A. 投标人 A 与 B 的项目经理为同一人

B. 投标人 C 与 D 的投标文件相互错装

C. 投标人 E 与 F 在同一时刻提前递交投标文件

D. 投标人 G 与 H 作为暗标的技术标由同一人编制

6. 关于联合体投标的说法，正确的是（　　）。

A. 联合体各方签订共同投标协议后，可以以自己名义单独投标

B. 由同一专业的单位组成的联合体，按照资质等级较高的单位确定资质等级

C. 通过资格预审的联合体，各方组成结构、职责及财务能力等条件不得改变

D. 联合体中牵头人提交的投标保证金对其他成员不具有约束力

7. 关于暂列金额，下列说法中正确的是（　　）。

A. 用于必须发生但暂时不能确定价格的项目

B. 由承包人支配，按签证价格结算

C. 不能用于因工程变更而发生的索赔支付

D. 不同专业预留的暂列金额应分别列项

8. 关于依法必须招标工程的标底和最高投标限价，下列说法中正确的是（　　）。

A. 招标人有权自行决定是否采用设标底招标、无标底招标以及最高投标限价招标

B. 采用设标底招标的，招标人有权决定标底是否在招标文件中公开

C. 采用最高投标限价招标的，招标人应在招标文件中明确最高投标限价，也可以规定最低投标限价

D. 公布最高投标限价时，还应公布各单位工程的分部分项工程费、措施项目费、其他项目费、规费和税金

9. 关于最高投标限价及其编制，下列说法中正确的是（　　）。

A. 招标人不得拒绝高于最高投标限价的投标报价

B. 当重新公布最高投标限价时，原投标截止期不变

C. 经复核认为最高投标限价误差大于±3%时，投标人应责成招标人改正

D. 投标人经复核认为最高投标限价未按规定编制的，应在最高投标限价公布 5 日内提出投诉

10. 关于标底与最高投标限价的编制，下列说法中正确的是（　　）。

A. 招标人不得自行决定是否编制标底

B. 招标人不得规定最低投标限价

C. 编制标底时必须同时设有最高投标限价

D. 招标人不编制标底时应规定最低投标限价

11. 关于工程量清单方式招标工程合同价格风险及风险分担，下列说法中正确的是（　　）。

A. 当出现的风险内容及幅度在招标文件规定的范围内时，综合单价不变

B. 市场价格波动导致施工机具使用费发生变化时，承包人只承担5%以内的价格风险

C. 人工费变化发生的风险全部由发包人承担

D. 承包人管理费的风险一般由发承包双方共同承担

12. 关于投标保证金，下列说法中正确的是（　　）。

A. 投标保证金的数额不得少于投标总价的 2%

B. 投标人应当在签订合同后的 30 日内退还未中标人的投标保证金

C. 投标人拒绝延长投标有效期的，投标人无权收回其投标保证金

D. 投标保证金的有效期与投标有效期相同

13. 下列情形中，属于投标人互相串通投标的是（　　）。

A. 不同投标人的投标报价呈现有规律性差异

B. 不同投标人的投标文件由同一单位或个人编制

C. 不同投标人委托了同一单位或个人办理某项投标事宜

D. 投标人之间约定中标人

14. 采用经评审的最低投标价法评标时，下列说法中正确的是（　　）。

A. 经评审的最低投标价法通常采用百分制

B. 具有通用技术的招标项目不宜采用经评审的最低投标价法

C. 当出现经评审的投标价相等且报价也相等时，中标人由招标监理机构确定

D. 采用经评审的最低投标价法工作结束时，应拟定“价格比较一览表”提交招标人

15. 某招标项目采用经评审的最低投标价法评标，招标文件规定对同时投多个标段的评标修正率为5%，投标人甲同时投标1#、2#标段，报价分别为5 000万元、4 000万元。若甲在1#标段中标，则其在2#标段的评标价为（　　）万元。

A. 3 750　　B. 3 800　　C. 4 200　　D. 4 250

16. 关于工程总承包投标报价中的标高金，下列说法中正确的是（　　）。

A. 标高金分析首先应对风险进行评估

B. 标高金分析应进行价值增值分析

C. 标高金中不包括利润和风险费

D. 标高金中的管理费主要指公司本部费用

17. 管理者不直接与承包人签订合同，但委托监督承包人履行合同的工程总承包方式是（　　）。

A. EPC 总承包　　B. 交钥匙总承包

C. 设计—采购总承包　　D. 工程项目管理总承包

18. 工程总承包项目通常比较复杂，其投标有效期一般为（　　）天。

A. 60　　B. 90

C. 120　　D. 150

19. 关于世界银行贷款项目的投标资格审查，下列说法中正确的是（　　）。

A. 凡采购大而复杂的工程宜采用资格预审

B. 资格定审有利于缩小投标人的范围

C. 资格预审的标准应严于资格定审

D. 资格定审的标准应严于资格预审

二、多项选择题（每题的备选项中，有2个或2个以上符合题意，至少有1个错项）

1. 关于投标文件的编制与递交，下列说法中正确的有（　　）。

A. 投标函附录中可以提出比招标文件要求更能吸引招标人的承诺

B. 当投标文件的正本与副本不一致时以正本为准

C. 允许递交备选投标方案时，所有投标人的备选方案应同等对待

D. 在要求提交投标文件的截止时间后送达的投标文件为无效的投标文件

E. 境内投标人以现金形式提交的投标保证金应当出自投标人的基本账户

2. 关于招标分部分项工程量清单的项目特征描述，应遵循的编制原则有（　　）。

第四章

A. 按专业工程量计算规范附录的规定，结合拟建工程实际描述

B. 其他独有特征，由清单编制人视项目具体情况确定

C. 要满足确定综合单价的需要

D. 应详细描述分部分项工程的施工工艺和方法

E. 对于采用标准图集的项目，可直接描述为“详见××图集”

3. 关于工程量清单中的项目特征描述，下列表述正确的有（　　）。

A. 应符合工程量计算规范附录的规定

B. 应能满足确定综合单价的需要

C. 不能直接采用“详见××图集”的方式

D. 可以采用文字描述和“详见××图号”的方式

E. 应结合拟建工程的实际

4. 下列各项内容中属于招标文件中投标人须知的有（　　）。

A. 合同条款及格式

B. 最高投标限价

C. 中标通知书的发出时间

D. 招标文件的澄清和修改

E. 投标准备时间

5. 关于工程量清单编制的说法，正确的有（　　）。

A. 脚手架工程应列入以综合单价形式计价的措施项目清单

B. 暂估价用于支付可能发生也可能不发生的材料及专业工程

C. 材料暂估价应计入综合单价

D. 暂列金额是招标人考虑工程建设工程中不可预见、不能确定的因素而暂定的一笔费用

E. 计日工清单由招标人列项，招标人填写数量与单价

6. 下列属于投标文件中应当包含内容的有（　　）。

A. 施工组织设计

B. 招标工程量清单

C. 项目概况

D. 投标人须知

E. 拟分包项目情况表

7. 以下关于最高投标限价编制说法正确的有（　　）。

A. 暂列金额一般可以分部分项工程费的10％～15％为参考

B. 措施项目费中的安全文明施工费应当按照国家或省级、行业建设主管部门的规定标准计价，不得作为竞争性费用

C. 拟定的招标文件及招标工程量清单是最高投标限价的编制依据之一

D. 建设工程的最高投标限价反映的是单项工程费用

E. 综合单价中应包括招标文件中要求投标人所承担的风险内容及其范围（幅度）产生的风险费用

8. 关于履约担保的递交，下列表述中正确的有（　　）。

A. 履约担保有现金、支票、汇票、履约担保书和银行保函等形式

B. 中标人不能按要求提交履约担保的，视为放弃中标，投标保证金予以返还
C. 招标人要求中标人提供履约担保的，招标人应当同时向中标人提供工程款支付担保
D. 中标后的承包人应保证其履约担保在发包人颁发的工程接收证书前一直有效
E. 履约担保金额不得超过中标合同金额的10%

9. 在工程总承包投标报价分析中，工程总承包项目的标高金包括（　　）。
A. 管理费　　B. 利润
C. 规费　　D. 风险管理费
E. 其他费用

10. 根据《建设工程工程量清单计价规范》（GB 50500—2013），关于承发包双方施工阶段风险分摊原则的表述正确的有（　　）。
A. 主要由市场价格波动导致的价格风险应按照合同约定的范围和幅度由发承包双方合理分摊
B. 对于法律法规或有关政策出台导致工程税金及规费等发生变化的风险应由发承包双方共同承担
C. 5%以内的材料、工程设备价格风险由承包人承担
D. 5%以内的施工机具使用费风险由承包人承担
E. 管理费、利润的风险由承包人承担

参考答案及解析

一、单项选择题

1. ［答案］D
［解析］工程量清单中工程量的遗漏或错误，是否向招标人提出修改意见取决于投标策略，选项A错误。通过工程量计算复核还能准确地确定订货及采购物资的数量，选项B错误。复核工程量的目的不是修改工程量清单，即使有误，投标人也不能修改工程量清单中的工程量，选项C错误。

2. ［答案］D
［解析］总价措施项目费由投标人自主确定，但其中安全文明施工费必须按照国家或省级、行业建设主管部门的规定计价，不得作为竞争性费用，选项A错误。暂列金额应按照招标人提供的其他项目清单中列出的金额填写，不得变动，选项B错误。材料、工程设备暂估单价和专业工程暂估价均由招标提供，投标人不得变动和更改，选项C错误。

3. ［答案］A
［解析］在招标投标过程中，当出现招标工程量清单特征描述与设计图纸不符时，投标人应以招标工程量清单的项目特征描述为准，确定投标报价的综合单价，选项B错误。综合单价是指完成一个规定清单项目所需的人工费、材料和工程设备费、施工机具使用费和企业管理费、利润，以及一定范围内的风险费用。风险费用是隐含于已标价工程量清单综合单价中，用于化解发承包双方在工程合同中约定的风险内容和范围的费用，选项C错误。应根据本企业的实际消耗量水平，并结合拟定的施工方案确定完成清单项目需要消耗的各种人工、材料、机械台班的数量。计算时应采用企业定额，在没有企业定额或企业定额缺项时，可参照与本企业实际水平相近的国家、地区、行业定额，并通过调整来确定清单项目的人、材、机单位用量，选项D错误。

4. ［答案］C
［解析］计日工应按照招标人提供的其他项目清单列出的项目和估算的数量，自主确定各项综合单价并计算费用。

5. ［答案］C
［解析］有下列情形之一的，视为投标人相

第四章

互串通投标：①不同投标人的投标文件由同一单位或者个人编制；②不同投标人委托同一单位或者个人办理投标事宜；③不同投标人的投标文件载明的项目管理成员为同一人；④不同投标人的投标文件异常一致或者投标报价呈规律性差异；⑤不同投标人的投标文件相互混装；⑥不同投标人的投标保证金从同一单位或者个人的账户转出。

6. [答案] C

[解析] 两个以上法人或者其他组织可以组成一个联合体，以一个投标人的身份共同投标。联合体投标需遵循以下规定：①联合体各方应按招标文件提供的格式签订联合体协议书，联合体各方应当指定牵头人，授权其代表所有联合体成员负责投标和合同实施阶段的主办、协调工作，并应当向招标人提交由所有联合体成员法定代表人签署的授权书。②联合体各方签订共同投标协议后，不得再以自己名义单独投标，也不得组成新的联合体或参加其他联合体在同一项目中的投标。联合体各方在同一招标项目中以自己名义单独投标或者参加其他联合体投标的，相关投标均无效。③招标人接受联合体投标并进行资格预审的，联合体应当在提交资格预审申请文件前组成。资格预审后联合体增减、更换成员的，其投标无效。④由同一专业的单位组成的联合体，按照资质等级较低的单位确定资质等级。⑤联合体投标的，应当以联合体各方或者联合体中牵头人的名义提交投标保证金。以联合体中牵头人名义提交的投标保证金，对联合体各成员具有约束力。

7. [答案] D

[解析] 暂列金额一般可按分部分项工程项目清单的10%～15%确定，不同专业预留的暂列金额应分别列项。

8. [答案] D

[解析] 本题考查的是最高投标限价的编制。招标人应当公布最高投标限价的总价，以及各单位工程的分部分项工程费、措施项目费、其他项目费、规费和税金。

9. [答案] D

[解析] 投标人经复核认为招标人公布的最高投标限价未按规定进行编制的，应在最高投标限价公布后5天内向招标投标监督机构和工程造价管理机构投诉。

10. [答案] B

[解析] 招标人设有最高投标限价的，应当在招标文件中明确最高投标限价或者最高投标限价的计算方法，招标人不得规定最低投标限价。

11. [答案] A

[解析] 根据工程特点和工期要求，一般采取的方式是承包人承担5%以内的材料、工程设备价格风险，10%以内的施工机具使用费风险，选项B错误；对于法律、法规、规章或有关政策出台导致工程税金、规费、人工费发生变化，由发包人承担，选项C错误；对于承包人根据自身技术水平、管理、经营状况能够自主控制的风险，如承包人的管理费、利润的风险，该部分风险由承包人全部承担，选项D错误。

12. [答案] D

[解析] 选项A错误，投标保证金的数额不得超过项目估算价的2%，且最高不超过80万元；选项B错误，招标人最迟应当在与中标人签订合同后5天内，向中标人和未中标的投标人退还投标保证金及银行同期存款利息；选项C错误，投标人拒绝延长投标有效期的，其投标失败，但投标人有权收回其投标保证金。

13. [答案] D

[解析] 属于投标人相互串通投标：①投标人之间协商投标报价等投标文件的实质性内容；②投标人之间约定中标人；③投标人之间约定部分投标人放弃投标或者中标；④属于同一集团、协会、商会等组织成员的投标人按照该组织要求协同投标；⑤投标人之间为谋取中标或者排斥特定投标人而采取的其他联合行动。

14. ［答案］D

［解析］本题考查的是评标程序及评审标准。选项A错误，经评审的最低投标价法是按照经评审的投标价由低到高的顺序推荐中标候选人，或根据招标人授权直接确定中标人。选项B错误，经评审的最低投标价法主要适用于具有通用技术、性能标准或者招标人对其技术、性能没有特殊要求的招标项目。选项C错误，经评审的投标价相等时，投标报价低的优先；投标报价也相等的，由招标人自行确定。

15. ［答案］B

［解析］本题考查的是评标程序及评审标准。评标价＝4 000×（1－5%）＝3 800（万元）。

16. ［答案］B

［解析］本题考查的是工程总承包合同价款的约定。标高金是带给总承包商的价值增值部分，因此首先要进行价值增值分析，其次对风险进行评估，选项A错误，选项B正确；标高金由管理费、利润和风险费组成，选项C错误；管理费属于总部的日常开支在该项目上的摊销，与公司本部费用有所不同，公司本部费用是与项目直接相关的管理费用和勘察设计费用开支，选项D错误。

17. ［答案］D

［解析］工程项目管理企业不直接与该工程项目的总承包企业或勘察、设计、供货、施工等企业签订合同，但可以按合同约定，协助业主与上述企业签订合同，并受业主委托监督合同的履行。

18. ［答案］C

［解析］由于实施工程总承包的项目通常比较复杂，投标有效期为120天。

19. ［答案］A

［解析］凡采购大而复杂的工程，以及在例外情况下，采购专为用户设计的复杂设备或特殊服务，在正式投标前宜先进行资格预审，对投标人是否有资格和能力承包这项工程或制造这种设备先期进行审查，以便缩小投标人的范围。

二、多项选择题

1. ［答案］ABDE

［解析］除招标文件另有规定外，投标人不得递交备选投标方案。允许投标人递交备选投标方案的，只有中标人所递交的备选投标方案方可予以考虑，选项C错误。

2. ［答案］ACE

［解析］本题考查的是招标工程量清单的编制。在描述工程量清单项目特征时应按以下原则进行：①项目特征描述的内容应按附录中的规定，结合拟建工程的实际，满足确定综合单价的需要；②若采用标准图集或施工图纸能够全部或部分满足项目特征描述的要求，项目特征描述可直接采用“详见××图集”或“××图号”的方式。对不能满足项目特征描述要求的部分，仍应用文字描述。

3. ［答案］ABDE

［解析］本题考查的是招标工程量清单的编制。选项C错误，采用标准图集或施工图纸能够全部或部分满足项目特征描述的要求，项目特征描述可直接采用“详见××图集”或“××图号”的方式。

4. ［答案］CDE

［解析］投标人须知的内容包括：总则、招标文件（包含招标文件的澄清和修改）、投标文件、投标（包含投标准备时间）、开标、评标、合同授予（包含中标通知书的发出时间）、重新招标和不再招标、纪律和监督、需要补充的其他内容。

5. ［答案］ACD

［解析］暂估价是招标人在招标文件中提供的用于支付必然要发生但暂时不能确定价格的材料、工程设备的单价以及专业工程的金额，选项B错误；计日工清单中由招标人列项，招标人填写数量，投标人填写单价，选项E错误。

6. ［答案］AE

［解析］投标文件编制的内容：①投标函及投标函附录；②法定代表人身份证明或附有法定代表人身份证明的授权委托书；③联合

体协议书（如工程允许采用联合体投标）；④投标保证金；⑤已标价工程量清单；⑥施工组织设计；⑦项目管理机构；⑧拟分包项目情况表；⑨资格审查资料；⑩招标文件要求提供的其他材料。

7. [答案] ABCE

[解析] 建设工程的最高投标限价反映的是单位工程费用，各单位工程费用是由分部分项工程费、措施项目费、其他项目费、规费和税金组成，选项D错误。

8. [答案] ACDE

[解析] 在签订合同前，招标文件要求中标人提交履约担保的，中标人应当提交。履约担保属于中标人向招标人提供用以保障其履行合同义务的担保。中标人以及联合体的中标人应按招标文件规定的金额、担保形式和提交时间，向招标人提交履约担保。履约担保有现金、支票、汇票、履约担保书和银行保函等形式，可以选择其中一种作为招标项目的履约担保，履约担保金额最高不得超过中标合同金额的10%。中标人不能按要求提交履约担保的，视为放弃中标，其投标保证金不予退还，给招标人造成的损失超过投标保证金数额的，中标人还应当对超过部分予以赔偿。履约担保的有效期自合同生效之日起至合同约定的中标人主要义务履行完毕止。招标人要求中标人提供履约担保的，招标人应当同时向中标人提供工程款支付担保。中标后的承包人应保证其履约担保在发包人颁发工程接收证书前一直有效。发包人应在工程接收证书颁发后28天内将履约担保退还给承包人。

9. [答案] ABD

[解析] 工程总承包项目的成本估算完成后，投标小组将对标高金进行计算和相关决策。标高金由管理费、利润和风险费组成。管理费属于总部的日常开支在该项目上的摊销，与公司本部费用有所不同，公司本部费用是与项目直接相关的管理费用和勘察设计费用开支。管理费用的划分标准没有统一的定义，根据公司实际情况由公司自行决定。

10. [答案] ACE

[解析] 发承包双方施工阶段风险分摊原则：①对于主要由市场价格波动导致的价格风险，发承包双方应当在招标文件中或在合同中对此类风险的范围和幅度予以明确约定，进行合理分摊。一般承包人承担5%以内的材料、工程设备价格风险，10%以内的施工机具使用费风险。②对于法律、法规、规章或有关政策出台导致工程税金、规费、人工费等发生变化，承包人不应承担此类风险。③对于管理费、利润的风险由承包人全部承担。

第五章 施工阶段合同价款的调整与结算

本章主要有5节13目，主要讲解建设项目施工阶段合同价款的调整和结算，包括合同价款调整、工程计量和合同价款结算、工程总承包和国际工程合同价款结算。历年分值在24分左右，属于重点章节。

知识脉络

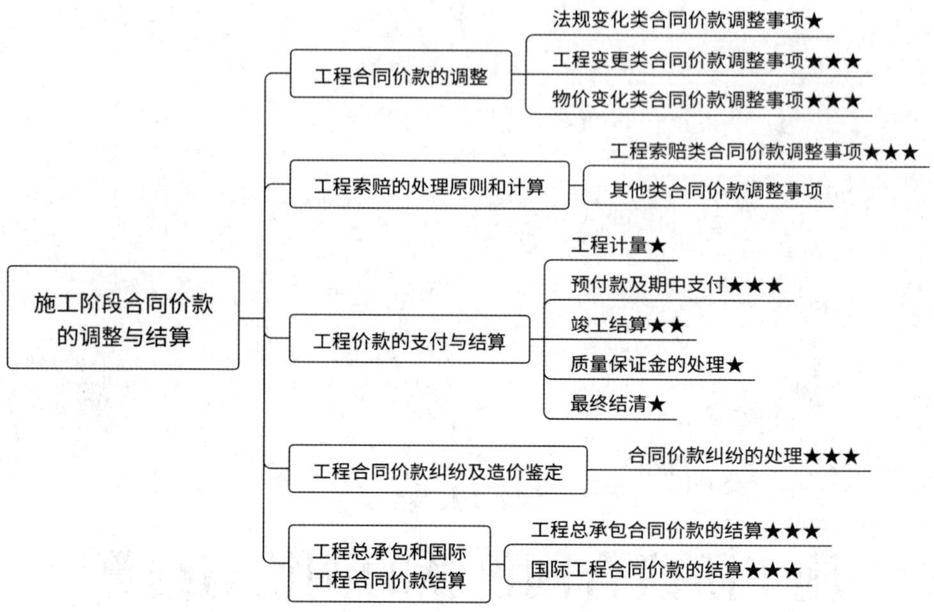

施工阶段合同价款的调整与结算
工程合同价款的调整
法规变化类合同价款调整事项★
工程变更类合同价款调整事项★★★
物价变化类合同价款调整事项★★★
工程索赔的处理原则和计算
工程索赔类合同价款调整事项★★★
其他类合同价款调整事项
工程价款的支付与结算
工程计量★
预付款及期中支付★★★
竣工结算★★
质量保证金的处理★
最终结清★
工程合同价款纠纷及造价鉴定
合同价款纠纷的处理★★★
工程总承包和国际工程合同价款结算
工程总承包合同价款的结算★★★
国际工程合同价款的结算★★★

第一节　工程合同价款的调整

知识点1 法规变化类合同价款调整事项

一、基准日的确定

（1）招标的建设工程：提交投标文件的截止时间前第28天为基准日。

（2）不招标的建设工程：合同签订前的第28天为基准日。

二、工期延误期间的特殊处理

由承包人导致的工期延误，在工程延误期间法规变化造成合同价款变化的，合同价款只调低不调高。

·典型例题·

1.［**2018真题·单选**］关于法规变化类合同价款的调整，下列说法正确的是（　　）。

A. 不实行招标的工程，一般以施工合同签订前的第42天为基准日

B. 基准日之前国家颁布的法规对合同价款有影响的，应予调整

C. 基准日之后国家政策对材料价格的影响，如已包含在物价波动调价公式中不再予以考虑

D. 承包人原因导致的工期延误期间，国家政策变化引起工程造价变化的，合同价款不予调整

［**解析**］本题考查的是法规变化类合同价款调整事项。对于不实行招标的建设工程，一般以建设工程施工合同签订前的第28天作为基准日，选项A错误；基准日之前国家颁布的法规对合同价款有影响的，承包人承担，选项B错误；承包人原因导致的工期延误期间，国家政策变化引起工程造价增加的，合同价款不予调整，造成合同价款减少的，合同予以调整，选项D错误。

2.［**2017真题·单选**］为合理划分发承包双方的合同风险，对于招标工程。在施工合同中约定的基准日期一般为（　　）。

A. 招标文件中规定的提交投标文件截止时间前的第28天

B. 招标文件中规定的提交投标文件截止时间前的第42天

C. 施工合同签订前的第28天

D. 施工合同签订前的第42天

［**解析**］本题考查的是法规变化类合同价款调整事项。对于实行招标的建设工程，一般以施工招标文件中规定的提交投标文件的截止时间前的第28天作为基准日。

答案：1.C　2.A

第五章

知识点2 工程变更类合同价款调整事项

扫码听课

一、工程变更

（一）工程变更的范围

不同合同文本中工程变更范围的差异内容见表5-1-1。

表5-1-1 不同合同文本中工程变更范围的差异

施工合同示范文本	标准施工招标文件
(1) 增加或减少合同中任何工作，或追加额外的工作 (2) 取消合同中任何工作，但转由他人实施的工作除外 (3) 改变合同中任何工作的质量标准或其他特性 (4) 改变工程的基线、标高、位置和尺寸 (5) 改变工程的时刻安排或实施顺序	(1) 取消合同中任何一项工作，但被取消的工作不能转由发包人或其他人实施 (2) 改变合同中任何一项工作的质量或其他特性 (3) 改变合同工程的基线、标高、位置或尺寸 (4) 改变合同中任何一项工作的施工时间或改变已批准的施工工艺或顺序 (5) 为完成工程需要追加的额外工作

（二）工程变更的价款调整方法

1. 分部分项工程费的调整

（1）已标价工程量清单中有适用于变更工程项目的，且工程变更导致的该清单项目的工程数量变化不足15%时，采用该项目的单价。

（2）已标价工程量清单中没有适用，但有类似于变更工程项目的，可在合理范围内参照类似项目的单价或总价调整。

（3）已标价工程量清单中没有适用也没有类似于变更工程项目的，由承包人根据变更工程资料、计量规则和计价办法、工程造价管理机构发布的信息价格和承包人报价浮动率，提出变更工程项目的单价或总价，报发包人确认后调整。承包人报价浮动率可按下列公式计算：

1）实行招标的工程：

$$承包人报价浮动率L=（1-中标价/最高投标限价）\times 100\%$$

2）不实行招标的工程：

$$承包人报价浮动率L=（1-报价值/施工图预算）\times 100\%$$

（4）已标价工程量清单中没有适用也没有类似于变更工程项目，且工程造价管理机构发布的信息价格缺价的，由承包人根据变更工程资料、计量规则、计价办法和市场价格提出变更工程项目的单价或总价，报发包人确认后调整。

2. 措施项目费的调整

（1）安全文明施工费，按照实际发生变化的措施项目调整，不得浮动。

（2）采用单价计算的措施项目费，按照实际发生变化的措施项目按前述分部分项工程费的调整方法确定单价。

（3）按总价（或系数）计算的措施项目费，除安全文明施工费外，按照实际发生变化的措施项目调整，但应考虑承包人报价浮动因素。

二、项目特征描述不符

设计图纸（含设计变更）与招标工程量清单任一项目的特征描述不符，且该变化引起该项目的工程造价增减变化的，发、承包双方应当按照实际施工的项目特征，重新确定相应工程量清单项目的综合单价，调整合同价款。

三、招标工程量清单缺项

（一）清单缺项漏项的责任

招标工程量清单必须作为招标文件的组成部分，其准确性和完整性由招标人负责。

（二）合同价款的调整方法

1. 分部分项工程费的调整

招标工程量清单中分部分项工程出现缺项漏项，造成新增工程清单项目的，应按照工程变更事件中关于分部分项工程费的调整方法，调整合同价款。

2. 措施项目

由招标工程量清单中分部分项工程出现缺项漏项，引起措施项目发生变化的，应当按照工程变更事件中关于措施项目费的调整方法，在承包人提交的实施方案被发包人批准后，调整合同价款；由于招标工程量清单中措施项目漏项，承包人应将新增措施项目实施方案提交发包人批准后，按照工程变更事件中的有关规定调整合同价款。

四、工程量偏差

（一）工程量偏差的概念

工程量偏差是指承包人根据图纸施工应予计量的工程量与招标工程量清单列出的工程量之间出现的偏差。

（二）合同价款的调整方法

1. 综合单价的调整原则

当应予计算的实际工程量与招标工程量清单出现偏差超过15%时，对综合单价的调整原则应为：当工程量增加15%以上时，其增加部分的工程量的综合单价应予调低；当工程量减少15%以上时，减少后剩余部分的工程量的综合单价应予调高。

（1）当 $Q_1>1.15Q_0$ 时：

$$S=1.15Q_0\times P_0+(Q_1-1.15Q_0)\times P_1$$

此时 P_1 应予调低（或不调），选大值（作为标准）。

（2）当 $P_0>P_2\times(1+15\%)$ 时，P_1 按照 $P_2\times(1+15\%)$ 调整。

（3）当 $Q_1<0.85Q_0$ 时：

$$S=Q_1\times P_1$$

此时 P_1 应予调高（或不调），选小值（作为标准）。

（4）当 $P_0<P_2\times(1-L)\times(1-15\%)$ 时，P_1 按照 $P_2\times(1-L)\times(1-15\%)$ 调整。

合同调整区间见图5-1-1。

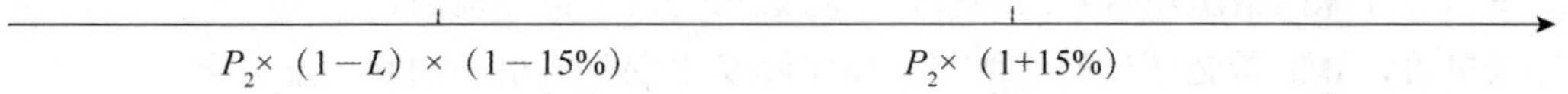

$P_2\times(1-L)\times(1-15\%)$　　　　$P_2\times(1+15\%)$

图5-1-1　合同调整区间

2. 总价措施项目费的调整

当应予计算的实际工程量与招标工程量清单出现偏差超过15%，且该变化引起措施项目相应发生变化，如该措施项目是按系数或单一总价方式计价的，对措施项目费的调整原则为：工程量增加的，措施项目费调增；工程量减少的，措施项目费调减。具体调整应由双方当事人在合同专用条款中约定。

五、计日工

(一) 计日工费用的产生

发包人通知承包人以计日工方式实施的零星工作，承包人应予执行。

采用计日工计价的变更工作，承包人应提交有关报表和凭证送发包人复核：

(1) 工作名称、内容、数量。

(2) 投入该工作人员、材料、施工设备相关信息和耗用量。

(3) 发包人要求提交的其他资料和凭证。

(二) 计日工费用的确认和支付

承包人根据现场签证报告核实的工程数量和承包人已标价工程量清单中的单价，计算合价，提出应付价款。

每个支付期末，承包人应与进度款同期向发包人提交本期间所有计日工记录的签证汇总表，调整合同价款，列入进度款支付。

·典型例题·

1. ［**2022 真题·单选**］根据现行工程量清单计价规范，工程变更引起措施项目发生变化或施工费的调整，下列说法正确的是（　　）。

A. 总价措施项目费，按照实际发生变化的措施项目调整，应考虑承包人报价浮动因素

B. 总价措施项目费，按照实际发生变化的措施项目调整，不考虑承包人报价浮动因素

C. 按照承包人实际发生的金额进行调整

D. 单价措施项目费，按照实际发生变化的措施项目调整，应考虑承包人报价浮动因素

［**解析**］工程变更引起措施项目发生变化的，承包人提出调整措施项目费的，应事先将拟实施的方案提交发包人确认，并详细说明与原方案措施项目相比的变化情况。拟实施的方案经发承包双方确认后执行，并应按照下列规定调整措施项目费：①安全文明施工费，按照实际发生变化的措施项目调整，不得浮动；②采用单价计算的措施项目费，按照实际发生变化的措施项目按分部分项工程费的调整方法确定单价；③按总价（或系数）计算的措施项目费，除安全文明施工费外，按照实际发生变化的措施项目调整，但应考虑承包人报价浮动因素，即调整金额按照实际调整金额乘以按照相应公式得出的承包人报价浮动率计算。如果承包人未事先将拟实施的方案提交给发包人确认，则视为工程变更不引起措施项目费的调整或承包人放弃调整措施项目费的权利。

2. ［**2020 真题·单选**］因工程变更引起措施项目发生变化时，关于合同价款的调整，下列说法正确的是（　　）。

A. 安全文明施工费不予调整

B. 按总价计算的措施项目费的调整，不考虑承包人报价浮动因素

C. 按单价计算的措施项目费的调整，以实际发生变化的措施项目数量为准

D. 招标清单中漏项的措施项目费的调整，以承包人自行拟定的实施方案为准

［**解析**］安全文明施工费，按照实际发生变化的措施项目调整，不得浮动，选项A错误。按总价（或系数）计算的措施项目费，除安全文明施工费外，按照实际发生变化的措施项目调整，但应考虑承包人报价浮动因素，选项B错误。采用单价计算的措施项目费，按照实际发生变化的措施项目按分部分项工程费的调整方法确定单价，选项C正确。如果承包人未事先将拟

实施的方案提交给发包人确认，则视为工程变更不引起措施项目费的调整或承包人放弃调整措施项目费的权利，选项D错误。

3. ［**2019真题·单选**］某招标工程项目执行《建设工程工程量清单计价规范》（GB 50500—2013），招标工程量清单中某分项工程的工程量为1 500m^3，施工中由于设计变更调增为1 900m^3，该分项工程最高投标限价综合单价为40元/m^3，投标报价为47元/m^3，则该分项工程的结算价为（　　）元。

A. 87 400　　B. 88 900　　C. 89 125　　D. 89 300

［**解析**］工程量增加15%，1 500×（1+15%）=1 725（m^3），其增加部分的工程量的综合单价应该调低，40×（1+15%）=46（元/m^3），投标报价为47元/m^3>46元/m^3，新综合单价按照46元/m^3计算。分项工程的结算价=1 500×（1+15%）×47+（1 900−1 725）×46=89 125（元）。

4. ［**2018真题·单选**］关于计日工费用的确认和支付，下列说法正确的是（　　）。

A. 承包人应按照确认的计日工现场签证报告提出计日工项目的数量

B. 发包人应根据已标价工程量清单中的工程数量和计日工单价确定应付价款

C. 已标价工程量清单中没有计日工单价的，由发包人确定价格

D. 已标价工程量清单中没有计日工单价的，由承包人确定价格

［**解析**］本题考查的是工程变更类合同价款调整事项。承包人应按照确认的计日工现场签证报告核实该类项目的工程数量，并根据核实的工程数量和承包人已标价工程量清单中的计日工单价计算，提出应付价款，选项B错误；已标价工程量清单中没有该类计日工单价的，由发承包双方按工程变更的有关的规定商定计日工单价计算，选项C、D错误。

5. ［**2022真题·多选**］采用计日工计价的变更工作，承包人应在该项变更实施过程中，按合同约定提交的资料有（　　）。

A. 索赔的理由

B. 变更工作的名称、内容和数量

C. 投入该工作所有人员的姓名、专业、级别和耗用工时

D. 投入该工作的材料名称、类别和数量

E. 投入该工作的设备型号、台数、耗用台时

［**解析**］采用计日工计价的任何一项变更工作，承包人应在该项变更的实施过程中，按合同约定提交以下报表和有关凭证送发包人复核：①工作名称、内容和数量；②投入该工作所有人员的姓名、工种、级别和耗用工时；③投入该工作的材料名称、类别和数量；④投入该工作的施工设备型号、台数和耗用台时；⑤发包人要求提交的其他资料和凭证。

6. ［**2018真题·多选**］根据《建设工程施工合同（示范文本）》（GF 2013—0201），下列事项应纳入工程变更范围的有（　　）。

A. 改变工程的标高

B. 改变工程的实施顺序

C. 提高合同中的工作质量标准

D. 将合同中的某项工作转由他人实施

E. 工程设备价格的变化

［**解析**］本题考查的是工程变更类合同价款调整事项。工程变更的范围和内容包括：①增

加或减少合同中任何工作，或追加额外的工作；②取消合同中任何工作，但转由他人实施的工作除外；③改变合同中任何工作的质量标准或其他特性；④改变工程的基线、标高、位置和尺寸；⑤改变工程的时间安排或实施顺序。

答案：1. C　2. C　3. C　4. A　5. BCDE　6. ABC

知识点 3　物价变化类合同价款调整事项

扫码听课

一、物价波动

（一）采用价格指数调整价格差额

主要适用于施工中所用的材料品种较少，但每种材料使用量较大的土木工程。

1. 价格调整公式

$$\Delta P = P_0\left[A + \left(B_1 \times \frac{F_{t1}}{F_{01}} + B_2 \times \frac{F_{t2}}{F_{02}} + B_3 \times \frac{F_{t3}}{F_{03}} + \cdots + B_n \times \frac{F_{tn}}{F_{0n}}\right) - 1\right]$$

式中，ΔP——需调整的价格差额。

P_0——根据进度付款，竣工付款和最终结清等付款证书中，承包人应得到的已完成工程量的全额。

A——定值权重（即不调部分的权重）。

B_1，B_2，B_3，…，B_n——各可调因子的变值权重（即可调部分的权重）为各可调因子在投标函投标总报价中所占的比例；

F_{t1}，F_{t2}，F_{t3}，…，F_{tn}——各可调因子的现行价格指数，指根据进度付款、竣工付款和最终结清等约定的付款证书相关周期最后一天的前 42 天的各可调因子的价格指数。

F_{01}，F_{02}，F_{03}，…，F_{0n}——各可调因子的基本价格指数，指基准日的各可调因子的价格指数。

2. 工期延误后的价格调整

由发包人导致工期延误的，应采用较高价格指数作为现行价格指数，由承包人导致工期延误的，应采用较低价格指数作为现行价格指数。

（二）采用造价信息调整价格差额

主要适用于施工中使用的材料品种较多，但每种材料使用量较小的房屋建筑与装饰工程。

材料和工程设备价格的调整：涨幅以高值作基数，跌幅以低值作基数，中间部分为承包人承担的风险。

二、暂估价

（一）给定暂估价的材料、工程设备

（1）不属于依法必须招标的，由承包人按照合同约定采购，经发包人确认后以此为依据取代暂估价，调整合同价款。

（2）属于依法必须招标的，由发、承包双方以招标的方式选择供应商。依法确定中标价格后，以此为依据取代暂估价，调整合同价款。

（二）给定暂估价的专业工程

（1）不属于依法必须招标的，应按照工程变更事件的合同价款调整方法，确定专业工程价款。并以此为依据取代专业工程暂估价，调整合同价款。

（2）属于依法必须招标的项目。

1）若承包人不参加投标的专业工程，应由承包人作为招标人，但拟定的招标文件、评标方法、评标结果应报送发包人批准。与组织招标工作有关的费用应当被认为已经包括在承包人的签约合同价（投标总报价）中。

2）若承包人参加投标的专业工程，应由发包人作为招标人，与组织招标工作有关的费用由发包人承担。同等条件下，应优先选择承包人中标。

3）专业工程依法进行招标后，以中标价为依据取代专业工程暂估价，调整合同价款。

·典型例题·

1.［**2022 真题·单选**］施工合同约定由发包人承担材料价格波动±5%以外的风险，已知某材料投标报价为 520 元/m^3，基准期发布的价格为 510 元/m^3，施工期该材料的造价信息发布价为 560 元/m^3，若采用造价信息调整价差，则该材料的实际结算价为（　　）元/m^3。

A. 535.5　　B. 534.0　　C. 560.0　　D. 534.5

［**解析**］520×（1+5%）=546（元/m^3），560−546+520=534（元/m^3）。

2.［**2021 真题·单选**］某项目施工合同约定承包人承担的钢筋价格风险幅度为±5%，超出部分采用造价信息法调差，已知钢筋的承包人投标价格、基准期造价信息发布价格分别为 5 700元/t、6 100元/t，2021年 7 月的造价信息发布价格为5 600元/t，则该月钢筋结算价格为（　　）元/t 。

A. 5 233　　B. 5 505　　C. 5 600　　D. 5 700

［**解析**］2021年 7 月的造价信息发布价格为5 600元/t，价格下降应以较低的基准价为基础计算合同约定的风险幅度值。5 700×（1−5%）=5 415（元/t）<5 600元/t，因此，该月钢筋结算价格不用调整。

3.［**2018 真题·单选**］某项目施工合同约定，承包人承租的水泥价格风险幅度为±5%，超出部分采用造价信息法调差，已知投标人投标价格、基准期发布价格为 440 元/t、450 元/t，2018年 3 月的造价信息发布价为 430 元/t，则该月水泥的实际结算价格为（　　）元/t。

A. 418　　B. 427.5

C. 430　　D. 440

［**解析**］本题考查的是物价类合同价款调整事项。此题中，投标报价为 440 元/t，3 月的价格下降，应以较低的投标报价为基准价基础计算合同月的风险幅度。440×（1−5%）=418（元/t），未超过投标报价 5%的风险幅度范围，因此不做调整。

4.［**2018 真题·单选**］发包人在招标工程量清单中给定某工程设备暂估价，下列关于该工程设备价款调整的说法正确的是（　　）。

A. 依法可不招标的项目，应由发包人组织采购，以采购价格取代暂估价

B. 依法可不招标的项目，应由承包人按合同约定采购，以发包人确认后的价格取代暂估价

C. 依法必须招标的项目，应由发包人招标选择供应商，以中标价格取代暂估价

D. 依法必须招标的项目，应由承包人招标选择供应商，以中标价格取代暂估价

［**解析**］本题考查的是物价类合同价款调整事项。依法可不招标的项目，应由承包人按合同约定采购，以发包人确认后的价格取代暂估价，选项 A 错误；发包人在招标工程量清单中给定暂估价的材料和工程设备属于依法必须招标的，由发承包双方以招标的方式选择供应商，

第五章

选项 C、D 错误。

5. ［**2017 真题·单选**］某施工合同约定采用价格指数及价格调整公式调整价格差额，调价因素及有关数据见表 5-1-2。某月完成进度款为1 500万元，则该月应当支付给承包人的价格调整金额为（　　）万元。

表 5-1-2　某施工合同调价因素及有关数据

	人工	钢材	水泥	砂石料	施工机具使用费	定值
权重系数	0.10	0.10	0.15	0.15	0.20	0.30
基准日价格或指数	80 元/日	100	110	120	115	—
现行价格或指数	90 元/日	102	120	110	120	—

A. −30.3　　　　B. 36.5

C. 112.5　　　　D. 130.5

［**解析**］本题考查的是物价类合同价款调整事项。

$$\Delta P_0=1\,500\times\left[0.3+\left(0.1\times\frac{90}{80}+0.1\times\frac{102}{100}+0.15\times\frac{120}{110}+0.15\times\frac{110}{120}+0.20\times\frac{120}{115}\right)-1\right]\approx 36.5$$

（万元）。

6. ［**2016 真题·单选**］施工合同中约定，承包人承担的钢筋价格风险幅度为±5%，超出部分依据《建设工程工程量清单规范》（GB 50500—2013）造价信息法调差。已知承包人投标价格、基准期发布价格分别为2 400元/t、2 200元/t，2015年 12 月、2016年 7 月造价信息发布价为2 000元/t、2 600元/t。则该两月钢筋的实际结算价格应分别为（　　）元/t。

A. 2 280、2 520　　　　B. 2 310、2 690

C. 2 310、2 480　　　　D. 2 280、2 480

［**解析**］本题考查的是物价类合同价款调整事项。如果承包人投标报价中材料单价高于基准单价，工程施工期间材料单价跌幅以基准单价为基础超过合同约定的风险幅度值时，或材料单价涨幅以投标报价为基础超过合同约定的风险幅度值时，其超过部分按实调整。则该两月钢筋的实际结算价格应分别为：2 400−［2 200×（1−5%）−2 000］＝2 310（元/t）；2 400＋（2 600−2 400×1.05）＝2 480（元/t）。

答案：1. B　2. D　3. D　4. B　5. B　6. C

第五章

第二节　工程索赔的处理原则和计算

知识点 1　工程索赔类合同价款调整事项

一、不可抗力

（一）不可抗力的范围

不可抗力是指合同双方在合同履行中出现的不能预见、不能避免并不能克服的客观情况。

(二)不可抗力造成损失的承担

(1)合同工程本身的损害、因工程损害导致第三方人员伤亡和财产损失以及运至施工场地用于施工的材料和待安装的设备的损害,由发包人承担。

(2)发包人、承包人人员伤亡由其所在单位负责,并承担相应费用。

(3)承包人的施工机械设备损坏及停工损失,由承包人承担。

(4)停工期间,承包人应发包人要求留在施工场地的必要的管理人员及保卫人员的费用由发包人承担。

(5)工程所需清理、修复费用,由发包人承担。

(6)发生不可抗力事件导致工期延误的,工期相应顺延。发包人要求赶工的,承包人应采取赶工措施,赶工费用由发包人承担。

二、提前竣工(赶工补偿)与误期赔偿

(一)提前竣工(赶工补偿)

1. 赶工费用

发包人应当依据相关工程的工期定额合理计算工期,压缩的工期天数不得超过定额工期的20%,超过的,应在招标文件中明示增加赶工费用。

2. 提前竣工奖励

一般来说,发承包双方应当在合同中约定提前竣工奖励的最高限额(如合同价款的5%)。

(二)误期赔偿

一般来说,双方还应当在合同中约定误期赔偿费的最高限额(如合同价款的5%)。合同工程发生误期的,承包人应当按照合同的约定向发包人支付误期赔偿费,如果约定的误期赔偿费低于发包人由此造成的损失的,承包人还应继续赔偿。即使承包人支付误期赔偿费,也不能免除承包人按照合同约定应承担的任何责任和义务。

三、索赔

(一)索赔的概念及分类

(1)没有单独补偿利润,以及补偿工期和利润的索赔事件,因为补偿利润的前提是补偿费用。

(2)只顺延工期的索赔事件。

1)异常恶劣的气候条件导致工期延误。

2)不可抗力造成工期延误。

(3)可补偿费用和利润,但工期不顺延的索赔事件。

1)发包人导致工程试运行失败。

2)工程移交后因发包人出现新的缺陷或损坏的修复。

(4)只补偿费用的索赔事件。

1)提前向承包人提供材料、工程设备。

2)发包人造成承包人人员工伤事故。

3)承包人提前竣工。

4)基准日后法律的变化。

5）工程移交后因发包人出现的缺陷修复后的试验和试运行。

6）因不可抗力停工期间应监理人要求照管、清理、修复工程。

（二）索赔的依据和前提条件

1. 索赔的依据

（1）工程施工合同文件。

（2）国家颁布实施的相关法律、行政法规。部门规章以及工程项目所在地的地方性法规或地方政府规章，应在施工合同专用条款中约定。

（3）工程建设强制性标准。非强制性标准，必须在合同中明确约定。

（4）工程施工合同履行过程中与索赔事件有关的各种凭证。

2. 索赔成立的条件

承包人有损失（经济损失或工期延误）；不是承包人原因；按规定提交了索赔材料。

（三）费用索赔的计算

索赔费用的组成如下：

（1）人工费。

在计算停工损失中人工费时，通常采取人工单价乘以折算系数计算。

（2）施工机械使用费。

在计算机械设备台班停滞费时，如果机械设备是承包人自有设备，一般按台班折旧费、人工费与其他费之和计算；如果是承包人租赁的设备，一般按台班租金加上每台班分摊的施工机械进退场费计算。

（3）总部（企业）管理费。

1）按总部管理费的比率计算：

总部管理费索赔金额＝（人材机费索赔金额＋现场管理费索赔金额）×总部管理费比率（%）

2）按已获补偿的工程延期天数为基础计算。

（四）工期索赔的计算

（1）工期索赔中应当注意的问题。

被延误的工作应是处于进度计划关键线路上的施工内容；或对非关键路线工作的影响超过了该工作可用于自由支配的时间，也导致进度计划中非关键路线转化为关键路线。

（2）共同延误的处理。

当出现共同延误时，确定“初始延误”者，它应对工程拖期负责，其他并发的延误者不承担拖期责任。

初始延误者是发包人，承包人既可工期延长又可经济补偿；初始延误者是客观原因，承包人只可工期延长不可经济补偿；初始延误者是承包人，承包人既不可工期延长又不可经济补偿。

·典型例题·

1.［2022 真题·单选］某项目采用《标准施工招标文件》（2007年版）合同条件，施工过程中发生下列事件：①基础开挖时出现勘察设计未注明溶洞，停工 3 天，窝工 30 个工日，处理不利地质条件 20 天。②由于异常恶劣天气，导致停工 2 天，窝工 20 个工日。该工程合同约定窝工 160 元/工日、人工工日单价为 200 元/工，不考虑其他因素，承包人应向业主索赔的工期、费用分别为（　　）。

A. 5天，8 800元　　B. 5天，12 000元

C. 3天，8 800元　　D. 3天，12 000元

［解析］事件①中不利物质条件工期索赔3天，费用索赔＝30×160＋20×200＝8 800（元）；事件②中异常恶劣的天气导致的停工不能索赔费用，只能索赔工期。

2.［2019真题·单选］关于工程索赔的相关论述，下列说法正确的是（　　）。

A. 工程索赔是指承包人向发包人提出工期和（或）费用补偿要求的行为

B. 由发包人导致分包人遭受经济损失，分包人可直接向发包人提出索赔

C. 承包人提出的工期补偿索赔经发包人批准后，可先排除承包人非自身原因拖期违约责任

D. 由不可抗力事件造成合同非正常终止，承包人不能向发包人提出索赔

［解析］选项A错误，工程索赔是指在工程合同履行过程中，当事人一方因非己方的原因而遭受经济损失或工期延误，按照合同约定或法律规定，应由对方承担责任，而向对方提出工期和（或）费用补偿要求的行为。选项B错误，由发包人导致分包人遭受经济损失，分包人不可直接向发包人提出索赔。选项D错误，由于不可抗力事件造成合同非正常终止，承包人可以向发包人提出索赔。

3.［2018真题·单选］不可抗力造成的下列损失，应由承包人承担的是（　　）。

A. 工程所需清理、修复费用

B. 运至施工场地待安装设备的损失

C. 承包人的施工机械设备损坏及停工损失

D. 停工期间，发包人要求承包人留在工地的保卫人员费用

［解析］本题考查的是工程索赔类合同价款调整事项。承包人的施工机械设备损坏及停工损失，由承包人承担。选项A、B、D应由发包人承担。

4.［2018真题·单选］根据《标准施工招标文件》（2 007年版）通用合同条款，下列引起承包人索赔的事件中，只能获得费用补偿的是（　　）。

A. 发包人提前向承包人提供材料、工程设备

B. 因发包人提供的材料、工程设备造成工程不合格

C. 发包人在工程竣工前提前占用工程

D. 异常恶劣的气候条件，导致工期延误

［解析］本题考查的是工程索赔类合同价款调整事项。发包人提前向承包人提供材料、工程设备只能得到费用补偿。

5.［2018真题·多选］发包人导致工程延期时，下列索赔事件能够成立的有（　　）。

A. 材料超期储存费用索赔

B. 材料保管不善造成的损坏费用索赔

C. 现场管理费索赔

D. 保险费索赔

E. 保函手续费索赔

［解析］本题考查的是工程索赔类合同价款调整事项。由发包人导致工程延期期间的材料价格上涨和超期储存费用，可以索赔材料费，选项A正确；如果由承包商管理不善，造成材

料损坏失效，则不能列入索赔款项内，选项B错误；现场管理费的索赔包括承包人完成合同之外的额外工作以及由发包人导致工期延期期间的现场管理费，包括管理人员工资、办公费、通信费、交通费等，选项C正确；发包人导致工程延期时，承包人必须办理工程保险、施工人员意外伤害保险等各项保险的延期手续，对于由此而增加的费用，承包人可以提出索赔，选项D正确；发包人导致工程延期时，承包人必须办理相关履约保函的延期手续，对于由此而增加的手续费，承包人可以提出索赔，选项E正确。

答案：1. A　2. C　3. C　4. A　5. ACDE

知识点2　其他类合同价款调整事项

其他类合同价款调整事项主要指现场签证。

一、现场签证的提出

承包人应发包人要求完成合同以外的零星项目，发包人应及时以书面形式向承包人发出指令，承包人应及时向发包人提出现场签证要求。

二、现场签证的价款计算

（1）现场签证的工作如果已有相应的计日工单价，现场签证报告中仅列明完成该签证工作所需的人工、材料、工程设备和施工机械台班的数量。

（2）如果现场签证的工作没有相应的计日工单价，应当在现场签证报告中列明完成该签证工作所需的人工、材料、工程设备和施工机械台班的数量及其单价。

承包人应按现场签证内容计算价款，报送发包人确认后，作为增加合同价款，与进度款同期支付。

三、现场签证的限制

现场签证事项，必须征得发包人书面同意，否则费用由承包人承担。

·典型例题·

[**2017真题·单选**] 关于施工过程中的现场签证，下列说法中正确的是（　　）。

A. 发包人应按照现场签证内容计算价款，在竣工结算时一并支付

B. 没有计日工单价的现场签证，按承包商提出的价格计算并支付

C. 因发包人口头指令实施的现场签证事项，其发生的费用应由发包人承担

D. 经发包人授权的工程造价咨询人，可与承包人做现场签证

[**解析**] 现场签证是指发包人或其授权现场代表包括（工程监理人、工程造价咨询人）与承包人或其授权现场代表就施工过程中涉及的责任事件所做的签认证明，选项D正确。

答案：D

第三节　工程价款的支付与结算

知识点 1　工程计量

一、工程计量的原则与范围

（一）工程计量的概念

工程计量是对承包人已经完成的质量合格的工程实体数量进行测量与计算。工程施工过程中，会由于一些原因导致承包人实际完成工程量与工程量清单中所列工程量不一致。

（二）工程计量的原则

（1）不符合合同文件要求的工程不予计量。

（2）按合同文件所规定的方法、范围、内容和单位计量。

（3）由承包人造成的超出合同工程范围施工或返工的工程量，发包人不予计量。

（三）工程计量的范围与依据

1. 工程计量的范围

工程量清单及工程变更所修订的工程量清单的内容；合同文件中规定的各种费用支付项目，如费用索赔、各种预付款、价格调整、违约金等。

2. 工程计量的依据

工程计量的依据包括工程量清单及说明、合同图纸、工程变更令及其修订的工程量清单、合同条件、技术规范、有关计量的补充协议、质量合格证书等。

二、工程计量的方法

工程计量可选择按月或按工程形象进度分段计量，具体计量周期在合同中约定。成本加酬金合同按照单价合同的计量规定进行计量。

（一）单价合同计量

单价合同工程量必须以承包人完成合同工程应予计量的按照现行国家计量规范规定的工程量计算规则计算得到的工程量确定。

（二）总价合同计量

采用经审定批准的施工图纸及其预算方式发包形成的总价合同，除按照工程变更规定引起的工程量增减外，总价合同各项目的工程量是承包人用于结算的最终工程量。

第五章

·典型例题·

1.［2022 真题·单选］根据现行工程量清单计价规范，关于国有资金投资建设工程的工程计量，下列说法正确的是（　　）。

A. 因承包人原因造成的返工额外增加的工程量发包人应予计量

B. 工程计量的范围不包括各种预付款的支付

C. 应区分单价合同与总价合同选择不同的计量方法

D. 成本加酬金合同按照总价合同的计量规定进行计量

［**解析**］选项 A 错误，因承包人原因造成的超出合同工程范围施工或返工的工程量，发包

人不予计量。选项B错误，工程计量的范围包括：工程量清单及工程变更所修订的工程量清单的内容；合同文件中规定的各种费用支付项目，如费用索赔、各种预付款、价格调整、违约金等。选项D错误，成本加酬金合同按照单价合同的计量规定进行计量。

2.［2020真题·单选］发生下列工程事项时，发包人应予计量的是（　　）。

A. 承包人自行增建的临时工程工程量

B. 因监理人抽查不合格返工增加的工程量

C. 承包人修复因不可抗力损坏工程增加的工程量

D. 承包人自检不合格返工增加的工程量

［**解析**］工程计量的原则包括：①不符合合同文件要求的工程不予计量。即工程必须满足设计图纸、技术规范等合同文件对其在工程质量上的要求，同时有关的工程质量验收资料齐全、手续完备，满足合同文件对其在工程管理上的要求。②按合同文件所规定的方法、范围、内容和单位计量。工程计量的方法、范围、内容和单位受合同文件所约束，其中工程量清单（说明）、技术规范、合同条款均会从不同角度、不同侧面涉及这方面的内容。在计量中要严格遵循这些文件的规定，并且一定要结合起来使用。③由承包人造成的超出合同工程范围施工或返工的工程量，发包人不予计量。

3.［2015真题·单选］下列文件和资料中，可作为建设工程工程量计量依据的是（　　）。

A. 造价管理机构发布的调价文件

B. 造价管理机构发布的价格信息

C. 质量合格证书

D. 各种预付款支付凭证

［**解析**］本题考查的是工程计量。工程计量的依据包括：工程量清单及说明；合同图纸；工程变更令及其修订的工程量清单；合同条件；技术规范；有关计量的补充协议；质量合格证书等。

4.［2019真题·多选］工程施工的下列情形中，发包人不予计量的有（　　）。

A. 监理人抽检不合格返工增加的工程量

B. 承包人自检不合格返工增加的工程量

C. 承包人修复因不可抗力损坏工程增加的工程量

D. 承包人在合同范围之外按发包人要求增建的临时工程工程量

E. 工程质量验收资料缺项的工程量

［**解析**］工程计量的原则包括下列三个方面：①不符合合同文件要求的工程不予计量。即工程必须满足设计图纸、技术规范等合同文件对其在工程质量上的要求，同时有关的工程质量验收资料齐全、手续完备，满足合同文件对其在工程管理上的要求。②按合同文件所规定的方法、范围、内容和单位计量。工程计量的方法、范围、内容和单位受合同文件约束，其中工程量清单（说明）、技术规范、合同条款均会从不同角度、不同侧面涉及这方面的内容。在计量中要严格遵循这些文件的规定，并且一定要结合起来使用。③由承包人造成的超出合同工程范围施工或返工的工程量，发包人不予计量。

5.［2015真题·多选］采用工程量清单计价的工程，在办理建设工程结算时，工程量计算的原则和方法有（　　）。

A. 不符合质量要求的工程不予计量

B. 应按工程量清单计量规范的要求进行计量

C. 无论何种原因，超出合同工程范围的工程均不予计量

D. 由承包人造成的返工工程不予计量

E. 应按合同的约定对承包人完成合同工程的数量进行计算和确认

[**解析**] 本题考查的是工程计量。工程计量的原则包括下列三个方面：①不符合合同文件要求的工程不予计量；②按合同文件所规定的方法、范围、内容和单位计量；③由承包人造成的超出合同工程范围施工或返工的工程量，发包人不予计量。

答案：1. C　2. C　3. C　4. ABE　5. ADE

知识点 2　预付款及期中支付

一、预付款

工程预付款是由发包人按合同约定，在正式开工前由发包人预先支付给承包人，用于购买工程施工所需的材料和组织施工机械和人员进场的价款。

(一) 预付款的支付

工程预付款额度一般是根据施工工期、建安工作量、主要材料和构件费用占建安工程费的比例以及材料储备周期等因素经测算来确定。

1. 百分比法

预付款的比例原则上不低于合同金额（扣除暂列金额）的10%，不高于合同金额（扣除暂列金额）的30%。

2. 公式计算法

根据主要材料（含结构件等）占年度承包工程总价的比重，材料储备定额天数和年度施工天数等因素，计算预付款额度。其计算公式如下：

$$工程预付款数额=\frac{年度工程总价\times材料比例(\%)}{年度施工天数}\times材料储备定额天数$$

材料储备定额天数由当地材料供应的加工天数、在途天数、整理天数、供应间隔天数、保险天数等因素决定。

(二) 预付款的扣回

(1) 按合同约定扣款。

(2) 起扣点计算法。

从未施工工程尚需的主要材料及构件的价值相当于工程预付款数额时起扣，从每次结算工程价款中，按材料比重扣抵工程价款，竣工前全部扣清。起扣点的计算公式如下：

$$T=P-\frac{M}{N}$$

式中，T——起扣点的累计完成工程全额；P——承包工程合同总额；M——工程预付款总额；N——主要材料及构件所占比重。

该方法对承包人比较有利，最大限度地占用了发包人的流动资金。

(三) 预付款担保

预付款担保是指承包人与发包人签订合同后领取预付款前，承包人正确、合理使用发包人

第五章

支付的预付款而提供的担保。如果承包人中途毁约、中止工程，发包人有权在该项担保金额中获得补偿。

预付款担保的主要形式为银行保函。预付款担保的担保金额通常与发包人的预付款是等值的。预付款一般逐月从工程预付款中扣除，预付款担保的担保金额也相应逐月减少。

小结：预付款担保知识框架见图 5-3-1。

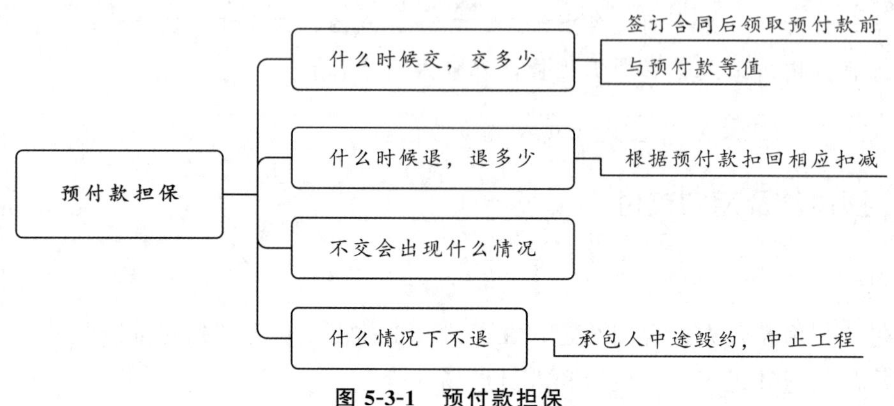

图 5-3-1 预付款担保

（四）安全文明施工费

发包人应在工程开工后的 28 天内预付不低于当年施工进度计划的安全文明施工费总额的 60%，其余部分按照提前安排的原则进行分解，与进度款同期支付。

发包人没有按时支付安全文明施工费的，承包人可催告发包人支付；发包人在付款期满后的 7 天内仍未支付的，若发生安全事故，发包人应承担连带责任。

二、期中支付

（一）期中支付价款的计算

1. 已完工程的结算价款

综合单价发生调整的，以发承包双方确认调整的综合单价计算进度款。

2. 结算价款的调整

承包人现场签证和得到发包人确认的索赔金额列入本周期应增加的金额中。

由发包人提供的材料、工程设备金额，应按照发包人签约提供的单价和数量从进度款支付中扣出，列入本周期应扣减的金额中。

3. 进度款支付的比例

进度款的支付比例按照合同约定，按期中结算价款总额计，不低于 60%，不高于 90%。

（二）期中支付的文件

1. 进度款支付申请

承包人提交的已完工程进度款支付申请的内容包括：

（1）累计已完成的合同价款。

（2）累计已实际支付的合同价款。

（3）本周期合计完成的合同价款，其中包括：①本周期已完成单价项目的金额；②本周期应支付的总价项目的金额；③本周期已完成的计日工价款；④本周期应支付的安全文明施工费；⑤本周期应增加的金额。

（4）本周期合计应扣减的金额，其中包括：①本周期应扣回的预付款；②本周期应扣减的金额。

（5）本周期实际应支付的合同价款。

2. 进度款支付证书

若发、承包双方对有的清单项目的计量结果出现争议，发包人应对无争议部分的工程计量结果向承包人出具进度款支付证书。

3. 支付证书的修正

发现已签发的任何支付证书有错、漏或重复的数额，发包人有权予以修正，承包人也有权提出修正申请。

·典型例题·

1. ［**2020 真题·单选**］某工程合同总额为20 000万元，其中主要材料占比40%，合同中约定的工程预付款项总额为2 400万元，则按起扣点计算法计算的预付款起扣点为（　　）万元。

A. 6 000

B. 8 000

C. 12 000

D. 14 000

［解析］预付款起扣点 $T=P-M/N$＝20 000－2 400/40%＝14 000（万元）。

2. ［**2019 真题·单选**］关于合同价款的期中支付，下列说法正确的是（　　）。

A. 进度款支付周期应与发包人实际的工程计量周期一致

B. 已标价工程量清单中单价项目结算款应按承包人确认的工程量计算

C. 承包人现场签证金额不应列入期中支付进度款，在竣工结算时一并处理

D. 进度款的支付按期中结算价款总额和约定比例计算，一般不低于60%，不高于90%

［解析］进度款的支付比例按照合同约定，按期中结算价款总额计算，不低于60%，不高于90%。

3. ［**2018 真题·单选**］关于安全文明施工费的支付，下列说法正确的是（　　）。

A. 按施工工期平均分摊安全文明施工费，与进度款同期支付

B. 按合同建筑安装工程费分摊安全文明施工费，与进度款同期支付

C. 在开工后28天内预付不低于当年施工进度计划的安全文明施工费总额的60%，其余部分与进度款同期支付

D. 在正式开工前预付不低于当年施工进度计划的安全文明施工费总额的60%，其余部分与进度款同期支付

［解析］本题考查的是预付款及期中支付。发包人应在工程开工后的28天内预付不低于当年施工进度计划的安全文明施工费总额的60%，其余部分按照提前安排的原则进行分解，与进度款同期支付。

4. ［**2017 真题·单选**］关于施工合同工程预付款，下列说法中正确的是（　　）。

A. 承包人预付款的担保金额通常高于发包人的预付款

B. 采用起扣点计算法抵扣预付款对承包人比较不利

C. 预付款的担保金额不会随着预付款的扣回而减少

D. 预付款的额度通常与主要材料和构件费用占建安费的比例相关

[解析] 本题考查的是预付款及期中支付。选项A，预付款担保的担保金额通常与发包人的预付款是等值的。选项B，起扣点计算法对承包人比较有利，最大限度地占用了发包人的流动资金，但是，显然不利于发包人资金使用。选项C，预付款一般逐月从工程进度款中扣除，预付款担保的担保金额也相应逐月减少。

5. [2018真题·多选] 承包人提交的已完工程进度款支付申请中，应计入本周期完成合同价款中的有（　　）。

A. 本周期已完成单价项目的金额

B. 本周期应支付的总价项目的金额

C. 本周期应扣回的预付款

D. 本周期应支付的安全文明施工费

E. 本周期完成的计日工价款

[解析] 本题考查的是预付款及期中支付。本周期合计完成的合同价款，其中包括：①本周期已完成单价项目的金额；②本周期应支付的总价项目的金额；③本周期已完成的计日工价款；④本周期应支付的安全文明施工费；⑤本周期应增加的金额。

答案：1. D　2. D　3. C　4. D　5. ABDE

知识点3 竣工结算

一、工程竣工结算的编制和审核

（一）工程竣工结算的编制依据

工程竣工结算编制的主要依据有：

（1）《建设工程工程量清单计价规范》（GB 50500—2013）。

（2）工程合同。

（3）发、承包双方实施过程中已确认的工程量及其结算的合同价款。

（4）发、承包双方实施过程中已确认调整后追加（减）的合同价款。

（5）建设工程设计文件及相关资料。

（6）投标文件。

（7）其他依据。

（二）工程竣工结算的计价原则

1. 分部分项工程和单价措施项目

按双方确认的量和已标价工程量清单中的价计算，如有调整，以发承包双方确认调整的价计算。

2. 总价措施项目

以合同约定项目和金额计算，如有调整，按双方确认调整的金额计算。安全文明施工费按规定计算。

3. 其他项目

计日工应按发包人实际签证确认的事项计算。

总承包服务费应依据合同约定金额计算，发生调整的，以双方确认调整的金额计算。

暂列金额应减去工程价款调整（包括索赔、现场签证）金额计算，如有余额归发包人。

4. 规费和税金

按照国家或省级、行业建设主管部门的规定计算。

此外，发承包双方在合同工程实施过程中已经确认的工程计量结果和合同价款，在竣工结算办理中应直接进入结算。

（三）竣工结算的审核

竣工结算的审核见表 5-3-1。

表 5-3-1　竣工结算的审核

<table>
<tr><td rowspan="6">工程造价咨询机构在规定期限内核对竣工结算，与承包人竣工结算文件</td><td>一致</td><td colspan="5">—</td><td rowspan="3">办理竣工结算</td></tr>
<tr><td rowspan="5">不一致</td><td rowspan="5">承包人复核</td><td>同意核对结论</td><td colspan="3">—</td></tr>
<tr><td rowspan="4">不同意的说明</td><td rowspan="4">工程造价咨询机构再次复核</td><td>无异议</td><td>—</td></tr>
<tr><td rowspan="3">仍有异议</td><td>无异议部分</td><td>办理不完全竣工结算</td></tr>
<tr><td rowspan="2">有异议部分</td><td>双方协商解决</td></tr>
<tr><td>协商不成，按争议方式处理</td></tr>
</table>

（四）质量争议工程的竣工结算

（1）已经竣工验收或已竣工未验收但实际投入使用的工程，其质量争议按该工程保修合同执行，竣工结算按合同约定办理。

（2）已竣工未验收且未实际投入使用的工程以及停工、停建工程的质量争议，双方应就有争议的部分委托有资质的检测鉴定机构进行检测，根据检测结果确定解决方案，或按工程质量监督机构的处理决定执行后办理竣工结算，无争议部分的竣工结算按合同约定办理。

二、竣工结算款的支付

（1）承包人提交竣工结算款支付申请。

承包人提交的竣工结算款支付申请应包括下列内容：

1）竣工结算合同价款总额。

2）累计已实际支付的合同价款。

3）应扣留的质量保证金。

4）实际应支付的竣工结算款金额。

（2）发包人签发竣工结算支付证书。

（3）支付竣工结算款。

发包人未按照规定的程序支付竣工结算款的，承包人可催告发包人支付，并有权获得延迟支付的利息。发包人在规定时间内仍未支付的，承包人可与发包人协商将该工程折价，也可直接向人民法院申请将该工程依法拍卖。

三、合同解除的价款结算与支付

由于不可抗力解除合同的，发包人除应向承包人支付合同解除之日前已完成工程但尚未支付的合同价款，还应支付下列金额：

（1）合同中约定应由发包人承担的费用。

（2）已实施或部分实施的措施项目应付价款。

（3）承包人为合同工程合理订购且已交付的材料和工程设备货款。发包人一经支付此项货款，该材料和工程设备即成为发包人的财产。

（4）承包人撤离现场所需的合理费用，包括员工遣送费和临时工程拆除、施工设备运离现场的费用。

（5）承包人为完成合同工程而预期开支的任何合理费用，且该项费用未包括在本款其他各项支付之内。

·典型例题·

1. ［**2019 真题·单选**］编制竣工结算文件时，应按国家、省级、行业建设主管部门的规定计价的是（　　）。

A. 劳动保险费　　B. 总承包服务费

C. 安全文明施工费　　D. 现场签证费

［**解析**］措施项目中的总价项目应依据合同约定的项目和金额计算；如发生调整的，以发、承包双方确认调整的金额计算，其中安全文明施工费必须按照国家或省级、行业建设主管部门的规定计算。

2. ［**2018 真题·单选**］工程量清单计价项目采用单价合同的，工程竣工结算编制中一般不允许调整的是（　　）。

A. 分部分项工程的清单数量

B. 安全文明施工费的清单总额

C. 已标价工程量清单综合单价

D. 总承包服务费清单总额

［**解析**］本题考查的是竣工结算。采用单价合同的，在合同约定风险范围内的综合单价应固定不变，并应按合同约定进行计量，且应按实际完成的工程量进行计量。

3. ［**2018 真题·单选**］因不可抗力解除合同的，发包人不应向承包人支付的费用是（　　）。

A. 临时工程拆除费

B. 承包人未交付材料的货款

C. 已实施的措施项目应付价款

D. 承包人施工设备运离现场的费用

［**解析**］本题考查的是竣工结算。因不可抗力解除合同的，承包人未交付材料的货款不属于发包人不应向承包人支付的费用。

4. ［**2017 真题·单选**］发包人未按照规定的程序支付竣工结算款的，承包人正确的做法是（　　）。

A. 将该工程自主拍卖

B. 将该工程折价出售

C. 将该工程抵押贷款

D. 催告发包人支付，并索要延迟付款利息

［**解析**］本题考查的是竣工结算。发包人未按照规定的程序支付竣工结算款的，承包人可催告发包人支付，并有权获得延迟支付的利息。发包人在竣工结算支付证书签发后或者在收到

承包人提交的竣工结算款支付申请规定时间内仍未支付的，除法律另有规定外，承包人可与发包人协商将该工程折价，也可直接向人民法院申请将该工程依法拍卖。

5.［**2017 真题·多选**］发包人对工程质量有异议，竣工结算仍应按合同约定办理的情形有（　　）。

A. 工程已竣工验收的

B. 工程已竣工未验收，但实际投入使用的

C. 工程已竣工未验收，且未实际投入使用的

D. 工程停建，对无质量争议的部分

E. 工程停建，对有质量争议的部分

［**解析**］本题考查的是竣工结算。①已经竣工验收或已竣工未验收但实际投入使用的工程，其质量争议按该工程保修合同执行，竣工结算按合同约定办理；②已竣工未验收且未实际投入使用的工程以及停工、停建工程的质量争议，双方应就有争议的部分委托有资质的检测鉴定机构进行检测，根据检测结果确定解决方案，或按工程质量监督机构的处理决定执行后办理竣工结算，无争议部分的竣工结算按合同约定办理。

答案：1. C　2. C　3. B　4. D　5. ABD

知识点 4　质量保证金的处理

建设工程质量保证金是指发包人与承包人在建设工程承包合同中约定，从应付的工程款中预留，用以保证承包人在缺陷责任期内对建设工程出现的缺陷进行维修的资金。

一、缺陷责任期的确定

（一）缺陷责任期相关概念

缺陷责任期是指承包人按照合同约定承担缺陷修复义务，且发包人预留质量保证金（已缴纳履约保证金的除外）的期限。

（二）缺陷责任期的期限

缺陷责任期从工程通过竣工验收之日起计。缺陷责任期一般为 1 年，最长不超过 2 年，由发、承包双方在合同中约定。

二、质量保证金的预留及返还

（一）质量保证金的预留

发包人应按照合同约定方式预留质量保证金，质量保证金总预留比例不得高于工程价款结算总额的 3%。

（二）质量保证金的使用

由他人及不可抗力造成的缺陷，发包人负责维修，承包人不承担费用，且发包人不得从保证金中扣除费用。

（三）质量保证金的返还

缺陷责任期内，承包人认真履行合同约定的责任，到期后，承包人向发包人申请返还质量保证金。

·典型例题·

［**2019 真题·单选**］根据《建设工程质量保证金管理办法》（建质〔2017〕138 号），质量保证金总预留比例不得高于工程价款结算总额的（　　）。

A. 19%　　B. 2%

C. 3%　　D. 5%

［**解析**］发包人应按照合同约定方式预留质量保证金，质量保证金总预留比例不得高于工程价款结算总额的3%。

答案：C

知识点 5 最终结清

所谓最终结清，是指合同约定的缺陷责任期终止后，承包人已按合同规定完成全部剩余工作且质量合格的，发包人与承包人结清全部剩余款项的活动。

一、最终结清申请单

缺陷责任期终止→发包人签发缺陷责任期终止证书→承包人提交最终结清申请。

二、最终支付证书

发包人签发最终支付证书。

三、最终结清付款

发包人支付最终结清款。

承包人按合同约定接受了竣工结算支付证书后，应被认为已无权再提出在合同工程接收证书颁发前所发生的任何索赔。承包人在提交的最终结清申请中，只限于提出工程接收证书颁发后发生的索赔。提出索赔的期限自接收最终支付证书时终止。

·典型例题·

1. ［**2022 真题·单选**］根据《标准施工招标文件》（2007年版），关于最终结清的说法正确的是（　　）。

A. 指合同约定的缺陷责任期内，发包人与承包人结清全部剩余款项的活动

B. 承包人提交的最终结清申请中，只限于提出工程接收证书颁发后发生的索赔

C. 最终结清支付证书一经签发，承包人对合同内享有的索赔权立即自行终止

D. 承包人扣留的质量保证金不足以抵减工程缺陷费用的，超出部分由发包人承担

［**解析**］选项 A 错误，最终结清是指合同约定的缺陷责任期终止后，承包人已按合同规定完成全部剩余工作且质量合格的，发包人与承包人结清全部剩余款项的活动。选项 C 错误，承包人按合同约定接受了竣工结算支付证书后，应被认为已无权再提出在合同工程接收证书颁发前所发生的任何索赔。选项 D 错误，最终结清时，如果承包人被扣留的质量保证金不足以抵减发包人工程缺陷修复费用的，承包人应承担不足部分的补偿责任。

2. ［**2019 真题·单选**］发包人收到承包人提交的最终结清申请单，并在规定时间内予以核实后，向承包人签发（　　）。

A. 工程接收证书

B. 竣工结算支付证书

C. 缺陷责任期终止证书

D. 最终支付证书

[解析] 发包人收到承包人提交的最终结清申请单后的规定时间内予以核实，向承包人签发最终支付证书。发包人未在约定时间内核实，又未提出具体意见的，视为承包人提交的最终结清申请单已被发包人认可。

3. [**2017 真题·单选**] 关于建设项目竣工结清阶段承包人索赔的权力和期限，下列说法中正确的是（ ）。

A. 承包人接收竣工结算支付证书后再无权提出任何索赔

B. 承包人只能提出工程接收证书颁发前的索赔

C. 承包人提出索赔的期限自缺陷责任期满时终止

D. 承包人提出索赔的期限自接收最终支付证书时终止

[解析] 本题考查的是最终结清。承包人按合同约定接受了竣工结算支付证书后，应被认为已无权再提出在合同工程接收证书颁发前所发生的任何索赔，选项 A 错误；承包人在提交的最终结清申请中，只限于提出工程接收证书颁发后发生的索赔，选项 B 错误；提出索赔的期限自接收最终支付证书时终止，选项 C 错误，选项 D 正确。

4. [**2016 真题·单选**] 建设工程最终结算的工作事项和时间节点包括：①提交最终结算申请单；②签发最终结清支付证书；③签发缺陷责任期终止证书；④最终结清付款；⑤缺陷责任期终止。按时间先后顺序排列正确的是（ ）。

A. ⑤③①②④

B. ①②④⑤③

C. ③①②④⑤

D. ①③②⑤④

[解析] 本题考查的是最终结清。建设工程最终结算的工作顺序为：缺陷责任期终止→承包人已按合同规定完成全部剩余工作且质量合格的，发包人签发缺陷责任期终止证书→承包人可按合同约定的份数和期限向发包人提交最终结清申请单→最终支付证书→最终结清付款。

5. [**2014 真题·单选**] 关于最终结清，下列说法中正确的是（ ）。

A. 最终结清是在工程保修期满后对剩余质量保证金的最终结清

B. 最终结清支付证书一经签发，承包人对合同内享有的索赔权立即自行终止

C. 质量保证金不足以抵减发包人工程缺陷修复费用的，应按合同约定的争议解决方式处理

D. 最终结清付款涉及政府投资的，应按国家集中支付相关规定和专用合同条款约定办理

[解析] 本题考查的是最终结清。最终结清时，如果承包人被扣留的质量保证金不足以抵减发包人工程缺陷修复费用的，承包人应承担不足部分的补偿责任。最终结清付款涉及政府投资资金的，按照国库集中支付等国家相关规定和专用合同条款的约定办理。

答案：1. B 2. D 3. D 4. A 5. D

第五章

第四节　工程合同价款纠纷及造价鉴定

知识点1　合同价款纠纷的处理

一、合同价款纠纷的解决途径

（一）和解

和解包括协商和解与监理或造价工程师暂定两种方式。在监理或造价工程师的暂定结果不实质影响发、承包双方当事人履约的前提下，发承包双方应实施该结果，直到其按照发、承包双方认可的争议解决办法被改变为止。

（二）调解

调解方式包括管理机构的解释或认定以及双方约定争议调解人进行调解。

1. 管理机构的解释或认定

当工程造价管理机构做出解释或认定时，除工程造价管理机构的上级管理部门做出了不同的解释或认定，或在仲裁裁决或法院判决中不予采信的外，工程造价管理机构做出的书面解释或认定是最终结果，对发、承包双方均有约束力。

2. 双方约定争议调解人进行调解

发承包双方可以协议调换或终止任何调解人，但双方都不能单独行动。在最终结清支付证书生效后，调解人任期即终止。

当约定争议调解人进行调解时，除非并直到调解书在协商和解或仲裁裁决、诉讼判决中做出修改，或合同已经解除，承包人应继续按照合同实施工程。

3. 仲裁或诉讼

仲裁可在竣工之前或之后进行，但发包人、承包人、调解人各自的义务不得因在工程实施期间进行仲裁而有所改变。如果仲裁是在仲裁机构要求停止施工的情况下进行，承包人应对合同工程采取保护措施，由此增加的费用由败诉方承担。

二、合同价款纠纷的处理原则

（一）施工合同无效的价款纠纷处理

第五章

1. 建设工程施工合同无效的认定

建设工程施工合同具有下列情形之一的，应当根据《中华人民共和国民法典》的规定，认定无效：

（1）承包人未取得建筑施工企业资质或者超越资质等级的。

（2）没有资质的实际施工人借用有资质的建筑施工企业名义的。

（3）建设工程必须进行招标而未招标或者中标无效的。

（4）承包人因转包、违法分包建设工程与他人签订的建设工程施工合同。

（5）当事人以发包人未取得建设工程规划许可证等规划审批手续为由，请求确认建设工程施工合同无效的，人民法院应予支持，但发包人在起诉前取得建设工程规划许可证等规划审批手续的除外。

2. 建设工程施工合同无效的处理方式

建设工程施工合同无效，但建设工程经验收合格的，可以参照合同关于工程价款的约定折价补偿承包人。建设工程施工合同无效，且建设工程经验收不合格的，按照以下情形处理：

(1) 修复后的建设工程经验收合格的，发包人可以请求承包人承担修复费用。

(2) 修复后的建设工程经验收不合格的，承包人无权请求参照合同关于工程价款的约定折价补偿。

发包人对因建设工程不合格造成的损失有过错的，应当承担相应的责任。

(二) 垫资施工合同的价款纠纷处理

(1) 当事人对垫资和垫资利息有约定，承包人请求按照约定返还垫资及其利息的，应予支持，但是约定的利息计算标准高于垫资时的同期贷款市场报价利率的部分除外。

(2) 当事人对垫资没有约定的，按照工程欠款处理。

(3) 当事人对垫资利息没有约定，承包人请求支付利息的，不予支持。

(三) 其他工程结算价款纠纷的处理

(1) 招标人和中标人另行签订的建设工程施工合同约定的工程范围、建设工期、工程质量、工程价款等实质性内容，与中标合同不一致，一方当事人请求按照中标合同确定权利义务的，人民法院应予支持。

(2) 工程欠款的利息支付。

1) 利率标准。当事人对欠付工程价款利息计付标准有约定的，按照约定处理；没有约定的，按照同期同类贷款利率或者同期贷款市场报价利率计息。

2) 计息日。利息从应付工程价款之日计付。当事人对付款时间没有约定或者约定不明的，下列时间视为应付款时间：①建设工程已实际交付的，为交付之日；②建设工程没有交付的，为提交竣工结算文件之日；③建设工程未交付，工程价款也未结算的，为当事人起诉之日。

三、工程造价鉴定

(一) 鉴定项目的委托和组织

(1) 鉴定机构的回避。有下列情形之一的，鉴定机构应当自行回避，向委托人说明，不予接受委托：

1) 担任过鉴定项目咨询人的；

2) 与鉴定项目有利害关系的。

(2) 鉴定人的配备。鉴定人必须具有相应专业的注册造价工程师执业资格。根据鉴定工作需要，鉴定机构可以安排非注册造价工程师的专业人员作为鉴定人的辅助人员，参与鉴定的辅助性工作。鉴定机构对同一鉴定事项，应指定两名及以上鉴定人共同进行鉴定。

(3) 鉴定人的回避。鉴定人及其辅助人员有下列情形之一的，应当自行提出回避：

1) 是鉴定项目当事人、代理人近亲属的；

2) 与鉴定项目有利害关系的；

3) 与鉴定项目当事人、代理人有其他利害关系，可能影响鉴定公正的。

当事人有权向委托人申请其回避，但应提供证据，由委托人决定其是否回避：

①接受鉴定项目当事人、代理人吃请和礼物的；

②索取、借用鉴定项目当事人、代理人款物的。

工程造价鉴定期限内容见表5-4-1。

表5-4-1 工程造价鉴定期限表

争议标的涉及工程造价金额	期限（工作日）
1 000万元以下（含1 000万元）	40
1 000万元以上3 000万元以下（含3 000万元）	60
3 000万元以上1亿元以下（含1亿元）	80
1亿元以上（不含1亿元）	100

鉴定期限从鉴定人接收委托人按照规定移交证据材料之日起的次日起算。经与委托人协商，完成鉴定的时间可以延长，每次延长时间一般不得超过30个工作日。每个鉴定项目延长次数一般不得超过3次。

（二）鉴定依据

（1）鉴定人自备的鉴定依据：

1）适用于鉴定项目的法律、法规、规章和规范性文件；

2）与鉴定项目相关的标准规范（若工程合同约定的标准规范不是国家或行业标准，则由当事人提供）；

3）与鉴定项目同时期、同地区、相同或类似工程的技术经济指标以及各类生产要素价格。

（2）委托人移交的证据材料：

1）起诉状（或仲裁申请书）、反诉状（或仲裁反申请书）及答辩状、代理词；

2）证据及《送鉴证据材料目录》；

3）质证记录、庭审记录等卷宗；

4）鉴定机构认为需要的其他有关资料。

（三）争议鉴定方法

（1）合同争议的鉴定。鉴定项目合同对计价依据、计价方法约定条款前后矛盾的，鉴定人应提请委托人决定适用条款；委托人暂不明确的，鉴定人应按不同的约定条款分别作出鉴定意见，供委托人判断使用。

（2）计量争议的鉴定。当鉴定项目图纸完备，当事人就计量依据发生争议时，鉴定人应以现行国家相关工程计量规范规定的工程量计算规则计量；无国家标准的，按行业标准或地方标准计量。但当事人在合同中明确约定了计量规则的除外。

（3）计价争议的鉴定。由不同原因导致的计价争议，分别规定具体的鉴定方法：

1）数量变化导致的综合单价争议，或新增工程项目组价发生的争议。合同中没有约定的，应提请委托人决定并按其决定进行鉴定，委托人暂不决定的，可按现行国家标准计价规范的相关规定进行鉴定，供委托人判断使用。

2）物价波动引起合同价款调整的争议。合同中约定了物价波动可以调整，但没有约定风险范围和幅度的，应提请委托人决定，按现行国家标准计价规范的相关规定进行鉴定；合同中约定物价波动不予调整的，仍应对实行政府定价或政府指导价的材料按《中华人民共和国民法典》的相关规定进行鉴定。

3）人工费调整发生的争议。如合同中约定不执行的，鉴定人应提请委托人决定并按其决定进行鉴定；合同中没有约定或约定不明的，鉴定人应分析鉴别；如人工费的形成是以鉴定项目所在地工程造价管理部门发布的人工费为基础在合同中约定的，可按工程所在地人工费调整文件作出鉴定意见；如不是，则应作出否定性意见。

4）工程签证争议。签证只有用工数量没有人工单价的，其人工单价按照工作技术要求比照鉴定项目相应工程人工单价适当上浮计算。

（四）鉴定意见书

鉴定意见可同时包括确定性意见、推断性意见或供选择性意见。当鉴定项目或鉴定事项内容事实清楚，证据充分，应作出确定性意见；当鉴定项目或鉴定事项内容客观，事实较清楚，但证据不够充分，应作出推断性意见；当鉴定项目合同约定矛盾或鉴定事项中部分内容证据矛盾，委托人暂不明确要求鉴定人分别鉴定的，可分别按照不同的合同约定或证据，作出选择性意见，由委托人判断使用。

·典型例题·

1.［2018 真题·单选］某国内工程合同对欠付工程利息计付标准和付款时间没有约定，若发生了欠款事件时，下列利息支付的说法中错误的是（　　）。

A. 按照中国人民银行发布的同期各类贷款利率中的高值计息

B. 建设工程已实际交付的，计息日为交付之日

C. 建设工程没有交付的，计息日为提交竣工结算文件之日

D. 建设工程未交付，工程价款也未结算的，计息日为当事人起诉之日

［**解析**］没有约定的，按照同期同类贷款利率或者同期贷款市场报价利率计息，选项 A 错误。

2.［2017 真题·单选］调解是解决工程合同价款纠纷的一种途径，下列关于调解的说法中正确的是（　　）。

A. 承包人对调解书有异议时，可以停止施工

B. 发承包双方签字认可的调解书不能作为合同的补充文件

C. 发承包双方可在合同履行期间协议调换或终止合同约定的调解人

D. 调解人的任期在竣工结算经发承包双方确认时终止

［**解析**］本题考查的是合同价款纠纷的处理。除非并直到调解书在协商和解或仲裁裁决、诉讼判决中做出修改，或合同已经解除，承包人应继续按照合同实施工程，选项 A 错误。如果调解人已就争议事项向发承包双方提交了调解书，而任一方在收到调解书后 28 天内，均未发出表示异议的通知，则调解书对发承包双方均具有约束力，选项 B 错误。合同履行期间，发承包双方可以协议调换或终止任何调解人，但发包人或承包人都不能单独采取行动，选项 C 正确。在最终结清支付证书生效后，调解人的任期即终止，选项 D 错误。

3.［2016 真题·单选］建设工程已实际交付，但施工合同没有约定付款时间，则拖欠工程款利息的起算日期为（　　）。

A. 提交竣工结算文件之日

B. 确认竣工结算文件之日

C. 竣工验收合格之日

D. 工程实际交付之日

［**解析**］本题考查的是合同价款纠纷的处理。利息从应付工程价款之日计付。当事人对付

款时间没有约定或者约定不明的，下列时间视为应付款时间：①建设工程已实际交付的，为交付之日；②建设工程没有交付的，为提交竣工结算文件之日；③建设工程未交付，工程价款也未结算的，为当事人起诉之日。

4. ［**2022 真题·多选**］根据《建设工程造价鉴定规范》（GB/T 51262—2017），关于鉴定意见书的鉴定意见，下列说法正确的有（　　）。

A. 鉴定意见可同时包括确定性意见、推断性意见、供选择性意见

B. 当鉴定事项内容事实清楚，证据充分，应做出确定性意见

C. 当鉴定事项内容客观，事实较清楚，但证据不够充分，应做出供选择性意见

D. 当鉴定项目合同约定矛盾，可按不同约定做出供选择性意见

E. 当事人互相协商一致，达成的书面妥协性意见应纳入推断性意见

［**解析**］选项 C 错误，当鉴定项目或鉴定事项内容客观，事实较清楚，但证据不够充分，应做出推断性意见。选项 E 错误，当事人相互协商一致，达成的书面妥协性意见应纳入确定性意见，但应在鉴定意见中予以注明。

5. ［**2020 真题·多选**］为保证建设工程仲裁协议有效，合同双方签订的仲裁协议中必须包括的内容有（　　）。

A. 请求仲裁的意思表示

B. 仲裁事项

C. 选定的仲裁员

D. 选定的仲裁委员会

E. 仲裁结果的执行方式

［**解析**］仲裁协议的内容应当包括：①请求仲裁的意思表示；②仲裁事项；③选定的仲裁委员会。前述三项内容必须同时具备，仲裁协议方为有效。

6. ［**2019 真题·多选**］关于工程签证争议的鉴定，下列做法正确的有（　　）。

A. 签证明确了人工、材料、机具台班数及价格的，按签证的数量和价格计算

B. 签证只有用工数量没有单价的，其人工单价比照鉴定项目人工单价下浮计算

C. 签证只有材料用量没有价格的，其材料价格按照鉴定项目相应材料价格计算

D. 签证只有总价款而无明细表述的，按总价款计算

E. 签证中零星工程数量与实际完成的数量不一致时，按签证的数量计算

［**解析**］当事人因工程签证费用发生争议的，应按以下规定进行鉴定：①签证明确了人工、材料、机具台班数量及其价格的，按签证的数量和价格计算；②签证只有用工数量没有人工单价的，其人工单价按照工作技术要求比照鉴定项目相应工程人工单价适当上浮计算；③签证只有材料机具台班用量没有价格的，其材料和台班价格按照鉴定项目相应工程材料和台班价格计算；④签证只有总价款而无明细表述的，按总价款计算；⑤签证中的零星工程数量与该工程应予实际完成的数量不一致时，应按实际完成的工程数量计算。

答案：1. A　2. C　3. D　4. ABD　5. ABD　6. ACD

第五节　工程总承包和国际工程合同价款结算

知识点 1　工程总承包合同价款的结算

一、工程总承包合同价款的调整

（一）变更

1. 变更的提出

变更的提出包括以下两种形式。

（1）发包人指示变更。变更指示应当经发包人同意，除合同另有约定外，变更不应包括准备将任何工作删减并交由他人或发包人自行实施的情况。承包人收到变更指示后，方可实施变更。未经许可，承包人不得擅自对工程的任何部分进行变更。

（2）承包人合理化建议。承包人提出合理化建议的，应向发包人提交合理化建议说明，说明建议的内容、理由以及实施该建议对合同价格和工期的影响。承包人提出的合理化建议降低了合同价格、缩短了工期或者提高了工程经济效益的，双方可以按照专用合同条件的约定进行利益分享。

2. 变更估价原则

变更估价应当按照下列原则处理：

（1）合同中未包含价格清单，合同价格应按照所执行的变更工程的成本加利润调整。

（2）合同中包含价格清单，合同价格按照如下规则调整：

1）价格清单中有适用于变更工程项目的，应采用该项目的费率和价格。

2）价格清单中没有适用但有类似于变更工程项目的，可在合理范围内参照类似项目的费率或价格。

3）价格清单中没有适用也没有类似于变更工程项目的，该工程项目应按成本加利润原则调整适用新的费率或价格。

3. 变更引起的工期调整

因变更引起工期变化的，合同当事人都可以要求调整合同工期，由发承包双方协商并参考工程所在地的工期定额标准确定增减工期天数。

（二）暂估价

（1）依法必须招标的暂估价项目。对于依法必须招标的暂估价项目，专用合同条件约定由承包人作为招标人的，招标文件、评标方案、评标结果应报送发包人批准，与组织招标工作有关的费用应当被认为已经包括在承包人的签约合同价中；专用合同条件约定由发包人和承包人共同作为招标人的，与组织招标工作有关的费用在专用合同条件中约定。暂估价项目的中标金额与价格清单中所列暂估价的金额差以及相应的税金等其他费用应列入合同价格。

（2）不属于依法必须招标的暂估价项目。对于不属于依法必须招标的暂估价项目，承包人具备实施暂估价项目的资格和条件的，经发包人和承包人协商一致后，可由承包人自行实施暂估价项目。确定后的暂估价项目金额与价格清单中所列暂估价的金额差以及相应的税金等其他费用应列入合同价格。

由发包人导致暂估价合同订立和履行迟延的，由此增加的费用和（或）延误的工期由发包人承担，并支付承包人合理的利润。由承包人导致暂估价合同订立和履行迟延的，由此增加的费用和（或）延误的工期由承包人承担。

（三）暂列金额

对于每笔暂列金额，发包人可以指示用于下列支付：

（1）发包人指示变更。

（2）承包人购买的工程设备、材料、工作或服务。

发包人根据上述指示支付暂列金额的，可以要求承包人提交其供应商提供的全部或部分要实施的工程或拟购买的工程设备、材料、工作或服务的项目报价单。发包人可以发出通知指示承包人接受其中的一个报价或指示撤销支付，发包人在收到项目报价单的规定期限内未做回应的，承包人应有权自行接受其中任何一个报价。

（四）计日工

需要采用计日工方式的，经发包人同意后，承包人以计日工计价方式实施相应的工作，其价款按列入价格清单或预算书中的计日工计价项目及其单价进行计算；价格清单或预算书中无相应的计日工单价的，按照合理的成本与利润构成的原则，由发承包双方协商确定计日工的单价。

计日工由承包人汇总后，列入最近一期进度付款申请单，经发包人批准后列入进度付款。

（五）物价波动

对于主要工程材料、设备、人工价格与招标时基期价相比，波动幅度超过合同约定幅度的，《建设项目工程总承包合同（示范文本）》（GF—2020—0216）通用合同条件采用价格指数方式调整合同价格，发承包双方约定采用其他方式调整合同价款的，可以在专用合同条件中另行约定。

二、工程总承包合同价款的结算

（一）预付款

（1）预付款的支付。预付款应当专用于承包人为合同工程的设计和工程实施购置材料、工程设备、施工设备，修建临时设施以及组织施工队伍进场等合同工作。预付款的额度和支付按照合同约定执行。

（2）预付款的扣回。除合同另有约定外，预付款在进度付款中同比例扣回。在颁发工程接收证书前，提前解除合同的，尚未扣完的预付款应与合同价款一并结算。

（3）预付款担保。发包人指示承包人提供预付款担保的，承包人应在发包人支付预付款前规定期限内提供预付款担保。预付款担保可采用银行保函、担保公司担保等形式。在预付款完全扣回之前，承包人应保证预付款担保持续有效。

（二）工程进度付款

（1）人工费的申请。人工费应按月支付。

（2）提交进度付款申请单。进度付款申请单应包括下列内容：

1）截至本次付款周期内已完成工作对应的金额。

2）扣除已支付的人工费金额。

3）根据合同约定应增加和扣减的变更金额。

4）根据合同约定应支付的预付款和扣减的返还预付款。

5）根据合同约定应预留的质量保证金金额。

6）根据合同约定应增加和扣减的索赔金额。

7）对已签发的进度款支付证书中出现错误的修正，应在本次进度付款中支付或扣除的金额。

8）根据合同约定应增加和扣减的其他金额。

（三）竣工结算

（1）竣工结算申请。

（2）竣工结算审核。发包人在收到承包人提交竣工结算申请书后28天内未完成审批且未提出异议的，视为发包人认可承包人提交的竣工结算申请单，并自发包人收到承包人提交的竣工结算申请单后第29天起视为已签发竣工付款证书。

（3）竣工付款。发包人应在签发竣工付款证书后的14天内，完成对承包人的竣工付款。

（4）异议的处理。

（5）扫尾工作清单。

（四）质量保证金

（1）质量保证金的方式。承包人提供质量保证金有以下三种方式：

1）提交工程质量保证担保。

2）预留相应比例的工程款。

3）双方约定的其他方式。

除合同另有约定外，质量保证金原则上采用上述第1）种方式，不论承包人以何种方式提供质量保证金，累计金额均不得高于工程价款结算总额的3%。

（2）质量保证金的预留。质量保证金的预留有以下三种方式：

1）按合同约定在支付工程进度款时逐次预留，直至预留的质量保证金总额达到专用合同条件约定的金额或比例为止。

2）工程竣工结算时一次性预留质量保证金。

3）双方约定的其他预留方式。

除合同另有约定外，质量保证金的预留原则上采用上述第1）种方式。发包人在返还本条款项下的质量保证金的同时，按照中国人民银行同期同类存款基准利率支付利息。

（五）最终结清

（1）最终结清申请单。

（2）最终结清证书。发包人应在收到承包人提交的最终结清申请单后14天内完成审批并向承包人颁发最终结清证书。发包人逾期未完成审批，又未提出修改意见的，视为发包人同意承包人提交的最终结清申请单，且自发包人收到承包人提交的最终结清申请单后15天起视为已颁发最终结清证书。

（3）支付。发包人应在颁发最终结清证书后7天内完成支付。发包人逾期支付的，按照贷款市场报价利率（LPR）支付利息；逾期支付超过56天的，按照贷款市场报价利率（LPR）的两倍支付利息。

（4）异议的处理。承包人对发包人颁发的最终结清证书有异议的，按合同中争议解决条款的约定处理。

·典型例题·

［**2022真题·单选**］根据2017年版FIDIC《施工合同条件》，关于国际工程承包合同中的暂定金额，下列说法正确的是（　　）。

A. 工程师不能要求承包人提交永久设备、服务、采购等的供应商报价单

B. 包含工程实施过程中数量较少、偶然发生的零星工作所发生的费用

C. 由承包人实施工作（不包括提供永久设备、材料或服务），并按规定程序进行价格调整

D. 只能按工程师的指示使用，并对合同价格做相应调整

[**解析**] 选项A错误，暂定金额是指业主在合同中明确规定用于“暂定金额条款”项下任何部分工程的实施或提供永久设备、材料或服务的一笔金额。选项B错误，对于数量较少的、偶然发生的零星工作，工程师可以指示按照计日工方式实施变更。选项C错误，由承包人实施工作（包括提供永久设备、材料或服务），并按照合同规定的变更程序商正或决定合同价格的调整。

答案：D

知识点2 国际工程合同价款的结算

一、国际工程合同价款的调整

（一）承包商建议的变更

承包商建议的变更包括两类。

(1) 工程师征求承包商建议的变更。工程师在发布变更指令之前，可以书面通知承包商提交一份建议书，承包商应尽快作出答复。工程师收到承包商的建议书后，应当尽快以书面形式予以答复，说明其是否批准承包商的建议。承包商在等待答复期间，不得延误任何工作。工程师批准建议书的，不论是否提出意见，工程师应当发出变更指令。

(2) 价值工程。如果承包商认为其建议能为业主提高效率、价值或者带来其他利益，可向工程师提交一份书面建议。承包商在等待答复期间，不得延误任何工作。引起合同价款调整时，应考虑关于此项建议的获益（如果有）、费用和（或）工期延误在双方当事人之间分担的约定。如果包括对部分永久工程的设计的改变，应当由承包商自费完成该部分工程的设计工作并承担相应的义务。

（二）价格调整

因工程量变更可以调整合同规定费率或价格的条件（四个条件是“和”的关系）包括：

(1) 该项工作实际测量的工程量变化超过工程量清单或其他报表中规定工程量的10%以上。

(2) 该项工程工程量的变更与相对应费率的乘积超过了中标金额的0.01%。

(3) 由工程量的变更直接造成该部分工程每单位工程量费用的变动超过1%。

(4) 该项工作并非工程量清单或其他报表中规定的“固定费率项目”“固定费用”和其他类似及单价不因工程量的任何变化而调整的项目。

二、国际工程合同价款的结算

（一）预付款

(1) 当期中支付证书的累计金额（不包括预付款及保留金的扣减与偿还）超过中标合同价（减去暂定金额）的10%时开始扣减。

(2) 分期从每份支付证书中的数额（不包括预付款及保留金的扣减与偿还）中扣除25%，直至还清全部预付款。

（二）工程材料和设备款的预支

投标函附录中该类材料和设备根据其付款方式不同分别列明，分为装运后付款和运至现场后付款两类。

符合预支条件后，期中支付证书中应增加的款额为实际费用的80%。

（三）保留金的返还

保留金的返还分为工程竣工后的返还和缺陷通知期满后的返还。

（1）工程竣工后返还。工程师签发工程接收证书后，承包商应将保留金的前一半列入其支付报表中。如果签发的接收证书仅限于分项工程，承包商应将前一半保留金按照相应比例列入支付报表。

（2）缺陷通知期满后返还。在最后一个缺陷通知期届满后，承包商应立即将保留金的另一半列入支付报表；如果接收证书仅就某分项工程签发，则在该分项工程的缺陷通知期届满后，承包商应立即将另一半保留金按照相应比例列入支付报表。

·典型例题·

1. **［2018真题·单选］**根据FIDIC《施工合同条件》（1999年版）通用条款，因工程量变更可以调整合同规定费率或价格的必要条件是（　　）。

A. 实际分项工程量变化大于15%

B. 该分项工程量的变更与相对应费率的乘积超过了中标金额的0.01%

C. 工程量的变更直接导致了该部分工程每单位工程费用的变动超过了2%

D. 该部分工程量变更导致直接费受到损失

［解析］本题考查的是工程量变化引起的价格调整。当某项工作的工程量变化同时满足下列条件时，对该项工作的估价应当适用新的费率或价格：①该项工作实际测量的工程量变化超过工程量清单或其他报表中规定工程量的10%以上；②该项工作工程量的变化与工程量清单或其他报表中相对应费率或价格的乘积超过中标合同金额的0.01%；③工程量的变化直接导致该项工作的单位工程量费用的变动超过1%的该项工作并非工程量清单或其他报表中规定的“固定费率项目”“固定费用”和其他类似涉及单价不因工程量的任何变化而调整的项目。

2. **［2016真题·单选］**FIDIC施工合同条件规定，如果承包商不能按时收到业主的付款，承包商有权就未付款额收取延误支付期间的融资费。融资费计息方式是（　　）。

A. 按星期计算单利　　B. 按星期计算复利

C. 按月计算单利　　D. 按月计算复利

［解析］本题考查的是国际工程合同价款的结算。承包商不能按时收到业主的付款，承包商有权就未付款额从业主应当支付之日起，按月计算复利，收取延误支付期间的融资费。

3. **［2014真题·单选］**在FIDIC合同条件中，工程师确认用于永久工程的材料和设备符合预支条件，在确定其时间费用后，期中支付证书中应增加费用的（　　）作为工程材料和预备预支款。

A. 50%　　B. 60%

C. 70%　　D. 80%

［解析］本题考查的是国际工程合同价款的结算。工程师确认用于永久工程的材料和设备符合预支条件后，应当根据审查承包商提交的相关文件确定此类材料和设备的实际费用（包括运至现场的费用），期中支付证书中应增加的款额为该费用的80%。

4. **［2017真题·多选］**在国际工程承包中，根据FIDIC《施工合同条件》（1999年版），因工程量变更可以调整合同规定费率或价格的条件包括（　　）。

A. 实际工程量比工程量表中规定的工程量变动大于10%

B. 该工程量的变更与相对应费率的乘积超过了中标金额的0.01%

第五章

C. 工程量的变动直接造成单位工程费用的变动超过1%

D. 原工程量全部删减，其替代工程的费用对合同总价无影响

E. 该部分工程量是合同中规定的“固定费率项目”

［**解析**］本题考查的是工程量变化引起的价格调整。当某项工作的工程量变化同时满足下列条件时，对该项工作的估价应当适用新的费率或价格：①该项工作实际测量的工程量变化超过工程量清单或其他报表中规定工程量的10%以上；②该项工作工程量的变化与工程量清单或其他报表中相对应费率或价格的乘积超过中标合同金额的0.01%；③工程量的变化直接导致该项工作的单位工程量费用的变动超过1%的该项工作并非工程量清单或其他报表中规定的“固定费率项目”“固定费用”和其他类似涉及单价不因工程量的任何变化而调整的项目。

答案：1. B　2. D　3. D　4. ABC

同步强化训练

一、单项选择题（每题的备选项中，只有1个最符合题意）

1. 为了合理划分发承包双方的合同风险，施工合同中应当约定一个基准日，对于实行招标的建设工程，一般以（　　）前的第28天作为基准日。

A. 投标截止时间　　B. 招标截止日

C. 中标通知书发出　　D. 合同签订

2. 由于承包人原因导致了工程延误，在延误期间国家的法律、行政法规和相关政策发生变化引起工程造价变化的，则调价原则为（　　）。

A. 造成合同价款增加的，予以调整

B. 造成合同价款减少的，予以调整

C. 合同价款不予调整

D. 合同价款予以调整

3. 根据《建设工程工程量清单计价规范》（GB 50500—2013），当实际增加的工程量超过清单工程量15%以上，且造成按总价方式计价的措施项目发生变化的，应将（　　）。

A. 综合单价调高，措施项目费调增

B. 综合单价调高，措施项目费调减

C. 综合单价调低，措施项目费调增

D. 综合单价调低，措施项目费调减

4. 根据《建设工程工程量清单计价规范》（GB 50500—2013），下列关于计日工的说法中正确的是（　　）。

A. 招标工程量清单计日工数量为暂定，计日工费不计入投标总价

B. 发包人通知承包人以计日工方式实施的零星工作，承包人可以视情况决定是否执行

C. 计日工表的费用项目包括人工费、材料费、施工机具使用费、企业管理费和利润

D. 计日工金额不列入期中支付，在竣工结算时一并支付

5. 关于施工合同履行过程中暂估价的确定，下列说法中正确的是（　　）。

A. 不属于依法必须招标的材料，以承包人自行采购的价格取代暂估价

B. 属于依法必须招标的暂估价设备，由发承包双方以招标方式选择供应商，以中标价取代

暂估价

C. 不属于依法必须招标的暂估价专业工程，不应按工程变更确定价款而应另行签订补充协议确定工程价款

D. 属于依法必须招标的暂估价专业工程，承包人不得参加投标

6. 某工程施工合同约定采用价格指数法调整合同价款，各项费用权重及价格见表 5-T-1，已知该工程 9 月份完成的工程合同价款为3 000万元，则 9 月份合同价款调整金额为（　　）万元。

表 5-T-1　某工程合同价款各项费用权重及价格表

权重系数	人工	钢材	定值
	0.25	**0.15**	**0.6**
基准日价格	100 元/工日	4 000元/t	—
9 月份价格	110 元/工日	4 200元/t	—

A. 22.5　　B. 61.46　　C. 75　　D. 97.5

7. 由发包人导致工期延误的，对于计划进度日期后续施工的工程，在使用价格调整公式时，现行价格指数应采用（　　）。

A. 计划进度日期的价格指数

B. 实际进度日期的价格指数

C. A 和 B 中较低者

D. A 和 B 中较高者

8. 承包人使工程未在约定的时间内竣工的，对原约定竣工日期后继续施工的工程进行价格调整时，涉及原约定竣工日期价格指数与实际竣工日期价格指数，则调整价格差额计算应采用（　　）。

A. 原约定日期的价格指数

B. 实际竣工日期的价格指数

C. 原约定日期的价格指数与实际竣工日期的价格指数的平均值

D. 原约定日期的价格指数与实际竣工日期的价格指数中较低的一个

9. 关于施工合同履行过程中共同延误的处理原则，下列说法中正确的是（　　）。

A. 在初始延误发生作用期间，其他并发延误者按比例承担责任

B. 若初始延误者是发包人，则在其延误期内，承包人可得到经济补偿

C. 若初始延误者是客观原因，则在其延误期内，承包人不能得到经济补偿

D. 若初始延误者是承包人，则在其延误期内，承包人只能得到工期补偿

10. 根据《标准施工招标文件》（2007年版）通用合同条款，下列引起承包人索赔的事件中，只能获得工期补偿的是（　　）。

A. 发包人提前向承包人提供材料和工程设备

B. 工程暂停后发包人导致无法按时复工

C. 发包人导致工程试运行失败

D. 异常恶劣的气候条件导致工期延误

11. 某施工合同约定人工工资为 200 元/工日，窝工补贴按人工工资的 25%计算，在施工过程中发生了如下事件：①出现异常恶劣天气导致工程停工 2 天，人员窝工 20 个工日；②恶劣天气导致场外道路中断，抢修道路用工 20 个工日；③几天后，场外停电，停工 1 天，

人员窝工 10 个工日。承包人可向发包人索赔的人工费为（　　）元。

A. 1 500　　B. 2 500

C. 4 500　　D. 5 500

12. 已知某建筑工程施工合同总额为8 000万元，工程预付款按合同金额的 20%计取，主要材料及构件造价占合同额的 50%，预付款起扣点为（　　）万元。

A. 1 600　　B. 4 000

C. 4 800　　D. 6 400

13. 由发包人提供的工程材料、工程设备金额，应在合同价款的期中支付和结算中予以扣除，具体的扣除标准是（　　）。

A. 按签约单价和签约数量

B. 按实际采购单价和实际数量

C. 按签约单价和实际数量

D. 按实际采购单价和签约数量

14. 关于工程量清单计价方式下竣工结算的编制原则，下列说法正确的是（　　）。

A. 措施项目费按双方确认的工程量乘以已标价工程量清单的综合单价计算

B. 总承包服务费按已标价工程量清单的金额计算，不应调整

C. 暂列金额应减去工程价款调整的金额，余额归承包人

D. 工程实施过程中发承包双方已经确认的工程量计量结果和合同价款，应直接进入结算

二、多项选择题（每题的备选项中，有 2 个或 2 个以上符合题意，至少有 1 个错项）

1. 关于施工期间合同暂估价的调整，下列做法中正确的有（　　）。

A. 不属于依法必须招标的材料，应直接按承包人自主采购的价格调整暂估价

B. 属于依法必须招标的工程设备，以中标价取代暂估价

C. 属于依法必须招标的专业工程，承包人不参加投标的，应由承包人作为招标人，组织招标的费用一般由发包人另行支付

D. 属于依法必须招标的专业工程，承包人参加投标的，应由发包人作为招标人同等条件下优先选择承包人中标

E. 不属于依法必须招标的专业工程，应按工程变更事件的合同价款调整方法确定专业工程价款

2. 下列资料中，可以作为施工发承包双方提出和处理索赔依据的有（　　）。

A. 未在合同中约定的工程量所在地地方性法规

B. 工程施工合同文件

C. 合同中约定的非强制性标准

D. 现场签证

E. 合同中未明确规定的地方定额

3. 支持承包人工程索赔成立的基本条件有（　　）。

A. 合同履行过程中承包人没有违约行为

B. 索赔事件已造成承包人直接经济损失或工期延误

C. 索赔事件是由非承包引起的

D. 承包人已按合同规定提交了索赔意向通知、索赔报告及相关证明材料

E. 发包人已按合同规定给予了承包人答复

4. 根据《建设工程工程量清单计价规范》(GB 50500—2013)，关于工程竣工结算的计价原则，下列说法正确的有（　　）。
   A. 计日工按发包人实际签证确认的事项计算
   B. 总承包服务费依据合同约定金额计算，不得调整
   C. 暂列金额应减去工程价款调整金额计算，余额归发包人
   D. 规费和税金应按国家或省级、行业建设主管部门的规定计算
   E. 总价措施项目应依据合同约定的项目和金额计算，不得调整
5. 关于建设工程竣工结算的办理，下列说法中正确的有（　　）。
   A. 竣工结算文件经发承包人双方签字确认的，应当作为工程结算的依据
   B. 竣工结算文件由发包人组织编制，承包人组织核对
   C. 工程造价咨询机构审核结论与申报人竣工结算文件不一致时，以造价咨询机构审核意见为准
   D. 合同双方对复核后的竣工结算有异议时，可以就无异议部分的工程办理不完全竣工结算
   E. 承包人对工程造价咨询企业的审核意见有异议的，可以向工程造价管理机构申请调解
6. 关于合同价款纠纷的处理，下列说法中正确的有（　　）。
   A. 借用有资质的建筑施工企业名义与他人签订建设工程施工合同的行为无效
   B. 当事人对垫资利息有约定且约定的利息高于同期同类贷款利率的应予支持
   C. 当事人对建筑工程的计价标准或计价方法有约定的按约定结算工程价款
   D. 招标人和中标人另行签订的建设工程施工合同约定的实质性内容，与中标合同不一致，一方当事人请求按照中标合同确定权利义务的，人民法院应予支持
   E. 建设工程未交付，工程价款也未结算的，则工程欠款的计算日为当事人的起诉之日

参考答案及解析

一、单项选择题

1. [答案] A

   [解析] 对于实行招标的建设工程，一般以施工招标文件中规定的提交投标文件的截止时间前的第28天作为基准日；对于不实行招标的建设工程，一般以建设工程施工合同签订前的第28天作为基准日。

2. [答案] B

   [解析] 如果由于承包人的原因导致的工期延误，在工程延误期间国家的法律、行政法规和相关政策发生变化引起工程造价变化的，造成合同价款增加的，合同价款不予调整；造成合同价款减少的，合同价款予以调整。

3. [答案] C

   [解析] 综合单价的调整原则为：当工程量增加15%以上时，其增加部分的工程量的综合单价应予调低；当工程量减少15%以上时，减少后剩余部分的工程量的综合单价应予调高；工程量增加的，措施项目费调增；工程量减少的，措施项目费调减，选项C正确。

4. [答案] C

   [解析] 投标时，单价由投标人自主报价，按暂定数量计算合价计入投标总价中，选项A错误；发包人通知承包人以计日工方式实施的零星工作，承包人应予执行，选项B错误；每个支付期末，承包人应与进度款同期向发包人提交本期间所有计日工记录的签证汇总表，以说明本期间自己认为有权得到的计日工金额，调整合同价款，列入进度款支付，选项D错误。

5. [答案] B

   [解析] 不属于依法必须招标的项目。发包人

在招标工程量清单中给定暂估价的材料和工程设备不属于依法必须招标的，由承包人按照合同约定采购，经发包人确认后以此为依据取代暂估价，调整合同价款。属于依法必须招标的项目。发包人在招标工程量清单中给定暂估价的材料和工程设备属于依法必须招标的，由发承包双方以招标的方式选择供应商。依法确定中标价格后，以此为依据取代暂估价，调整合同价款。

6. [答案] D

[解析] 合同价款调整额＝3 000×（0.25×110/100＋0.15×4 200/4 000＋0.6－1）＝97.5（万元）。

7. [答案] D

[解析] 由发包人导致工期延误的，则对于计划进度日期（或竣工日期）后续施工的工程，在使用价格调整公式时，应采用计划进度日期（或竣工日期）与实际进度日期（或竣工日期）的两个价格指数中较高者作为现行价格指数。

8. [答案] D

[解析] 由承包人导致工期延误的，则对于计划进度日期（或竣工日期）后续施工的工程，在使用价格调整公式时，应采用计划进度日期（或竣工日期）与实际进度日期（或竣工日期）的两个价格指数中较低者作为现行价格指数。

9. [答案] B

[解析] 当出现共同延误时，确定“初始延误”者，它应对工程拖期负责，其他并发的延误者不承担拖期责任。初始延误者是发包人，承包人既可工期延长又可经济补偿；初始延误者是客观原因，承包人可以得到工期延长，但很难得到费用补偿；初始延误者是承包人，承包人既不可工期延长又不可经济补偿。

10. [答案] D

[解析] 异常恶劣的气候条件导致工期延误是属于不可抗力，只索赔工期。

11. [答案] C

[解析] 各事件处理结果如下：①异常恶劣天气导致的停工通常不能进行费用索赔。②抢修道路用工的索赔额：20×200＝4 000（元）。③停电导致的索赔额：10×200×25%＝500（元）。总索赔费用＝4 000＋500＝4 500（元）。

12. [答案] C

[解析] T＝8 000－（8 000×20%）/50%＝4 800（万元）。

13. [答案] A

[解析] 由发包人提供的材料、工程设备金额，应按照发包人签约提供的单价和数量从进度款支付中扣出，列入本周期应扣减的金额中，选项A正确。

14. [答案] D

[解析] 措施项目中的单价项目应依据双方确认的工程量与已标价工程量清单的综合单价计算，选项A错误；总承包服务费应依据合同约定金额计算，如发生调整的，以发承包双方确认调整的金额计算，选项B错误；暂列金额应减去工程价款调整（包括索赔、现场签证）金额计算，如有余额归发包人，选项C错误；发承包双方在合同工程实施过程中已经确认的工程计量结果和合同价款，在竣工结算办理中应直接进入结算，选项D正确。

二、多项选择题

1. [答案] BDE

[解析] 暂估价的调整包括以下的原则：①发包人在招标工程量清单中给定暂估价的材料和工程设备不属于依法必须招标的，由承包人按照合同约定采购，经发包人确认后以此为依据取代暂估价，调整合同价款。②发包人在招标工程量清单中给定暂估价的材料和工程设备属于依法必须招标的，由发承包双方以招标的方式选择供应商。依法确定中标价格后，以此为依据取代暂估价，调整合同价款。③承包人不参加投标的专业工程，应由承包人作为招标人，但拟定的招标文件、评标方法、评标

结果应报送发包人批准。与组织招标工作有关的费用应当被认为已经包括在承包人的签约合同价（投标总报价）中。④承包人参加投标的专业工程，应由发包人作为招标人，与组织招标工作有关的费用由发包人承担。同等条件下，应优先选择承包人中标。⑤发包人在工程量清单中给定暂估价的专业工程不属于依法必须招标的，应按照工程变更事件的合同价款调整方法，确定专业工程价款。

2. ［答案］BCD

［解析］提出索赔和处理索赔都要依据下列文件或凭证：①工程施工合同文件。②国家颁布实施的相关法律、行政法规。部门规章以及工程项目所在地的地方性法规或地方政府规章，如果在施工合同专用条款中约定为工程合同的适用法律的，也可以作为工程索赔的依据。③工程建设强制性标准。对于不属于强制性标准的其他标准、规范和计价依据，除施工合同中有明确约定外，不能作为工程索赔的依据。④工程施工合同履行过程中与索赔事件有关的各种凭证。

3. ［答案］BCD

［解析］承包人工程索赔成立的基本条件包括：①索赔事件已造成了承包人直接经济损失或工期延误；②造成费用增加或工期延误的索赔事件不是由承包人导致的；③承包人已经按照工程施工合同规定的期限和程序提交了索赔意向通知、索赔报告及相关证明材料。

4. ［答案］ACD

［解析］总承包服务费应依据合同约定金额计算，如发生调整的，以发承包双方确认调整的金额计算，选项B错误。措施项目中的总价项目应依据合同约定的项目和金额计算；如发生调整，以双方确认调整的金额计算，选项E错误。

5. ［答案］ADE

［解析］选项A，工程竣工结算文件经发承包双方签字确认的，应当作为工程结算的依据。选项B，工程竣工结算由承包人或受其委托具有相应资质的工程造价咨询人编制。选项C，工程造价咨询机构应在规定期限内核对完毕，核对结论与承包人竣工结算文件不一致的，应提交给承包人复核，承包人应在规定期限内将同意核对结论或不同意见的说明提交工程造价咨询机构。选项D，复核后仍有异议的，对于无异议部分办理不完全竣工结算。选项E，承包人对发包人提出的工程造价咨询企业竣工结算审核意见有异议的，在接到该审核意见后一个月内，可以向有关工程造价管理机构或者有关行业组织申请调解。

6. ［答案］ACDE

［解析］选项B错误，当事人对垫资和垫资利息有约定，承包人请求按照约定返还垫资及其利息的，人民法院应予支持，但是约定的利息计算标准高于垫资时的同期贷款市场报价利率的部分除外。

第六章

竣工决算的编制和新增资产价值的确定

本章主要包括2节6目。主要建设项目竣工决算和新增资产价值的确定，知识点少，考点集中在竣工决算上，历年考查分值在4分左右。

知识脉络

- 竣工决算的编制和新增资产价值的确定
  - 竣工决算的内容和编制
    - 建设项目竣工决算的概念
    - 竣工决算的内容
    - 竣工决算的审核和批复
  - 新增资产价值的确定
    - 新增固定资产价值的确定方法★★★
    - 新增无形资产价值的确定方法
    - 新增流动资产价值的确定方法

第一节　竣工决算的内容和编制

知识点 1　建设项目竣工决算的概念

竣工决算是以实物数量和货币指标为计量单位，综合反映竣工项目从筹建开始到项目竣工交付使用为止的全部建设费用、建设成果和财务情况的总结性文件，是竣工验收报告的重要组成部分，竣工决算是正确核定新增固定资产价值，考核分析投资效果，建立健全经济责任制的依据，是反映建设项目实际造价和投资效果的文件。

知识点 2　竣工决算的内容

竣工决算是由竣工财务决算说明书、竣工财务决算报表、工程竣工图和工程竣工造价对比分析四部分组成。前两部分又称建设项目竣工财务决算，是竣工决算的核心内容。

一、竣工财务决算说明书

竣工财务决算说明书的内容主要包括：

(1) 项目概况——进度、质量、安全、造价。

(2) 会计账务的处理、财产物资清理及债权债务的清偿情况。

(3) 项目建设资金计划及到位情况，财政资金支出预算、投资计划及到位情况。

(4) 项目建设资金使用、项目结余资金等分配情况。

(5) 项目概（预）算执行情况及分析，竣工实际完成投资与概算差异及原因分析。

(6) 尾工工程情况。项目一般不得预留尾工工程，确需预留尾工工程的，尾工工程投资不得超过批准的项目概（预）算总投资的 5%。

(7) 历次审计、检查、审核、稽查意见及整改落实情况。

(8) 主要技术经济指标的分析、计算情况。

(9) 项目管理经验、主要问题和建议。

(10) 预备费动用情况。

(11) 项目建设管理制度执行情况、政府采购情况、合同履行情况。

(12) 征地拆迁补偿情况、移民安置情况。

(13) 需要说明的其他事项。

二、竣工财务决算报表

(1) 基本建设项目概况见图 6-1-1。

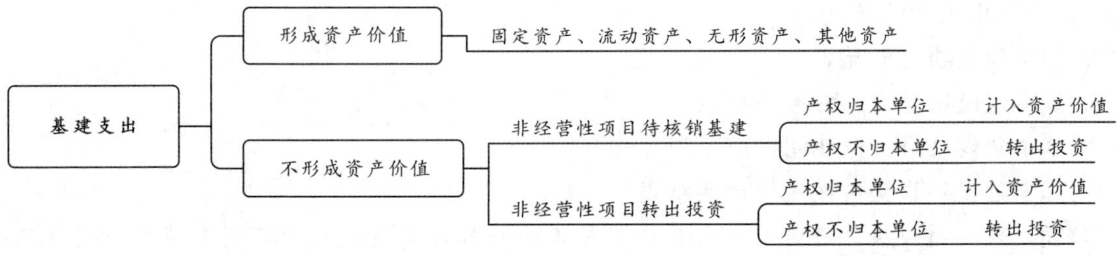

图 6-1-1　基建支出

第六章

资产产权归属本单位的，应计入交付使用资产价值。

(2) 基本建设项目竣工财务决算表。

基本建设项目竣工财务决算表是用来反映建设项目的全部资金来源和资金占用情况，是考核和分析投资效果的依据。

资金来源合计=资金支出合计

三、建设工程竣工图

编制竣工图的形式和深度，应根据不同情况区别对待，其具体要求包括：

(1) 凡按图竣工没有变动的，由承包人（包括总包和分包承包人，下同）在原施工图上加盖“竣工图”标志后，即作为竣工图。

(2) 凡在施工过程中，虽有一般性设计变更，但能将原施工图加以修改补充作为竣工图的，可不重新绘制，由承包人负责在原施工图（必须是新蓝图）上注明修改的部分，并附以设计变更通知单和施工说明，加盖“竣工图”标志后，作为竣工图。

(3) 凡有重大改变，不宜再在原施工图上修改、补充时，应重新绘制改变后的竣工图。由原设计造成的，由设计单位负责重新绘制；由施工造成的，由承包人负责重新绘图；由其他造成的，由建设单位自行绘制或委托设计单位绘制。承包人负责在新图上加盖“竣工图”标志，并附以有关记录和说明，作为竣工图。(责任人绘制)

四、工程造价对比分析

对控制工程造价所采取的措施、效果及其动态的变化需要认真地进行比较对比，总结经验教训。批准的概算是考核建设工程造价的依据。

·典型例题·

1. ［2022 真题·单选］关于建设项目竣工决算编制中的工程造价对比分析，下列说法正确的是（　　）。

A. 应对工程建设其他费逐一对比

B. 分析时，第一步先对比整个项目的竣工结算

C. 应对全部实物工程量进行分析

D. 应对所有工程子目的单价和变动情况进行分析

［解析］在分析时，可先对比整个项目的总概算，然后将建筑安装工程费、设备工器具费和其他工程费用逐一与竣工决算表中所提供的实际数据和相关资料及批准的概算、预算指标、实际的工程造价进行对比分析，以确定竣工项目总造价是节约还是超支，并在对比的基础上，总结先进经验，找出节约和超支的内容和原因，提出改进措施。

2. ［2019 真题·单选］下列作为考核和分析投资效果落实结余资金，并作为报告上级核销基本建设支出依据的是（　　）。

A. 基本建设项目概况表

B. 基本建设项目竣工财务决算表

C. 基本建设项目交付使用资产总表

D. 基本建设项目交付使用资产明细表

［解析］竣工财务决算表是竣工财务决算报表的一种，建设项目竣工财务决算表是用来反映建设项目的全部资金来源和资金占用情况，是考核和分析投资效果的依据。该表反映竣工的

建设项目从开工到竣工为止全部资金来源和资金运用的情况。它是考核和分析投资效果，落实结余资金，并作为报告上级核销基本建设支出和基本建设拨款的依据。

3.［**2018 真题·单选**］竣工决算文件中，主要反映竣工工程建设成果和经验，全面考核分析工程投资与造价的书面总结文件是（　　）。

A. 竣工财务决算说明书

B. 竣工财务决算报表

C. 工程竣工造价对比分析

D. 工程竣工验收报告

［**解析**］本题考查的是竣工决算的内容和编制。竣工财务决算说明书主要反映竣工工程建设成果和经验，是对竣工决算报表进行分析和补充说明的文件，是全面考核分析工程投资与造价的书面总结。

4.［**2017 真题·单选**］下列竣工财务决算说明书的内容，一般在项目概况部分予以说明的是（　　）。

A. 项目资金计划及到位情况

B. 项目进度、质量情况

C. 项目建设资金使用与结余情况

D. 主要技术经济指标的分析、计算情况

［**解析**］本题考查的是竣工决算的内容和编制。项目概况一般从进度、质量、安全和造价方面进行分析说明。进度方面主要说明开工和竣工时间，对照合理工期和要求工期分析是提前还是延期；质量方面主要根据竣工验收委员会或相当一级质量监督部门的验收评定等级、合格率和优良品率；安全方面主要根据劳动工资和施工部门的记录，对有无设备和人身事故进行说明；造价方面主要对照概算造价，说明节约或超支的情况，用金额和百分率进行分析说明。

5.［**2017 真题·多选**］根据财政部、国家发改委、住建部的有关文件，竣工决算的组成文件包括（　　）。

A. 工程竣工验收报告

B. 工程竣工图

C. 设计概算施工图预算

D. 工程竣工结算

E. 工程竣工造价对比分析

［**解析**］本题考查的是竣工决算的内容和编制。竣工决算是由竣工财务决算说明书、竣工财务决算报表、工程竣工图和工程竣工造价对比分析四部分组成。

6.［**2018 真题·多选**］编制建设项目竣工决算必须满足的条件包括（　　）。

A. 经批准的初步设计所确定的工程内容已完成

B. 单项工程或建设项目竣工结算已完成

C. 收尾工程竣工结算已完成

D. 预留费用不超过规定比例

E. 涉及工程质量纠纷事项已处理完毕

［**解析**］本题考查的是竣工决算的内容和编制。编制工程竣工决算应具备下列条件：①经批准的初步设计所确定的工程内容已完成；②单项工程或建设项目竣工结算已完成；③收尾工

程投资和预留费用不超过规定的比例；④涉及法律诉讼、工程质量纠纷的事项已处理完毕；⑤其他影响工程竣工决算编制的重大问题已解决。

答案：1. A　2. B　3. A　4. B　5. BE　6. ABDE

知识点3　竣工决算的审核和批复

一、竣工决算的审核

（1）审核方式。包括政策性审核、技术性审核、评审结论审核以及意见分歧审核与处理。

（2）审核内容。主要包括工程价款结算、项目核算管理、项目建设资金管理、项目基本建设程序执行及建设管理、概（预）算执行、交付使用资产及尾工工程等。

二、竣工决算的批复

（1）财政部直接批复的范围：主管部门本级的投资额在3 000万元（不含3 000万元，按完成投资口径）以上的项目决算；不向财政部报送年度部门决算的中央单位项目决算。主要是指不向财政部报送年度决算的社会团体、国有及国有控股企业使用财政资金的非经营性项目和使用财政资金占项目资本比例超过50%的经营性项目决算。

（2）主管部门批复的范围：主管部门二级及以下单位的项目决算；主管部门本级投资额在3 000万元（含3 000万元）以下的项目决算。

第二节　新增资产价值的确定

知识点1　新增固定资产价值的确定方法

新增固定资产价值的计算是以独立发挥生产能力的单项工程为对象。

一、新增固定资产价值计算时应注意的问题

（1）对于为了提高产品质量、改善劳动条件、节约材料消耗、保护环境而建设的附属辅助工程，只要全部建成，正式验收交付使用后就要计入新增固定资产价值。

（2）对于单项工程中不构成生产系统，但能独立发挥效益的非生产性项目，如住宅、食堂、医务所、托儿所、生活服务网点等，在建成并交付使用后，也要计算新增固定资产价值。

（3）凡购置达到固定资产标准不需安装的设备、工器具，应在交付使用后计入新增固定资产价值。

（4）属于新增固定资产价值的其他投资，应随同受益工程交付使用的同时一并计入。

（5）运输设备及其他不需要安装的设备、工具、器具、家具等固定资产一般仅计算采购成本，不计分摊。

二、共同费用的分摊方法

一般情况下，建设单位管理费按建筑工程、安装工程、需安装设备价值总额做比例分摊，而土地征用费、地质勘察和建筑工程设计费等费用按建筑工程造价比例分摊，生产工艺流程系统设计费按安装工程造价比例分摊。

·典型例题·

1.［**2018 真题·单选**］某工业项目及其中Ⅰ车间的有关建设费用见表 6-2-1，则Ⅰ车间应分摊的生产工艺设计费应为（　　）万元。

表 6-2-1　某工业项目中车间有关费用

项目名称	建筑工程费/万元	安装工程费/万元	需安装设备费/万元	生产工艺设计费/万元
建设项目	8 000	2 000	4 000	400
Ⅰ车间	2 000	800	2 000	—

A. 112.0　　B. 137.1

C. 160.0　　D. 186.7

［**解析**］本题考查的是新增资产价值的确定。应分摊的工艺设计费＝800/2 000×400＝160（万元）。

2.［**2017 真题·单选**］某工业建设项目及其中 K 车间的各项建设费用名义见表 6-2-2。则 K 车间应分摊的建设单位管理费为（　　）。

表 6-2-2　某工业建设项目 K 车间有关费用

项目名称	建筑工程费/万元	安装工程费/万元	需安装设备费/万元	建设单位管理费/万元
建设项目	6 000	1 000	3 000	210
K 车间	2 000	500	1 500	—

A. 70　　B. 75　　C. 84　　D. 105

［**解析**］本题考查的是新增资产价值的确定。应分摊的建设单位管理费＝（2 000＋500＋1 500）/（6 000＋1 000＋3 000）×210＝84（万元）。

3.［**2016 真题·单选**］某建设项目由两个单项工程组成，其竣工结算的有关费用见表 6-2-3。已知该项目建设单位管理费、土地征用费、建筑设计费、工艺设计费分别为 100 万元、120 万元、60 万元、40 万元。则单项工程 B 的新增固定资产价值是（　　）万元。

表 6-2-3　某建设项目设计结算费用

项目名称	建筑工程/万元	安装工程/万元	需安装设备/万元
单项工程 A	3 000	—	—
单项工程 B	1 000	800	1 200

A. 3 132.5　　B. 3 135　　C. 3 137.5　　D. 3 165

［**解析**］本题考查的是新增资产价值的确定。应分摊的建设单位管理费＝（1 000＋800＋1 200）/（4 000＋800＋1 200）×100＝50（万元）。应分摊的土地征用费＝1 000/4 000×120＝30（万元）。应分摊的建筑设计费＝1 000/4 000×60＝15（万元）。应分摊的工艺设计费＝800/800×40＝40（万元）。单项工程 B 新增固定资产价值＝（1 000＋800＋1 200）＋（50＋30＋15＋40）＝3 135（万元）。

4.［**2021 真题·多选**］关于新增固定资产价值的确定，下列说法正确的有（　　）。

A. 以单项工程为核算对象

B. 单项工程建成经有关部门验收合格，即应计算新增固定资产价值

C. 单项工程中不构成生产系统的生活服务网点，在建成并交付后，也要计算新增固定资产价值

D. 随设备一起采购的但未达到固定资产标准的工器具，应随设备一起计算新增固定资产价值

E. 不需要安装的运输设备，一般仅计采购成本，不计分摊费用

［**解析**］选项B错误，单项工程建成经有关部门验收鉴定合格，正式移交生产或使用，即应计算新增固定资产价值。选项D错误，未达到固定资产标准的工器具不应计入新增固定资产。

5.［2016真题·多选］关于新增固定资产价值的确定，下列说法中正确的有（　　）。

A. 以单位工程为对象计算

B. 以验收合格、正式移交生产或使用为前提

C. 分期分批交付生产的工程，按最后一批交付时间统一计算

D. 包括达到固定资产标准不需要安装的设备和工器具的价值

E. 是建设项目竣工投产后所增加的固定资产价值

［**解析**］本题考查的是新增资产价值的确定。新增固定资产价值的计算是以独立发挥生产能力的单项工程为对象的，选项A错误；分期分批交付生产或使用的工程，应分期分批计算新增固定资产价值，选项C错误。

答案：1. C　2. C　3. B　4. ACE　5. BDE

知识点2　新增无形资产价值的确定方法

一、无形资产的计价原则

（1）投资者按无形资产作为资本金或者合作条件投入时，按评估确认或合同协议约定的金额计价。

（2）购入的无形资产，按照实际支付的价款计价。

（3）企业自创并依法申请取得的，按开发过程中的实际支出计价。

（4）企业接受捐赠的无形资产，按照发票账单所载金额或者同类无形资产市场价作价。

（5）无形资产计价入账后，应在其有效期内分期摊销。

二、无形资产的计价方法

（1）专利权的计价。专利权分为自创和外购两类。自创专利权的价值为开发过程中的实际支出，主要包括专利的研制成本和交易成本。由于专利权是具有独占性并能带来超额利润的生产要素，因此，专利权转让价格不按成本估价，而是按照其所能带来的超额收益计价。

（2）专有技术（又称非专利技术）的计价。如果专有技术是自创的，一般不作为无形资产入账，自创过程中发生的费用，按当期费用处理。对于外购专有技术，应由法定评估机构确认后再进行估价，其方法往往通过能产生的收益采用收益法进行估价。

（3）商标权的计价。如果商标权是自创的，一般不作为无形资产入账，而将商标设计、制作、注册、广告宣传等发生的费用直接作为销售费用计入当期损益。只有当企业购入或转让商标时，才需要对商标权计价。商标权的计价一般根据被许可方新增的收益确定。

（4）土地使用权的计价。当建设单位向土地管理部门申请土地使用权并为之支付一笔出让金时，土地使用权作为无形资产核算；当建设单位获得土地使用权是通过行政划拨的，这时土地使用权就不能作为无形资产核算；在将土地使用权有偿转让、出租、抵押、作价入股和投资，按规定补交土地出让价款时，才作为无形资产核算。

·典型例题·

1.［2022 真题·多选］关于建设项目形成无形资产计价原则，下列说法正确的有（　　）。

A. 投资者按无形资产作为资本金投入的，按评估确认的金额计价

B. 购入的无形资产，按合同约定作价

C. 自创的无形资产，按开发中实际支出计价

D. 接受捐赠的无形资产，按照发票账单所载金额或者同类无形资产市场价计价

E. 无形资产入账后，应在其有效使用期内分期摊销

［**解析**］无形资产的计价原则：①投资者按无形资产作为资本金或者合作条件投入时，按评估确认或合同协议约定的金额计价；②购入的无形资产，按照实际支付的价款计价；③企业自创并依法申请取得的，按开发过程中的实际支出计价；④企业接受捐赠的无形资产，按照发票账单所载金额或者同类无形资产市场价计价；⑤无形资产计价入账后，应在其有效期内分期摊销。

2.［2019 真题·多选］一般不作为无形资产入账，但当涉及转让事项时才做无形资产核算的有（　　）。

A. 自创专利权

B. 自创专有技术

C. 自创商标权

D. 出让取得的土地使用权

E. 划拨取得的土地使用权

［**解析**］如果专有技术是自创的，一般不作为无形资产入账，自创过程中发生的费用，按当期费用处理。如果商标权是自创的，一般不作为无形资产入账，而将商标设计、制作、注册、广告宣传等发生的费用直接作为销售费用计入当期损益。转让后可计入无形资产。当建设单位向土地管理部门申请土地使用权并为之支付一笔出让金时，土地使用权作为无形资产核算；当建设单位获得土地使用权是通过行政划拨的，这时土地使用权就不能作为无形资产核算；在将土地使用权有偿转让、出租、抵押、作价入股和投资，按规定补交土地出让价款时，才作为无形资产核算。

答案：1. ACDE　2. BCE

知识点 3　新增流动资产价值的确定方法

流动资产是指可以在一年内或者超过一年的一个营业周期内变现或者运用的资产，包括现金及各种存款以及其他货币资金、短期投资、存货、应收及预付款项以及其他流动资产等。

（1）货币性资金。根据实际入账价值核定。

（2）应收及预付款项。一般情况下，应收及预付款项按企业销售商品、产品或提供劳务时的实际成交金额入账核算。

（3）短期投资包括股票、债券、基金。股票和债券根据是否可以上市流通分别采用市场法

和收益法确定其价值。

（4）存货。各种存货应当按照取得时的实际成本计价。

同步强化训练

一、单项选择题（每题的备选项中，只有1个最符合题意）

1. 关于建设工程竣工图的绘制和形成，下列说法中正确的是（　　）。

A. 凡按图竣工没有变动的，由发包人在原施工图上加盖“竣工图”标志

B. 凡在施工过程中发生设计变更的，一律重新绘制竣工图

C. 平面布置发生重大改变的，一律由设计单位负责重新绘制竣工图

D. 重新绘制的新图，应加盖“竣工图”标志

2. 完整的竣工决算所包含的内容是（　　）。

A. 竣工财务决算说明书、竣工财务决算报表、工程竣工图、工程竣工造价对比分析

B. 竣工财务决算报表、竣工决算、工程竣工图、工程竣工造价对比分析

C. 竣工财务决算说明书、竣工决算、竣工验收报告、工程竣工造价对比分析

D. 竣工财务决算报表、工程竣工图、工程竣工造价对比分析

3. 建设项目竣工财务决算应编制基本建设项目概况表，下列选项中应计入基本建设项目概况表“非经营性项目转出投资”的是（　　）。

A. 水土保持、城市绿化费用

B. 产权不归属本单位的专用道路建设费

C. 报废工程建设费

D. 产权归本单位的地下管道建设费

4. 竣工决算文件中，真实记录各种地上、地下建筑物、构筑物，特别是基础、地下管线以及设备安装等隐蔽部分的技术文件是（　　）。

A. 总平面图　　B. 竣工图

C. 施工图　　D. 交付使用资产明细表

5. 竣工决算的核心内容是（　　）。

A. 工程竣工图　　B. 竣工财务决算

C. 工程竣工造价对比分析　　D. 竣工财务决算报表

6. 关于建设项目竣工运营后的新增资产，下列说法正确的是（　　）。

A. 新增资产按资产性质分为固定资产、流动资产和无形资产三大类

B. 分期分批交付生产或使用的工程，待工程全部交付使用后，一次性计算新增固定资产增值

C. 凡购置的达到固定资产标准不需安装的工器具，应在交付使用后计入新增固定资产

D. 企业库存现金、存货及建设单位管理费中未计入固定资产的各项费用等，应在交付使用后计入新增流动资产价值

二、多项选择题（每题的备选项中，有2个或2个以上符合题意，至少有1个错项）

1. 关于无形资产价值确定的说法中，正确的有（　　）。

A. 无形资产计价入账后，应在其有效使用期内分期摊销

B. 专利权转让价格必须按成本估价

C. 自创专利权的价值为开发过程中的实际支出

D. 自创的非专利技术一般作为无形资产入账

E. 通过行政划拨的土地，其土地使用权作为无形资产核算

2. 建设项目竣工决算的内容包括（　　）。

A. 竣工财务决算报表

B. 竣工财务决算说明书

C. 投标报价书

D. 工程竣工图

E. 工程造价比较分析

3. 竣工财务决算说明书的主要内容包括（　　）。

A. 项目概况

B. 项目建设资金使用、项目结余资金等分配情况

C. 建设工程竣工图

D. 主要经济技术指标的分析、计算情况

E. 交付使用资产总表

4. 关于新增固定资产价值的确定，下列说法中正确的有（　　）。

A. 新增固定资产价值是以独立发挥生产能力的单项工程为对象计算的

B. 分期分批交付的工程，应在最后一期（批）交付时一次性计算新增固定资产价值

C. 凡购置的达到固定资产标准不需安装的设备，应在交付使用后计入新增固定资产价值

D. 运输设备等固定资产，仅计算采购成本，不计分摊的“待摊投资”

E. 建设单位管理费按建筑工程、安装工程以及不需安装设备价格总额按比例分摊

参考答案及解析

一、单项选择题

1. ［答案］D

［解析］本题考查的是竣工决算的内容和编制。凡按图竣工没有变动的，由承包人在原施工图上加盖“竣工图”标志后，即作为竣工图，选项A错误；凡在施工过程中，虽有一般性设计变更，但能将原施工图加以修改补充作为竣工图的，可不重新绘制，由承包人负责在原施工图（必须是新蓝图）上注明修改的部分，并附以设计变更通知单和施工说明，加盖“竣工图”标志后，作为竣工图，选项B错误；凡结构形式改变、施工工艺改变、平面布置改变、项目改变以及有其他重大改变，不宜再在原施工图上修改、补充时，应重新绘制改变后的竣工图。由原设计造成的，由设计单位负责重新绘制，由施工造成的，由承包人负责重新绘图，选项C错误；由其他造成的，由建设单位自行绘制或委托设计单位绘制。承包人负责在新图上加盖“竣工图”标志，并附以有关记录和说明，作为竣工图，选项D正确。

2. ［答案］A

［解析］根据财政部、国家发改委和住房和城乡建设部的有关文件规定，竣工决算是由竣工财务决算说明书、竣工财务决算报表、工程竣工图和工程竣工造价对比分析四部分组成。

3. ［答案］B

［解析］非经营性项目转出投资支出是指非经营项目为项目配套的专用设施投资，包括专用道路、专用通信设施、送变电站、地下管道等，其产权不属于本单位的投资支出，对于产权归属本单位，应计入交付使用资产价值。

4. ［答案］B

第六章

［解析］建设工程竣工图是真实地记录各种地上、地下建筑物、构筑物等情况的技术文件，是工程进行交工验收、维护、改建和扩建的依据，是国家的重要技术档案。国家规定：各项新建、扩建、改建的基本建设工程，特别是基础、地下建筑、管线、结构、井巷、桥梁、隧道、港口、水坝以及设备安装等隐蔽部位，都要编制竣工图。

5. ［答案］B

［解析］竣工决算是由竣工财务决算说明书、竣工财务决算报表、工程竣工图和工程竣工造价对比分析四部分组成。其中竣工财务决算说明书和竣工财务决算报表两部分又称建设项目竣工财务决算，是竣工决算的核心内容。

6. ［答案］C

［解析］在计算新增固定资产价值时，应注意以下几种情况：①对于为了提高产品质量、改善劳动条件、节约材料消耗、保护环境而建设的附属辅助工程，只要全部建成，正式验收交付使用后就要计入新增固定资产价值；②对于单项工程中不构成生产系统，但能独立发挥效益的非生产性项目，如住宅、食堂、医务所、托儿所、生活服务网点等，在建成并交付使用后，也要计算新增固定资产价值；③凡购置达到固定资产标准不需安装的设备、工器具，应在交付使用后计入新增固定资产价值；④属于新增固定资产价值的其他投资，应随同受益工程交付使用的同时一并计入。

二、多项选择题

1. ［答案］AC

［解析］选项 A 正确，无形资产计价入账后，应在其有效使用期内分期摊销。选项 B 错误，专利权转让价格不按成本估价，而是按照其所能带来的超额收益计价。选项 C 正确，自创专利权的价值为开发过程中的实际支出。选项 D 错误，如果非专利技术是自创的，一般不作为无形资产入账，自创过程中发生的费用，按当期费用处理。选项 E 错误，当建设单位获得土地使用权是通过行政划拨的，这时土地使用权就不能作为无形资产核算。

2. ［答案］ABDE

［解析］竣工决算主要包括竣工财务决算说明书、竣工财务决算报表、工程竣工图和工程造价比较分析四部分。前两者是核心内容。

3. ［答案］ABD

［解析］竣工财务决算说明书内容主要包括：①项目概况；②会计账务的处理、财产物资清理及债权债务的清偿情况；③项目建设资金计划及到位情况，财政资金支出预算、投资计划及到位情况；④项目建设资金使用、项目结余资金等分配情况；⑤项目概（预）算执行情况及分析，竣工实际完成投资与概算差异及原因分析；⑥尾工工程情况；⑦历次审计、检查、审核、稽查意见及整改落实情况；⑧主要技术经济指标的分析、计算情况；⑨项目管理经验、主要问题和建议；⑩预备费动用情况；⑪项目建设管理制度执行情况、政府采购情况、合同履行情况；⑫征地拆迁补偿情况、移民安置情况；⑬需要说明的其他事项。

4. ［答案］ACD

［解析］新增固定资产价值的计算是以独立发挥生产能力的单项工程为对象的。单项工程建成经有关部门验收鉴定合格，正式移交生产或使用，即应计算新增固定资产价值。一次交付生产或使用的工程一次计算新增固定资产价值，分期分批交付生产或使用的工程，应分期分批计算新增固定资产价值。凡购置达到固定资产标准不需安装的设备、工器具，应在交付使用后计入新增固定资产价值。

参考文献

[1] 全国造价工程师职业资格考试培训教材编审委员会. 建设工程计价 [M]. 北京：中国计划出版社，2019.

[2] 中华人民共和国住房和城乡建设部. 建设工程造价鉴定规范：GB/T 51262—2017 [S]. 北京：中国建筑工业出版社，2017.

[3] 中华人民共和国住房和城乡建设部. 建设工程造价咨询规范：GB/T 51095—2015 [S]. 北京：中国建筑工业出版社，2015.

[4] 中华人民共和国住房和城乡建设部．建设工程造价指标指数分类与测算标准：GB/T 51290—2018 [S]. 北京：中国建筑工业出版社，2018.

[5] 中华人民共和国住房和城乡建设部．工程造价术语标准：GB/T 50875—2013 [S]. 北京：中国计划出版社，2013.

[6] 中华人民共和国住房和城乡建设部．建设工程工程量清单计价规范：GB 50500—2013 [S]. 北京：中国计划出版社，2013.

[7] 中国建设工程造价管理协会．建设项目投资估算编审规程：CECA/GC 1—2015 [S]. 北京：中国计划出版社，2015.

[8] 中国建设工程造价管理协会．建设项目设计概算编审规程：CECA/GC 2—2015 [S]. 北京：中国计划出版社，2015.

[9] 中国建设工程造价管理协会．建设项目工程竣工决算编制规程：CECA/GC 9—2013 [S]. 北京：中国计划出版社，2013.

[10] 中国建设工程造价管理协会．建设工程投标控制价编审规程：CECA/GC 6—2011 [S]. 北京：中国计划出版社，2011.

[11] 中国建设工程造价管理协会．建设项目工程结算编审规程：CECA/GC 3—2010 [S]. 北京：中国计划出版社，2010.

[12] 中国建设工程造价管理协会．建设项目施工图预算编审规程：CECA/GC 5—2010 [S]. 北京：中国计划出版社，2010.

[13] 全国造价工程师职业资格考试培训教材编审委员会．建设工程计价 [M]. 北京：中国计划出版社，2014.

[14] 建设部标准定额司．中国工程建设标准定额大事记 [M]. 北京：中国建筑工业出版社，2007.

[15] 龚维丽．工程建设定额基本理论与实务 [M]. 北京：中国计划出版社，2014.

[16] 国家发展改革委，建设部联合发布．建设项目经济评价方法与参数 [M]. 3 版．北京：中国计划出版社，2006.

亲爱的读者：

如果您对本书有任何感受、建议、纠错，都可以告诉我们。

我们会精益求精，为您提供更好的产品和服务。

祝您顺利通过考试！

扫码参与调查

造价工程师考试研究院